定　数　表

真空中の光速度	$c = 2.99792 \times 10^8\,\text{m/s}$
電子の質量	$m = 9.10953 \times 10^{-31}\,\text{kg}$
陽子の質量	$M_\text{p} = 1.67265 \times 10^{-27}\,\text{kg}$
電気素量（素電荷）	$e = 1.60219 \times 10^{-19}\,\text{C}$
プランクの定数	$h = 6.62618 \times 10^{-34}\,\text{J·s}$
	$\hbar = \dfrac{h}{2\pi} = 1.05459 \times 10^{-34}\,\text{J·s}$
ボーア半径	$a_0 = \dfrac{4\pi\epsilon_0 \hbar^2}{me^2} = 5.29177 \times 10^{-11}\,\text{m}$
リュードベリ定数	$R = \dfrac{me^4}{8\epsilon_0^2 h^3 c} = 1.09737 \times 10^7\,\text{m}^{-1}$
ボルツマン定数	$k_\text{B} = 1.38066 \times 10^{-23}\,\text{J/K}$
モル分子数（アヴォガドロ数）	$6.02209 \times 10^{23}\,\text{mol}^{-1}$
真空誘電率の 4π 倍	$4\pi\epsilon_0 = 1.11265 \times 10^{-10}\,\text{C/V·m}$

（Reviews of Modern Physics **48**（1976）35 ページによる.）

● 基礎物理学選書17

新装版

● 編集委員会
金原寿郎
原島 鮮
熊谷寛夫
野上茂吉郎
押田勇雄
小出昭一郎

量子力学演習

小出昭一郎・水野幸夫 共著
Shoichiro Koide & Yukio Mizuno

Exercises in Quantum Mechanics

裳 華 房

本書は 1978 年刊,「量子力学演習」を"新装版"として刊行するものです.

編集趣旨

　長年，教師をやってみて，つくづく思うことであるが，物理学という学問は実にはいりにくい学問である．学問そのもののむつかしさ，奥の深さという点からいえば，どんなものでも同じであろうが，はじめて学ぼうとする者に対する“しきい”の高さという点では，これほど高い学問はそう沢山はないと思う．

　しかし，それでも理工科方面の学生にとっては物理学は必須である．現代の自然科学を支えている基礎は物理学であり，またいろいろな方面での実験も物理学にたよらざるを得ないものが少なくないからである．

　物理学では数学を道具として非常によく使うので，これからくるむつかしさももちろんある．しかしそれよりも，中にでてくる物理量が何をあらわすかを正確につかむことがむつかしく，その物理量の間の関係式が何を物語るか，真意を知ることがさらにむつかしい．そればかりではない．われわれの日常経験から得た知識だけではどうしても理解のでき兼ねるような実体をも対象として扱うので，ここが最大の難関となる．

　学生諸君に口を酸っぱくして話しても一度や二度ではわかって貰えないし，わかったという学生諸君も，よくよく話し合ってみると，とんでもない誤解をしていることがある．

　私達はさきに，大学理工科方面の学生のために“基礎物理学”という教科書（裳華房発行）を編集したが，その時にも以上の事をよく考えて書いたつもりである．しかし，頁数の制限もあり，教科書には先生の指導ということが当然期待できるので，説明なども，ほどほどに止めておいた．

　今度，"基礎物理学選書"と銘打って発行することになった本シリーズは上記の"基礎物理学"の内容を 20 編以上に分けて詳しくしたものである．いずれの編でも説明は懇切丁寧を極めるということをモットーにし，先生の助けを借りずに自力で修得できる自学自習の書にしたいというのがわれわれの考えである．

　各編とも執筆者には大学教育の経験者をお願いした上，これに少なくとも一人の査読者をつけるという編集方針をとった．執筆者はいずれも内容の完璧を願うために，どうしても内容が厳密になり，したがってむつかしくなり勝ちなものである．このことがかえって学生の勉学意欲を無くしてしまう原因になることが多い．査読者は常に大学初年級という読者の立場に立って，多少ともわかりにくく，程度の高すぎるところがあれば，原稿を書きなおして戴くという役目をもっている．こうしてでき上がった原稿も，さらに編集委員会が目を通すという，二段三段の構えで読者諸君に親しみ易く，面白い本にしようとした訳である．

　私共は本選書が諸君のよき先生となり，またよき友人となって，基礎物理学の学習に役立ち，諸君の物理学に抱く深い興味の源泉となり得ればと，それを心から願っている．

　　昭和 43 年 1 月 10 日

　　　　　　　　　　　　編集委員長　　金 原 寿 郎

はしがき

　好評の本選書にぜひ演習書も，という要望が高いので，ここにその第 1 冊目として量子力学演習を世に送ることになった．量子力学が完成されてから半世紀たった現在，専門の物理学者以外にも量子力学を不可欠とする人はきわめて多くなってきている．本選書の「量子論」，「量子力学 (I), (II)」は，そのような読者のための入門書として書かれたものである．そして，そういう入門段階においては，演習によって学んだ知識を確実に把握することが非常に大切である．特に，古典物理学と異なって抽象性の高い量子力学においては，自分でペンをとって式を変形し，学んだ新概念を操ってみることをしないと，いつまでたっても「わかった」という気持にならない．多くの場合「わかる」ということは，既知の概念のどれかに帰着させえたときに感じるものであるが，抽象的な量子力学ではそれがほとんど不可能だからである．

　問題を解き，答を出してみることによって，読んだだけではわかったような気にならなかったことも，こういうことだったのかと納得できる場合も少なくない．解くためにはあやふやな知識も確かめざるをえなくなるし，使うことによって忘れそうな式も記憶に定着する．そういうわけで，演習の御利益が大きいことは誰でも認めざるをえない．

　しかし，どうやって手をつけてよいか見当もつかないような難問題をいきなり出されたのでは，勉学意欲は殺がれるだけであろう．初学者を対象とした本書の編集にあたっては，そういうことがないように，できるだけの努力を払ったつもりである．一つの問題を解いたら，それをもとにして次へ進むように問題を段階的に配列し，一つの問題のなかも (a), (b), (c), … のよう

に分けて，順を追って考えを進めるようにしたものが多い．また，数学的技巧に過ぎない一般の場合の証明などはやめて，簡単な場合について実際に確かめるだけでよいとした問題もいくつかある．

　解答は「ばかていねい」といってよいくらいくわしく記しておいた．結果よりも考え方の筋道が重要であり，それになじむこと（暗記ではない）が必要だからである．特殊な場合にしか役立たないエレガントな方法などはやめにして，正攻法による解法と思われるもののみを記した．それが一番普遍性もあるし，概念の理解にも役立つと考えられるからである．

　量子力学の演習書は他にもいろいろあるが，本書でめざした程度のものはほとんどないので，問題の作成にはかなり苦労したつもりである．あまり欲ばって厚い本にしては，読者が息切れをして放り出したくなるであろうと考えて，問題数はできるだけしぼった．そのなかで基礎概念だけでなく少しは実際的な問題も扱えるようにと考えたが，そのような問題の多い第5章あたりになると，すぐにすらすらとは解けない場合も多くなると思う．そういうときはあまり無理せずに解答を見てもよいと思うが，一度目を通してから改めて自分でやり直していただきたい．そうせずに，既製の解答を暗記しようとするくらい無意味なことはない．やや難問と思われるものには ※ 印をつけておいた．

　各章に，科学史的なエピソードなどを「余談」として挿入した．肩がこったときの気ばらしに読んでいただければ幸いである．最後に，本書編集の準備段階から校正にいたるまで，いろいろお世話になった裳華房の遠藤恭平氏，真喜屋実孜氏にここで心から謝意を表しておきたい．

　　　1978 年 3 月

　　　　　　　　　　　　　　　　　　　　　　　　編　著　者

目　　次

1　前期量子論

2　波動関数の一般的性質

3　簡単な系

4　演算子と行列

5　近　似　法

付　　録

1

前期量子論

§1.1 光 子

プランク（Max K. E. L. Planck）が提出しアインシュタイン（Albert Einstein）が発展させた**光量子説**によれば，振動数が ν の光（一般には電磁波）は，

$$\begin{cases} \text{エネルギー} & \varepsilon = h\nu \\ \text{運動量の大きさ} & |\boldsymbol{p}| = \dfrac{h\nu}{c} \end{cases}$$

をもつ**光量子** —— いまは**光子**と呼ぶことが多い —— の集まりとして振舞う．ただし

$$h = 6.626176 \times 10^{-34}\,\text{J·s} \tag{1}$$

は**プランクの定数**である．波長 λ を用いれば

$$\varepsilon = h\nu, \quad |\boldsymbol{p}| = \frac{h}{\lambda} \tag{2}$$

とかくこともできる． h の代りに

$$\hbar = \frac{h}{2\pi} = 1.05459 \times 10^{-34}\,\text{J·s} \tag{3}$$

振動数 ν の代りにその 2π 倍の角振動数 $\omega = 2\pi\nu$ を用いて，$\varepsilon = \hbar\omega$ とすることも多い．また，方向が波の進行方向と一致し（向きも同じ），大きさが $2\pi/\lambda$ であるようなベクトル $\boldsymbol{k}$ を考えると

$$\varepsilon = \hbar\omega, \quad \boldsymbol{p} = \hbar\boldsymbol{k} \tag{4}$$

と表わされる. $\boldsymbol{k}$ のことを**波数ベクトル**という.*

§1.2　ボーアの理論

　ラザフォード（Ernest Rutherford）は，原子はその中心に重い原子核をも
ち，その核のまわりを電子が回っている，という**有核原子模型**を確立した.
この模型で原子の安定性を保証し，原子の出す光のスペクトルを説明するに
は，古典物理学は全く無力であった. そこでボーア（Niels H. D. Bohr）は，電
子のような微視的粒子の運動は，古典力学的に可能なもののうちで，**量子条
件**という特定の条件にかなうものだけに限られると考えた. もっとも簡単な，
水素原子内電子の円運動についていえば，回転角 θ と角運動量 p_θ に関し，一
周期（一回転）について

$$\oint p_\theta \, \mathrm{d}\theta = nh \qquad (n = 1, 2, 3, \cdots) \tag{5}$$

が成り立たねばならない，というのが量子条件である. 円の半径を R, 電子
の速さ（一定）を v とすると，$p_\theta = mRv$ であるから，上の条件は $2\pi mRv = nh$ となる. 原子核と電子のあいだの静電引力がこの運動の向心力になって
いるという条件と上とを組合せて，v あるいは R を消去すれば，許される半
径が

$$R_n = a_0 n^2 \quad \text{ただし} \quad a_0 = \frac{4\pi\epsilon_0 \hbar^2}{me^2} \text{ はボーア半径} \tag{6}$$

というとびとびのものに限られ，それに対応するエネルギーも

$$\varepsilon_n = \frac{1}{2}mv_n^2 - \frac{e^2}{(4\pi\epsilon_0)R_n} = -\frac{2\pi^2 me^4}{(4\pi\epsilon_0)^2 h^2}\frac{1}{n^2} \tag{7}$$

のようにとびとびになることが示される.

　ボーアは，量子条件にかなうこのような運動状態を**定常状態**と名づけ，定
常状態にある系はその一定なエネルギー値を保持し，一つの定常状態から別

---

　*　大きさが $1/\lambda$ のベクトルを波数ベクトルということもある.

の定常状態へ不連続的にとび移る（**遷移**あるいは**転移**という）ときにのみ，そのエネルギーの差を光子として放出または吸収すると考えた．定常状態 n と n' 間の遷移で放出または吸収される光の振動数を ν とすると

$$h\nu = \hbar\omega = |\varepsilon_n - \varepsilon_{n'}| \tag{8}$$

が成り立つ．これを**ボーアの振動数条件**という．これによって彼は，水素原子の光のスペクトルをみごとに説明した．

§1.3　物 質 波

　ド・ブロイ（Louis-Victor de Broglie）は，光が波と粒子の二重性をもつと同様に，電子のようにそれまで物質粒子と考えられていたものも波動性をもつのではないかと考えた．そして（2）や（4）の関係はそのまま物質粒子の波にも適用されるとした.*　ボーアの量子条件というのは，円軌道の一周の長さが電子波の波長の整数倍に等しいことを表わす．このように，量子条件は粒子の波動性にその源があるのではないか，というのがド・ブロイの着想であった．電子の波動性は，結晶による電子線の回折実験によって実証され，この波は**物質波**またはド・ブロイ波と呼ばれるようになった．物質波の考えはシュレーディンガー（Erwin Schrödinger）によって発展させられ，**波動力学**として結実した.

　余 談　振動数が ν の電磁波のエネルギーは，それが物質に吸収されたり放出されるときには，$h\nu$ の整数倍に限られる，というエネルギー量子の仮説は古典物理学では全く説明できない考え方であった．慎重なプランク（Max K. E. L. Planck）は，これがニュートンの発見にも匹敵する重大な仮説かもしれないと思いながらも（いっしょに散歩していた息子にそうもらしたと伝えられている），何とかそれを古典物理学によって説明できないものかと模索し続けたのであった．

---

*　$\lambda = c/\nu$ は光に対してのみ成り立つ関係なので，$|\boldsymbol{p}| = h\nu/c$ は光子の場合に限られる.

　プランクの考えをさらに大胆に進めたアインシュ
タイン（Albert Einstein）の光量子説がそれ以上に
疑問視されたのは当然であった．ミリカンが光電効
果の式を実験で確かめる（問題 [1.7]）以前の1913
年，プランク，ネルンスト，ルーベンス，ワールブル
クの4人はアインシュタインをプロシャ科学アカデ
ミーのメンバーに推薦したが，そのときの推薦文に
「光量子仮説の例のように彼といえども時には推測
の的をはずしたこともありますが，これを以て彼を

Max K. E. L. Planck
(1858-1947)

Albert Einstein
(1879-1955)

非難することはできま
せん．危険をおかすこ
となしに，根本的に新
しいアイディアを導入
することは不可能だからであります」とかいてあ
ることがそれを示している．これを，のちの評価
「もっと印象的で世に宣伝されている彼の一般相
対性理論とくらべて，同じくらい重要であり，応
用という点ではそれよりずっと有用である」（コ
ンプトン, 1937）とくらべてみると，時代による考
え方の進展がよくわかる．

問　　　題

[**1.1**]　（a）　真空中の波長が 1000 Å, 3000 Å, 5000 Å, 7000 Å の光子の
エネルギーはそれぞれ何電子ボルトか（$1\,\text{Å} = 10^{-10}\,\text{m}$）.
（b）　エネルギーが 1 eV, 100 eV, 1 MeV, 100 MeV の光子の波長と振動数
はそれぞれいくらか．
　ただし，

プランク定数	$h = 6.63 \times 10^{-34}\,\text{J·s}$
電子の電荷	$e = 1.60 \times 10^{-19}\,\text{C}$
真空中の光速	$c = 3.00 \times 10^{8}\,\text{m/s}$

[**1.2**]　高電圧をかけて加速した電子を陽極（対陰極）に衝突させ，電

子のエネルギーを光子のそれに変えてとり出す X 線管において，波長が
0.1 Å の X 線を得るには加速電圧をいくらにする必要があるか．

　［**1.3**］　波長が 0.6 Å の X 線光子のエネルギーおよび運動量はいくらか．
これと同じ運動量をもつ電子（静止質量 9.1×10^{-31} kg）の速さおよび運動
エネルギーはいくらか．

　［**1.4**］　波長が λ の光子が静止していた電子と正面衝突して，弾性的に
はね返ったとする．衝突後の電子の速度を v，光子の波長を λ' とすると

$$v = \frac{1.45 \times 10^{-3}}{\lambda} \quad (\text{m/s})$$

$$\frac{1}{\lambda'} = \frac{1}{\lambda} - \frac{mv^2}{2hc}$$

となることを示せ．ただし $v \ll c$ とする．また $\lambda = 10$ Å のときの v と λ'
を求めよ．

　［**1.5**］　X 線束を電子（自由で静止していると考えてよい）にあてて散
乱させる実験において，入射 X 線と $45°$ の角をつくる方向に散乱されて出
てくる X 線の波長が 0.022 Å であった．入射 X 線の波長はいくらか．

　［**1.6**］　タングステンに光をあてて光電効果による電子を放出させるた
めには，あてる光の波長が 2300 Å 以下でなければならない．タングステ
ンから電子をとり出すのに必要な最小エネルギーは何電子ボルトか．また，
タングステンに波長が 1800 Å の光をあてたときに出てくる光電子の最大
エネルギーはいくらか．

　［**1.7**］ミリカン（Robert A. Millikan）は水銀灯から出るスペクトル線の
5 本を用い，そのおのおのについて光電効果の測定を行なった．1-1 図は
Li 板にそれらの光をあてたときに出てくる電子の最大エネルギーと光の
振動数の関係を示す．電子のエネルギーは Li 板にかけた電圧で表わして
ある（e を電気素量として，eV が電子のエネルギーになっていると考えて
よい）．$e = 1.6 \times 10^{-19}$ C として，この図からプランク定数の値を求めよ．

　［**1.8**］　銅に光をあてて光電子を放出させるためには，光の振動数が 1.1
$\times 10^{15}$ s^{-1} 以上でなければならないという．銅の表面に振動数が 1.5 $\times$

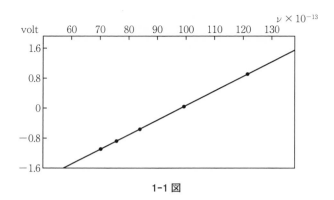

1-1 図

$10^{15}\,\mathrm{s}^{-1}$ の光をあてたときに出てくる光電子の最大エネルギーはいくらか.

　［**1.9**］　光子が自由電子と衝突して，その運動量とエネルギーをすべて電子に与えて消滅することは不可能であることを証明せよ.*　同様の理由によって，自由空間では光子が消滅して一対の電子と陽電子を生ずる反応（電子対創生）も禁止される.

　［**1.10**］　電荷 $+Ze$ の原子核のまわりを 1 個の電子が回っている系があるとして，その運動をボーアの円軌道で非相対論的に扱った場合に，$n=1$ に対応するときの電子の速さがちょうど光速に等しくなるような Z は約 137 であることを示せ. ただし

$$4\pi\epsilon_0 = 1.11 \times 10^{-10}\,\mathrm{C^2/N \cdot m^2}$$

　［**1.11**］　水素原子のなかの電子の運動をボーアの円軌道で扱う場合に，$n=1, 2$ の定常状態にある電子は毎秒何回転で運動していることになるか.

　一つの遷移で放出される光の波の長さ（コヒーレントな波連の長さ）は約 2 m である. 水素原子が $n=2$ から $n=1$ の状態へ遷移をしているあいだに，電子は約何回転すると考えられるか.

　［**1.12**］　励起状態にある原子（質量 M）が速さ v（運動量 p）で運動しながら遷移を行なって，エネルギーが ΔE だけ低い基底状態にうつり，運動と同方向に振動数が ν の光子を放出する場合を考える. 光子の運動量

＊　光電効果は，自由でなくて束縛された電子によって生じる.

（物質粒子にくらべると小さい）を無視すれば $h\nu = \Delta E$ が成り立つが，無視せずにエネルギーと運動量の保存則を用いて $h\nu$ と ΔE の関係を求めると，

$$h\nu\left(1 - \frac{v}{c}\right) = \Delta E$$

が得られることを示せ．運動と逆方向に光子を放出する場合にはどうか．原子の運動は非相対論的に扱ってよい．*

　［**1.13**］　水素原子が $n = 4$ の定常状態から $n = 1$ の定常状態へ遷移したときに放出する光の振動数はいくらか．この光子を放出することによって，水素原子（質量を $1.67 \times 10^{-27}\,\mathrm{kg}$ とする）が受ける反跳の速度はいくらか．

　［**1.14**］　負のミュー中間子 μ^-（質量は電子の 207 倍，電荷は電子と同じ）が陽子につかまって μ 中間子原子をつくる場合に，$n = 1$ の軌道のボーア半径はいくらになるか．陽子を不動の中心と考えて計算せよ．

　［**1.15**］　前問で，陽子の質量が有限（電子の質量の 1836 倍）であることを考慮した場合に，μ^- 中間子の軌道はどうなるか．またその運動エネルギーはいくらになるか．

　また，電子と陽電子（質量は電子と同じ，電荷は $+e$）がクーロン力で引き合いながら重心のまわりを回っている系 —— **ポジトロニウム**という —— ではどうか．

　［**1.16**］　前期量子論では，座標 q とそれに共役な運動量 p とのあいだに

$$\oint p\,dq = nh \qquad （n \text{ は整数，積分は一周期についてとる）}$$

という“量子条件”をおき，この条件を満足させる運動だけが実現すると考える．

　古典力学で扱ったときに角振動数 ω の単振動を行なう，質量が m の質点（調和振動子）のエネルギーは

---

*　運動物体が出す光波のドップラー効果が，このようにして得られる．

$$H = \frac{p^2}{2m} + \frac{1}{2}m\omega^2 q^2$$

で与えられる．この振動を p と q を直交座標軸にとった平面（**位相空間と
いう**）で図示するとどうなるか．$H = \varepsilon$（一定）であるような運動が上記
の量子条件を満足するならば，そのエネルギーの値は

$$\varepsilon = nh\nu \qquad (\nu = \omega/2\pi)$$

で与えられることを示せ．

［**1.17**］ 10 g の弾丸を 100 m/s で発射したとき，その重心の運動を表
わすド・ブロイ波の波長はいくらか．

［**1.18**］ ある加速器で陽子を 3×10^7 m/s にまで加速した．この陽子
のド・ブロイ波長はいくらか．

［**1.19**］ つぎのもののド・ブロイ波長を求めよ．

(a) エネルギーが 15 keV の電子．

(b) 速さが 3×10^7 m/s の電子．

(c) エネルギーが 15 eV の陽子．

(d) 室温（300 K）の物質中でこれと熱平衡になっている中性子（熱中性
子という）．熱中性子の平均エネルギーは，ボルツマン定数を $k_B = 1.38 \times 10^{-23}$ J/K として，$3k_B T/2$ である．

［**1.20**］ シュテルン-ゲルラッハの実験では，温度 1200 K の炉から銀
の蒸気を噴出させ，小孔（直径が a の円とする）を通過させることによっ
て細い原子線束をつくる（1-2 図）．a が大きいと，原子線束のあたる領域
の幅 D は a の程度である．a が小さくなると，回折のために D は広くなる．
したがって D を最小にするような a の値があるはずである．このときの a
と D の値を求めよ．ただし，円孔による回折角 α は，波長を λ として

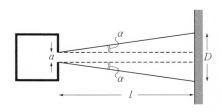

1-2 図

$$\sin \alpha = 1.22 \frac{\lambda}{a}$$

で与えられる．また，温度 T K に対応する熱運動の平均エネルギーは，ボルツマン定数を k_B として，$3k_B T/2$ に等しい．銀の原子量を108，原子質量単位を 1.66×10^{-27} kg とする．

解　答

[**1.1**]　(a)　振動数は $\nu = c/\lambda$ であるから，$h\nu = hc/\lambda$. これに与えられた数値を入れればエネルギーは J 単位で出る．1 電子ボルト (eV) は，電子を 1 V の電圧で加速したときのエネルギーであるから

$$1 \,\mathrm{eV} = 1.60 \times 10^{-19} \times 1\,\mathrm{C \cdot V} = 1.60 \times 10^{-19}\,\mathrm{J}$$

である．これで割ることによって，求める答は，12.4 eV, 4.14 eV, 2.49 eV, 1.78 eV.
(b)　上の計算手順を逆にやればよい．

波　長	1.24×10^{-6} m	1.24×10^{-8} m	1.24×10^{-12} m	1.24×10^{-14} m
振動数	2.42×10^{14} Hz	2.42×10^{16} Hz	2.42×10^{20} Hz	2.42×10^{22} Hz

なお光の波長等には，Å（オングストローム，$1\,\mathrm{Å} = 10^{-10}$ m）の代りに nm（ナノメーター，$1\,\mathrm{nm} = 10^{-9}$ m）も近頃はよく使われる．

[**1.2**]　$\lambda = 0.1\,\mathrm{Å} = 10^{-11}$ m の X 線光子のエネルギーを eV で表わすと，1.24×10^5 eV. したがって電子に最小限これだけのエネルギーを与えるためには，1.24×10^5 V 以上の電圧で加速せねばならない．

[**1.3**]　エネルギーは $3.32 \times 10^{-15}\,\mathrm{J} = 2.07 \times 10^4$ eV，運動量は $p = h\nu/c$ より 1.11×10^{-23} kg·m/s. 電子の静止質量を m_0 とすると，一般にはその運動量は

$$p = \frac{m_0 v}{\sqrt{1 - (v/c)^2}} \qquad (v \text{ は速さ})$$

であるが，上の p を m_0 で割ってみると

$$\frac{p}{m_0} = 1.2 \times 10^7\,\mathrm{m/s} \ll c = 3.0 \times 10^8\,\mathrm{m/s}$$

であるから，相対論的補正は小さく（分母 $\fallingdotseq 0.9992$），上の p/m_0 を v とみてさしつかえないことがわかる．運動エネルギーも非相対論的近似で十分であるから，

$m_0 v^2/2 = 6.7 \times 10^{-17}\,\mathrm{J} = 420\,\mathrm{eV}.$

[**1.4**]　$v \ll c$ であるから電子は非相対論的に扱う．そうすると，

運動量保存則より　　　　$\dfrac{h}{\lambda} + \dfrac{h}{\lambda'} = mv$

エネルギー保存則より　　$\dfrac{hc}{\lambda} - \dfrac{hc}{\lambda'} = \dfrac{mv^2}{2}$

が成り立つ．第 2 の式からただちに

$$\frac{1}{\lambda'} = \frac{1}{\lambda} - \frac{mv^2}{2hc}$$

が得られる．この $1/\lambda'$ を第 1 の式に入れると

$$\frac{2h}{\lambda} - \frac{mv^2}{2c} = mv \quad \text{より} \quad v = \frac{2h/m}{\lambda} - \frac{v^2}{2c}$$

となるが $v^2/2c = v(v/2c) \ll v$ であるから最後の項を無視すると

$$v = \frac{2h/m}{\lambda} = \frac{1.45 \times 10^{-3}}{\lambda} \quad (\mathrm{m/s})$$

$\lambda = 10\,\text{Å} = 10^{-9}\,\mathrm{m}$ のとき，$v = 1.45 \times 10^6\,\mathrm{m/s}$, $\lambda' = 10.0\,\text{Å}$.

[**1.5**]　今度は問題 [1.3]，[1.4] のときよりも X 線の波長がかなり短いから，相対論的に扱う必要がありそうである．1-3 図のようにエネルギーと運動量を定めると，これらの保存則から

$$\begin{cases} \dfrac{h\nu}{c} = \dfrac{1}{\sqrt{2}}\dfrac{h\nu'}{c} + p\cos\theta \\[2mm] \dfrac{1}{\sqrt{2}}\dfrac{h\nu'}{c} = p\sin\theta \\[2mm] h\nu = h\nu' + \varepsilon - m_0 c^2 \end{cases}$$

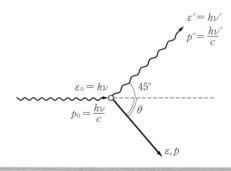

1-3 図

最初の 2 式から θ を消去すると，

$$p^2 = \frac{h^2}{c^2}(\nu^2 + \nu'^2 - \sqrt{2}\,\nu\nu')$$

を得るが，相対論的粒子では

$$p = \frac{m_0 v}{\sqrt{1 - v^2/c^2}}, \qquad \varepsilon = \frac{m_0 c^2}{\sqrt{1 - v^2/c^2}}$$

なので

$$p^2 = \frac{\varepsilon^2}{c^2} - m_0{}^2 c^2$$

である．したがって，上に求めた p^2 の式と等置して

$$\varepsilon^2 - m_0{}^2 c^4 = h^2(\nu^2 + \nu'^2 - \sqrt{2}\,\nu\nu')$$

がわかる．これと 3 番目の式（エネルギー保存の式）とから ε を消去すれば

$$\frac{(2 - \sqrt{2})h}{2m_0 c^2} = \frac{\nu - \nu'}{\nu\nu'} = \frac{1}{\nu'} - \frac{1}{\nu}$$

波長 $\lambda = c/\nu$, $\lambda' = c/\nu'$ でかけば

$$\lambda' - \lambda = \frac{(2 - \sqrt{2})h}{2m_0 c}$$

という関係を得る．$\lambda' = 0.022$ Å，$m_0 = 9.1 \times 10^{-31}$ kg 等の数値を入れれば $\lambda' - \lambda$ $= 0.7 \times 10^{-12}$ m $= 0.007$ Å を得るので，$\lambda = 0.015$ Å.

[**1.6**]　$\lambda = 2300$ Å, 1800 Å に相当する $h\nu$ を計算すれば eV 単位で表わして，5.4 eV, 6.9 eV を得る．したがって，求める答は，$6.9 - 5.4 = 1.5$ eV.

[**1.7**]　3.2 V が振動数差 $83 \times 10^{+13}$ s^{-1} に対応する．$1.6 \times 10^{-19} \times 3.2$ C·V $= 5.12 \times 10^{-19}$ J であるから，これと $83 \times 10^{+13}\,h$ を等しいとおいて，$h = 6.2 \times 10^{-34}$ J·s.

[**1.8**]　1.1×10^{15} s^{-1}, 1.5×10^{15} s^{-1} の $h\nu$ を eV に直すと，それぞれ 4.6 eV, 6.2 eV となる．求める答はこれらの差として，1.6 eV.

[**1.9**]　光子の運動量の大きさを p_0 とすると，そのエネルギーは cp_0 に等しい．一方，自由電子のエネルギーと運動量の関係は

$$\varepsilon = \sqrt{m_0{}^2 c^4 + c^2 p^2}$$

であるから，これがもし上記光子のエネルギーを吸収して運動量の大きさを p' に

変えたとすると

$$\sqrt{{m_0}^2 c^4 + c^2 {p'}^2} = c p_0 + \sqrt{{m_0}^2 c^4 + c^2 p^2}$$

となるはずである．両辺を2乗して c^2 で割って共通項をおとせば

$$p'^2 = p^2 + {p_0}^2 + 2 p_0 p \left(1 + \frac{{m_0}^2 c^2}{p^2}\right)^{1/2}$$
$$> p^2 + {p_0}^2 + 2 p_0 p$$
$$= (p + p_0)^2$$

運動量保存が成り立つとすれば，p' は

$$p + p_0 \geqq p' \geqq |p - p_0|$$

を満足せねばならないから，上の式を成立させるわけにはいかない．

　[**1.10**]　$n = 1$ の場合のボーアの量子条件から

$$2\pi m R v = h \qquad \therefore \quad v = \frac{h}{2\pi m R}$$

一方，向心力がクーロン力に等しいという式

$$\frac{mv^2}{R} = \frac{Ze^2}{(4\pi\epsilon_0)R^2}$$

から $R = Ze^2/(4\pi\epsilon_0)mv^2$ を得るから，これを上の式に入れると

$$Z = \frac{(4\pi\epsilon_0)ch}{2\pi e^2}$$

と表わされることがわかる．数値を代入すれば $Z \fallingdotseq 137$.

　[**1.11**]　量子条件より $2\pi m R_n v_n = nh$. これから，毎秒の回転数は

$$\nu_n = \frac{v_n}{2\pi R_n} = \frac{n\hbar}{2\pi m {R_n}^2}$$

R_n に（6）式を代入すれば

$$\nu_n = \frac{me^4}{2\pi \hbar^3 (4\pi\epsilon_0)^2 n^3} = \frac{6.6 \times 10^{15}}{n^3}\,\text{s}^{-1}$$

$n = 1, 2$ に対して

$$\nu_1 = 6.6 \times 10^{15}\,\text{s}^{-1}, \qquad \nu_2 = 0.83 \times 10^{15}\,\text{s}^{-1}$$

2 m の波連を出す時間は，これを c で割って，6.67×10^{-9} s．これに ν_2 を掛ければ，5.5×10^6．つまり，光を出しおえるまでは $n = 2$ の軌道にいるとすれば，5.5×10^6 回転．ν_1 と ν_2 の中間の値をとればもっと大きくなる．

[**1.12**]　遷移後の原子の運動量を p' とすると，保存則

$$p = p' + \frac{h\nu}{c}, \qquad \frac{p^2}{2M} + \Delta E = \frac{p'^2}{2M} + h\nu$$

が成り立つ．第2のエネルギー保存の式から

$$h\nu = \frac{p + p'}{2M}(p - p') + \Delta E$$

を得るが，光子の運動量は小さいから $p + p'$ を $2p$ とおいてよい．このように近似すると $(p + p')/2M = v$ になる．$p - p'$ には，第1の式から得られる $h\nu/c$ を入れれば

$$h\nu = v\frac{h\nu}{c} + \Delta E$$

となる．したがって

$$h\nu\left(1 - \frac{v}{c}\right) = \Delta E$$

が求められる．

　逆方向に光子を出すときには第1式が $p' = p + h\nu/c$ となるので，結果は

$$h\nu\left(1 + \frac{v}{c}\right) = \Delta E$$

[**1.13**]　(7) 式を用いると

$$h\nu = \frac{2\pi^2 me^4}{(4\pi\epsilon_0)^2 h^2}\left(1 - \frac{1}{16}\right) = 2.05 \times 10^{-18}\,\mathrm{J}$$

振動数は，$\nu = 3.1 \times 10^{15}\,\mathrm{s}^{-1}$（波長約 1000 Å）．この光子の運動量を水素原子の質量で割れば

$$v = \frac{h\nu/c}{M} = 4.1\,\mathrm{m/s}$$

[**1.14**]　(6) 式を見ればわかるように，ボーア半径は m に逆比例している．電子の場合 $a_0 = 5.292 \times 10^{-11}\,\mathrm{m}$ であるから，μ 中間子ではその 1/207 倍の $2.56 \times 10^{-13}\,\mathrm{m}$ になる．

[**1.15**]　重心座標と相対座標を用いて考えれば，前者は不動（または等速度運動）で，後者は同じ中心力による換算質量をもった粒子の運動と同じになる．μ 中間子の場合の換算質量は

$$\left(\frac{1}{M} + \frac{1}{m_\mu}\right)^{-1} = \frac{Mm_\mu}{M + m_\mu} \ (= 186\, m)$$

となる．M は陽子の質量，m_μ は中間子の質量である．したがって相対運動の「半径」（陽子と中間子の距離）は電子の場合の $m(M + m_\mu)/Mm_\mu$ 倍（1/186 倍）になる．しかし不動なのは重心であるから，μ 中間子が実際の空間にえがく円軌道の半径は，これを質量の逆比に内分して $M/(M + m_\mu)$ 倍しなくてはいけない．結局それは電子の場合の m/m_μ 倍（1/207 倍）になる．

(7) 式のエネルギーは，その 2 倍の位置エネルギーと，これの絶対値に等しい運動エネルギーの和である（読者自ら験証のこと）．したがって，運動エネルギーは (7) 式の絶対値に等しく，質量に比例する．換算質量をこれに代入したものは，陽子と中間子の運動エネルギーの和になっていることも，一般的に証明できる．したがってそれは電子の場合の 186 倍になる．このうちから μ 中間子の運動エネルギーだけをとり出すのなら，

$$\frac{1}{2}MV^2 : \frac{1}{2}m_\mu v_\mu^2 = \frac{1}{M} : \frac{1}{m_\mu} \qquad (\because \quad V : v_\mu = m_\mu : M)$$

であるから，μ 中間子の部分は全体の $M/(M + m_\mu) = 0.899$ 倍，つまり電子の場合の $186 \times 0.899 = 167$ 倍である．

ポジトロニウムでは，換算質量は $m/2$．したがって，電子と陽電子の距離は水素原子のボーア半径の 2 倍．電子および陽電子が空間にえがく円の半径はボーア半径と同じ．全体の運動エネルギーは水素内電子の場合の半分であり，それを電子と陽電子が折半している．

[**1.16**]　$H = \varepsilon$ から

$$\frac{p^2}{2m\varepsilon} + \frac{q^2}{2\varepsilon/m\omega^2} = 1$$

が得られるから，これを位相空間でグラフにすると，1-4 図のような長円になる．量子条件

$$\oint p\,dq = nh$$

は，この長円にかこまれる面積が nh に等しい，ということを表わしている．長円の面積の公式を用いると，

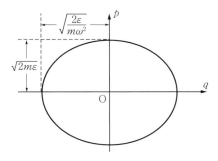

1-4 図

$$nh = \pi\sqrt{2m\varepsilon}\sqrt{\frac{2\varepsilon}{m\omega^2}}$$

すなわち

$$\varepsilon = nh\nu = n\hbar\omega \qquad \left(\nu = \frac{\omega}{2\pi},\ \ \hbar = \frac{h}{2\pi}\right)$$

[**1.17**] 運動量は $p = 0.01 \times 100 = 1\,\text{kg·m/s}$ であるから，これを h/λ に等しいとおいて，$\lambda = 6.6 \times 10^{-34}\,\text{m}$.

[**1.18**] 非相対論的に扱うと，陽子の運動量は

$$1.673 \times 10^{-27} \times 3 \times 10^7 = 5.02 \times 10^{-20}\,\text{kg·m/s}$$

であるから，これを h/λ に等しいとおいて，$\lambda_\text{p} = 1.32 \times 10^{-14}\,\text{m}$.

相対論では $p = MV/\sqrt{1-(V/c)^2}$（M は静止質量）で与えられる．いまの場合 $V/c = 0.1$ であるから

$$\frac{1}{\sqrt{1-(V/c)^2}} = 1.005$$

となり，答は 0.5% 減になる ($1.31 \times 10^{-14}\,\text{m}$).

[**1.19**] (a) 非相対論近似では $\varepsilon = p^2/2m$ より $p = \sqrt{2m\varepsilon}$ であるから，$\varepsilon = 15 \times 10^3\,\text{eV} = 2.4 \times 10^{-15}\,\text{J}$，$m = 9.11 \times 10^{-31}\,\text{kg}$ を入れると $p = 6.6 \times 10^{-23}\,\text{kg·m/s}$，このとき $p/m = 7.3 \times 10^7\,\text{m/s}$ であるから，相対論的補正は 3% になる．最初から相対論的に扱うと，$\varepsilon = \sqrt{m^2c^4 + c^2p^2} - mc^2$ であるから，15 keV に対する運動量の大きさは

$$p = \sqrt{2m\varepsilon + \frac{\varepsilon^2}{c^2}} = 6.66 \times 10^{-23}\,\text{kg·m/s}$$

これに対するド・ブロイ波長は

$$\lambda = \frac{h}{p} = 0.995 \times 10^{-11}\,\mathrm{m}$$

(b)　$2.4 \times 10^{-11}\,\mathrm{m}$.

(c)　明らかに非相対論的領域なので，$p = \sqrt{2M\varepsilon}$ より，$p = 8.95 \times 10^{-23}\,\mathrm{kg\cdot m/s}$,
$\lambda = 0.74 \times 10^{-11}\,\mathrm{m}$.

(d)　300 K の物質と熱平衡にある中性子のエネルギーは，ボルツマン定数 $k_\mathrm{B} = 1.38 \times 10^{-23}\,\mathrm{J/K}$ を用いて

$$\frac{3}{2} \times 300\,k_\mathrm{B} = 6.21 \times 10^{-21}\,\mathrm{J} = 0.039\,\mathrm{eV}$$

の程度である．これに対するド・ブロイ波長は

$$\lambda = \frac{h}{\sqrt{2M_\mathrm{n}\varepsilon}} = 1.45 \times 10^{-10}\,\mathrm{m} \qquad (約\ 1.5\ \text{Å})$$

[**1.20**]　銀原子の質量は $108 \times 1.66 \times 10^{-27} = 1.79 \times 10^{-25}\,\mathrm{kg}$, その平均エネルギーは $1.5 \times 1.38 \times 10^{-23} \times 1200 = 2.48 \times 10^{-20}\,\mathrm{J}$ であるから $p = (2 \times 1.79 \times 10^{-25} \times 2.48 \times 10^{-20})^{1/2} = 9.42 \times 10^{-23}\,\mathrm{kg\cdot m/s}$ となり，これに対応するド・ブロイ波長は $\lambda = 7.03 \times 10^{-12}\,\mathrm{m}$ であることがわかる．

$$D = a + 2.44\,\frac{\lambda l}{a}$$

を最小にする a とそのときの D は

$$a = \sqrt{2.44\lambda l}, \qquad D = 2 \times \sqrt{2.44\lambda l}$$

である．l をメートルで測った長さの数値とし，λ に上記の値を入れると，

$$a = 4.1\sqrt{l} \times 10^{-6}\,\mathrm{m}, \qquad D = 8.3\sqrt{l} \times 10^{-6}\,\mathrm{m}$$

2

波動関数の一般的性質

§2.1 シュレーディンガー方程式

ポテンシャル $V(\boldsymbol{r})$ で与えられる保存力場のなかを運動する質量 m の粒子のエネルギーは，運動量を $\boldsymbol{p}$ として

$$H = \frac{1}{2m}(p_x{}^2 + p_y{}^2 + p_z{}^2) + V(\boldsymbol{r}) \tag{1}$$

と表わされる．このようにエネルギーを座標と運動量で表わしたものを**ハミルトニアン**という．ここで

$$p_x \to -i\hbar\frac{\partial}{\partial x}, \quad p_y \to -i\hbar\frac{\partial}{\partial y}, \quad p_z \to -i\hbar\frac{\partial}{\partial z} \tag{2}$$

という置きかえをすると，ハミルトニアンは

$$H = -\frac{\hbar^2}{2m}\left(\frac{\partial^2}{\partial x^2} + \frac{\partial^2}{\partial y^2} + \frac{\partial^2}{\partial z^2}\right) + V(\boldsymbol{r}) \tag{3}$$

という**演算子**になる．

波動力学では，"粒子"の運動状態は波動関数 $\psi(\boldsymbol{r}, t)$ で表わされるが，この $\psi(\boldsymbol{r}, t)$ の変化は上記の演算子 H を用いた

$$H\psi = i\hbar\frac{\partial\psi}{\partial t} \tag{4}$$

という方程式できめられる．この方程式を（時間を含む）**シュレーディンガー方程式**という．

特別な場合として

$$\psi(\boldsymbol{r}, t) = \mathrm{e}^{-i\omega t} \varphi(\boldsymbol{r}) \tag{5}$$

という形の解を考えることができる．(5) を (4) に入れればすぐわかるように，$\varphi(\boldsymbol{r})$ は

$$H\varphi(\boldsymbol{r}) = \varepsilon\varphi(\boldsymbol{r}) \tag{6}$$

を満足せねばならない．H は (3) の演算子，ε は定数であって (5) の ω と

$$\varepsilon = \hbar\omega \tag{7}$$

という関係にある．この (5) 式のような運動は，エネルギーの値が確定値 ε をもつ**定常状態**であると考える．(5) 式が示すように，定常状態の波動関数は定常波で表わされている．その"波形"$\varphi(\boldsymbol{r})$をきめる式 (6) を，(時間を含まない) **シュレーディンガー方程式**という．$\varphi(\boldsymbol{r})$ は (6) に従うと同時に適当な境界条件を満足せねばならない．そうすると，ε はかってな値をとることはできず，特定のとびとびの値 $\varepsilon_1, \varepsilon_2, \cdots$ だけが許される．これをエネルギーの**固有値**と呼ぶ.*　それぞれに対応してきまる関数 $\varphi_1(\boldsymbol{r}), \varphi_2(\boldsymbol{r}), \cdots$ をその固有値に属する**固有関数**という．

§2.2　波動関数の意味

たとえば写真に感光させるというような手段で位置を測定すれば，電子1個はフィルム上の1点を感光させるという意味で"粒子"的である．しかし，同じ条件で多数の電子について実験すると，多数の感光点が分布した回折像などが得られる．1個の粒子の運動を表わす波動関数 $\psi(\boldsymbol{r}, t)$ は，個々の粒子の行く先（感光点の位置）を予言するものではなく，多数について実験を行なった場合の回折像を与える性格のものである．$\psi(\boldsymbol{r}, t)$ は空間的にひろがった分布をもつが，粒子自体がそのようにひろがった実体だというのではない.**　$\psi(\boldsymbol{r}, t)$ は一般に複素数の値をとるが，$|\psi(\boldsymbol{r}, t)|^2$ は正の実数になり，

$$|\psi(\boldsymbol{r}, t)|^2 d\boldsymbol{r} \tag{8}$$

---

*　場合によっては連続的な値が許されることもある．

は，時刻 t にその粒子を位置 $\boldsymbol{r}$ のところの微小領域 $d\boldsymbol{r}$ 内に見出す確率を表わすと考えると，理論をうまく組み立てることができる．そのため，通常

$$\iiint |\psi(\boldsymbol{r}, t)|^2 \, d\boldsymbol{r} = 1 \tag{9}$$

となるようにしておく．この手続きを，波動関数の**規格化**あるいは**正規化**という．

(5) 式で与えられるような定常状態では

$$|\psi(\boldsymbol{r}, t)|^2 = |\varphi(\boldsymbol{r})|^2 \tag{10}$$

となり，確率は時間に無関係となる．

上記の意味で，$\psi(\boldsymbol{r}, t)$ や $\varphi(\boldsymbol{r})$ のことを**確率振幅**ということもある．

波動関数 $\psi(\boldsymbol{r}, t)$ で表わされる粒子について，たとえばそのポテンシャルエネルギー $V(\boldsymbol{r})$ のように，位置の関数で与えられる物理量 $F(\boldsymbol{r})$ を測定したとすると，いろいろな値が得られるであろう．しかしその**期待値**（平均値）は，上のような確率を重みとして

$$\langle F \rangle = \iiint |\psi(\boldsymbol{r}, t)|^2 F(\boldsymbol{r}) d\boldsymbol{r} \tag{11}$$

で与えられることがわかる．特に (5) 式が成り立つ定常状態では，(10) 式により

$$\langle F \rangle = \iiint |\varphi(\boldsymbol{r})|^2 F(\boldsymbol{r}) d\boldsymbol{r} \tag{11}'$$

となる．

§2.3　波動関数と物理量

エネルギーとか角運動量などの**物理量**は，一般に粒子の位置 $\boldsymbol{r}$ と運動量 $\boldsymbol{p}$ の関数として，$F(\boldsymbol{r}, \boldsymbol{p})$ のように表わされる．ここで (2) 式の置きかえ

**　シュレーディンガー自身はこのように考えていたので，コペンハーゲンを訪れたとき，ボーアらと論争になり，やりこめられて病気になってしまったという（24 ページ参照）．

$(\boldsymbol{p} \to -i\hbar\nabla)$ を行なうと，F は演算子 $F(\boldsymbol{r}, -i\hbar\nabla)$ になる．ハミルトニアンはその一つの場合である．(11), (11)′式をこの場合に一般化するには，上のままでは意味をなさないから，$|\psi|^2 = \psi^*\psi$ の ψ^* と ψ の間に F をはさみ，右側の ψ に F が作用するようにした式

$$\langle F \rangle = \iiint \psi^*(\boldsymbol{r}, t) F(\boldsymbol{r}, -i\hbar\nabla) \psi(\boldsymbol{r}, t) d\boldsymbol{r} \tag{12}$$

を用いればよい．定常状態では

$$\langle F \rangle = \iiint \varphi^*(\boldsymbol{r}) F(\boldsymbol{r}, -i\hbar\nabla) \varphi(\boldsymbol{r}) d\boldsymbol{r} \tag{12′}$$

となる．

　　F を演算子，f をふつうの数とするとき

$$F(\boldsymbol{r}, -i\hbar\nabla)\chi(\boldsymbol{r}) = f\chi(\boldsymbol{r}) \tag{13}$$

が成り立つ場合に，$\chi(\boldsymbol{r})$ を F の**固有関数**，f をその**固有値**という．境界条件により，f はかってな値をとることができず，$f_1, f_2, \cdots$ のようにとびとび（離散的）になることが多いが，連続固有値をとることもある．

　　粒子の状態を表わす波動関数 $\psi(\boldsymbol{r}, t)$ は，物理量 F の固有関数 $\chi_1(\boldsymbol{r}), \chi_2(\boldsymbol{r}),$ $\cdots$ を使って

$$\psi(\boldsymbol{r}, t) = c_1(t)\chi_1(\boldsymbol{r}) + c_2(t)\chi_2(\boldsymbol{r}) + \cdots = \sum_n c_n(t)\chi_n(\boldsymbol{r}) \tag{14}$$

のように展開することができる．ψ も χ_n も規格化されていれば，*

$$\langle \psi | \psi \rangle \equiv \iiint |\psi(\boldsymbol{r}, t)|^2 d\boldsymbol{r} = |c_1(t)|^2 + |c_2(t)|^2 + \cdots = 1 \tag{15}$$

であり，$F\chi_n = f_n\chi_n$ を用いれば

$$\langle F \rangle \equiv \iiint \psi^*(\boldsymbol{r}, t) F(\boldsymbol{r}, -i\hbar\nabla) \psi(\boldsymbol{r}, t) d\boldsymbol{r}$$

$$= |c_1(t)|^2 f_1 + |c_2(t)|^2 f_2 + \cdots = \sum_n |c_n(t)|^2 f_n \tag{16}$$

---

　*　固有関数は，それぞれを規格化しておくと

$$\langle \chi_i | \chi_j \rangle \equiv \iiint \chi_i^*(\boldsymbol{r}) \chi_j(\boldsymbol{r}) d\boldsymbol{r} = \delta_{ij} \quad \begin{pmatrix} i = j \text{ なら } \delta_{ij} = 1 \\ i \neq j \text{ なら } \delta_{ij} = 0 \end{pmatrix}$$

のようにすることができる．

となることが容易にわかる．そこで，$\psi(\boldsymbol{r}, t)$ という運動状態にある粒子について，時刻 t に物理量 F を測定する場合に，値 f_1 の得られる確率が $|c_1(t)|^2$，値 f_2 の得られる確率が $|c_2(t)|^2, \cdots$ であると考えると，(15) の式の期待値という意味にまさに適合している．したがって固有関数による展開 (14) とその係数 $c_n(t)$ には，このような意味がある，と解釈するのが適当である．

　連続固有値の場合には話がやや複雑になるが，運動量を例にとると，

$$-i\hbar\nabla e^{i\boldsymbol{k}\cdot\boldsymbol{r}} = \hbar\boldsymbol{k}e^{i\boldsymbol{k}\cdot\boldsymbol{r}} \tag{17}$$

となるので，平面波 $e^{i\boldsymbol{k}\cdot\boldsymbol{r}}$ がその固有関数であると考えられる．ただしこれは規格化ができない．そこで，この場合には，フーリエ変換

$$\psi(\boldsymbol{r}, t) = \frac{1}{\sqrt{8\pi^3}}\iiint C(\boldsymbol{k}, t)e^{i\boldsymbol{k}\cdot\boldsymbol{r}}\,d\boldsymbol{k} \tag{18a}$$

が (14) に相当すると考える．逆変換は

$$C(\boldsymbol{k}, t) = \frac{1}{\sqrt{8\pi^3}}\iiint \psi(\boldsymbol{r}, t)e^{-i\boldsymbol{k}\cdot\boldsymbol{r}}\,d\boldsymbol{r} \tag{18b}$$

で与えられるが，ψ が規格化されていれば

$$\iiint |\psi(\boldsymbol{r}, t)|^2\,d\boldsymbol{r} = \iiint |C(\boldsymbol{k}, t)|^2\,d\boldsymbol{k} = 1$$

が証明できるので（問題 [2.2]），$\psi(\boldsymbol{r}, t)$ で与えられる粒子についてその運動量を測ると，$\hbar\boldsymbol{k}$ を含む小さな範囲 $\hbar^3\,d\boldsymbol{k}$ 内にその値を見出す確率が

$$|C(\boldsymbol{k}, t)|^2\,d\boldsymbol{k}$$

である，と考えることができる．

§2.4　デルタ関数と位置の固有関数

$x = x_0$ を除くいたるところで 0 で，$a < x_0 < b$ であるようなかってな区間 (a, b) についての積分が 1 になる

$$\left.\begin{array}{l}\delta(x - x_0) = 0 \qquad x \neq x_0 \\ \displaystyle\int_a^b \delta(x - x_0)\,dx = 1\end{array}\right\} \tag{19}$$

のような関数* $\delta(x - x_0)$ を，ディラックの**デルタ関数**という．任意の連続関数 $f(x)$ に対し

$$\int_a^b f(x)\delta(x - x_0)dx = f(x_0) \tag{20}$$

を証明することができる．

3 次元に拡張して

$$\delta(\boldsymbol{r} - \boldsymbol{r}_0) \equiv \delta(x - x_0)\delta(y - y_0)\delta(z - z_0) \tag{21}$$

とすると，

$$\iiint f(\boldsymbol{r})\delta(\boldsymbol{r} - \boldsymbol{r}_0)d\boldsymbol{r} = f(\boldsymbol{r}_0) \tag{22}$$

となる．積分は点 $\boldsymbol{r}_0$ を含む領域について行なう．

粒子の位置の固有関数は，このようなデルタ関数で与えられる，と考える．

$$\boldsymbol{r}\,\delta(\boldsymbol{r} - \boldsymbol{r}_0) = \boldsymbol{r}_0\delta(\boldsymbol{r} - \boldsymbol{r}_0) \tag{23}$$

(22) 式を適用すると**

$$\psi(\boldsymbol{r}, t) = \iiint \psi(\boldsymbol{r}', t)\delta(\boldsymbol{r} - \boldsymbol{r}')d\boldsymbol{r}'$$

となるが，これを (14) 式の特別な場合（位置の固有関数による展開式）とみれば，$c_n(t)$ に対応するのが $\psi(\boldsymbol{r}', t)$ で，n には $\boldsymbol{r}'$ が対応する．$|\psi(\boldsymbol{r}', t)|^2 d\boldsymbol{r}'$ が位置に関する確率になるのも，$|c_n(t)|^2$ が確率を表わすという一般の場合の一例に過ぎないことがわかる．

§2.5 不確定性原理

$f(x)$ のフーリエ変換を $F(k)$ とする．$f(x)$ が x に関し幅 Δx の程度のなかでのみ相当の大きさをもちその外ではほとんど 0 であるとし，同様に $F(k)$ も k に関して幅 Δk の程度のなかだけで大きな値をとるとすると，一般に

---

* 数学的には，このように特異性の強いものを関数（function）と呼んではいけない．これは**超関数**（distribution）と呼ばれる．

** $\delta(\boldsymbol{r} - \boldsymbol{r}') = \delta(\boldsymbol{r}' - \boldsymbol{r})$ は容易に証明できる．問題 [2.4]（a）を参照．

$$\Delta x \cdot \Delta k \sim 2\pi$$

という関係がある．3次元に拡張すれば同様にして

$$\Delta x \cdot \Delta k_x \sim 2\pi, \qquad \Delta y \cdot \Delta k_y \sim 2\pi, \qquad \Delta z \cdot \Delta k_z \sim 2\pi$$

が成り立つ．これを粒子の波動関数 $\psi(\boldsymbol{r}, t)$ とそれのフーリエ変換 $C(\boldsymbol{k}, t)$ に適用し，Δx 等は位置を測定したときの不確定さの程度，$\hbar \Delta k_x = \Delta p_x$ 等は運動量を測ったときの不確定さの程度を表わす，と解釈すると，

$$\Delta x \cdot \Delta p_x \sim h, \qquad \Delta y \cdot \Delta p_y \sim h, \qquad \Delta z \cdot \Delta p_z \sim h$$

となることがわかる．波動力学で表わされる粒子の運動にこのような不確定さがともなうのは，理論が不完全なためであろうか．実験とはどう結びつくのであろうか．

ハイゼンベルク（Werner K. Heisenberg）はこの問題を取り上げ微視的な粒子に観測がひきおこす乱れをくわしく調べた結果，初期条件となるべき粒子の位置と運動量を測定できめようとすると，どうしても上記程度の不確定さが避けられないことを示した．これは，本来は確定しているのに人間が知りえない，というものではなくて，粒子自体がもつ本質に根ざした不確定さであって，それが波動性という形で現われている，と考えなくてはならない．

なお（18a）のフーリエ変換を時間 t にも適用し（ただしこのときは $k_x, k_y,$ k_z に対応する量を $-\omega$ とおく）

$$\psi(\boldsymbol{r}, t) = \frac{1}{4\pi^2} \iiiint D(\boldsymbol{k}, \omega) \mathrm{e}^{i(\boldsymbol{k}\cdot\boldsymbol{r}-\omega t)} \, d\boldsymbol{k}d\omega \qquad (24\,\mathrm{a})$$

とすると，逆変換は

$$D(\boldsymbol{k}, \omega) = \frac{1}{4\pi^2} \iiiint \psi(\boldsymbol{r}, t) \mathrm{e}^{-i(\boldsymbol{k}\cdot\boldsymbol{r}-\omega t)} \, d\boldsymbol{r}dt \qquad (24\,\mathrm{b})$$

となる．この関係は，位置 $\boldsymbol{r}$ に運動量 $\hbar\boldsymbol{k}$ が対応したように，時間 t にはエネルギー $\hbar\omega$ が対応することを示している．したがって，位置と運動量の場合と同様に，時間とエネルギーについても

$$\Delta t \cdot \Delta \varepsilon \sim h$$

という不確定性関係が成り立つ．これは，エネルギー準位の幅とその定常状
態の寿命の関係などを論ずる場合に使われる関係である．

　余 談　　粒子の位置は空間内の1点で表わされるのに対し，波というのは
空間に連続的にひろがったものである．この全く異なる2つの性質を結びつけ
るのが波動関数に与えられた統計的解釈である．これをとなえたのがボルン
（Max Born）であり，彼はこれによりノーベル物理学賞を受けている．この考
えをさらに裏づけたのがハイゼンベルクの不確定性原理である．こういう量子
力学の確率的・統計的な考え方は，ニュートン以来の古典物理学の決定論的な
考え方 —— 初期条件が与えられれば，以後の変化は微分方程式により確定す
るという因果律的な考え方 —— とは全くあい容れないものであったから，は
げしい論争がまきおこった．保守派の筆頭はアインシュタインであり，新しい
解釈の推進派はボーア（Niels H. D. Bohr）を中心とする人達（コペンハーゲン
学派と呼ばれる）であったので，上のような統計的な考え方をコペンハーゲン
解釈という（ボルンはこの名があまり面白くなかったらしい）．

　ボルンとアインシュタインはともにドイツを追
われたユダヤ人であるが，ベルリンに一時住んで
親交を結んでいたので，ボルンはイギリス，アイ
ンシュタインはアメリカに移ってからのちも，し
ばしば手紙を交換していた．しかし，ことが量子
力学の統計的解釈の話になると二人の意見はどう
しても一致しない．アインシュタインは"神様が
サイコロを振るなどとは信じられない"と言い，
量子力学に懐疑的なままで一生を終えた．

　シュレーディンガーも最初は彼の波動関数が，
確率などという抽象的な量ではなく，もっと実体
的なものを表わすと考えていた．つまり電子など
が空間にひろがる煙の塊のようなものであると考

Niels H. D. Bohr
(1885-1962)

えたのである．1926年9月，コペンハーゲンを訪れた彼は，自分の波動力学の
話をし，彼のこの考え方を述べたが，ボーアをはじめとする人達につるし上げ
られ，とっちめられて，とうとう病気になってしまった．ボーアは彼を病床に
見舞いに訪れたが，そこでまた波動関数の話をもち出し，飽くまで相手を説得
しようとしたという．学問に対する彼のすさまじいまでの執念を伝える話であ
るが，とんだ見舞い客もあったものである．

問　　題

[**2.1**]　状態を記述する波動関数は，その変数の全域で1価，連続，有界であることが要求される．つぎの関数のうち，波動関数として許されるものはどれか．ただし，ϕ はある軸のまわりの回転角である．

(a)　$e^{-\lambda x}$,　$\lambda > 0$　$(-\infty < x < +\infty)$

(b)　$e^{-\lambda|x|}$,　$\lambda > 0$　$(-\infty < x < +\infty)$

(c)　$\begin{cases} \cos(\pi x/2a) & (-a \leqq x \leqq a) \\ 0 & (|x| > a) \end{cases}$

(d)　$e^{im\phi}$,　m：整　数　$(0 \leqq \phi < 2\pi)$

(e)　$e^{im\phi}$,　m：半整数　$(0 \leqq \phi < 2\pi)$

【注】　いたるところで有界という条件は，時として強すぎることが指摘されている．しかし，ふつうの問題では，この条件を課してかまわない．

[**2.2**]　運動量演算子 $-i\hbar\, d/dx$ の性質を調べる．

(a)　k を任意の定数として，微分方程式

$$-i\hbar \frac{d\varphi(x)}{dx} = \hbar k \varphi(x)$$

の解を求めよ．

(b)　上の方程式は k がたとえ複素数であっても解をもつ．複素数の固有値を除くには，固有関数 $\varphi(x)$ にどんな副条件を課したらよいか．

(c)　連続固有値をさける便利な方法は，x の変域を $-L/2$ から $L/2$（L は任意の大きな数）までの有限な区間に限定した上で，周期性境界条件 $\varphi(L/2) = \varphi(-L/2)$ を課すやり方である．このとき許される k の値，ならびに対応する規格化された固有関数 $\varphi(x)$ は，それぞれ

$$k_s = 2\pi s/L \qquad s = 0, \pm1, \pm2, \cdots$$

$$\varphi_s(x) = L^{-1/2}\,\mathrm{e}^{ik_s x}$$

となることを示せ.

(d) $s \neq s'$ なら,$\langle \varphi_s | \varphi_{s'} \rangle = 0$ であることを確かめよ.

(e) 実は $\{\varphi_s(x)\}$ は完全系になっており,任意の(くわしくは多少の制限が必要だが)周期関数 $f(x)$ を

$$f(x) = \sum_s F_s \varphi_s(x)$$

と展開できる.F_s を求めよ.

(f) 相隣る k_s の間隔は $2\pi/L$ であるから,大きな L に対しては,k_s は k 軸上に準連続的に分布する.ゆえに,s に関する和を k に関する積分で代用できる.公式

$$\sum_s \xi(k_s) \to \frac{L}{2\pi} \int_{-\infty}^{\infty} \xi(k)dk \qquad (\text{$\xi(k)$ は任意の連続関数})$$

を証明せよ.

(g) これを用いて,フーリエ変換の公式を導け.

$$f(x) = \frac{1}{\sqrt{2\pi}} \int_{-\infty}^{\infty} F(k)\mathrm{e}^{ikx}\,dk, \qquad F(k) = \frac{1}{\sqrt{2\pi}} \int_{-\infty}^{\infty} f(x)\mathrm{e}^{-ikx}\,dx$$

(h) さらに,

$$\int_{-\infty}^{\infty} |f(x)|^2\,dx = \sum_s |F_s|^2 = \int_{-\infty}^{\infty} |F(k)|^2\,dk$$

を証明せよ.

[**2.3**] (a) つぎの関係式を証明せよ.ただし,$\alpha > 0$.

$$\frac{1}{2\pi} \int_{-\infty}^{\infty} \mathrm{e}^{i(k-k')x - \alpha|x|}\,dx = \frac{1}{\pi} \mathrm{Im}\left[\frac{1}{(k-k') - i\alpha} \right] \xrightarrow[\alpha \to +0]{} \delta(k-k')$$

ここで,δ はディラックのデルタ関数である.

(b) これを使って,前問 (g) の $F(k)$ に対する表式を導け.

[**2.4**] 下にデルタ関数間のいくつかの関係式があげてある.両辺に微分可能な関数 $f(x)$ を掛け,x で積分することにより,等式の成立することを確かめよ.

(a) $\delta(x) = \delta(-x)$ (b) $\delta'(x) = -\delta'(-x)$ (c) $x\delta(x) = 0$

(d)　$x\delta'(x) = -\delta(x)$　　　　(e)　$\delta(cx) = c^{-1}\delta(x)$

(f)　$\int \delta(x-y)\delta(y-c)dy = \delta(x-c)$

ただし，$\delta'(x) \equiv d\delta(x)/dx$，$c$ は定数である．

　[**2.5**]　フーリエ変換の公式は，波数 k の代りに運動量 $p \equiv \hbar k$ を変数に使えば

$$f(x) = \frac{1}{\sqrt{2\pi\hbar}} \int_{-\infty}^{\infty} F(p)e^{ipx/\hbar}\,dp, \quad F(p) = \frac{1}{\sqrt{2\pi\hbar}} \int_{-\infty}^{\infty} f(x)e^{-ipx/\hbar}\,dx$$

とかける．

(a)　つぎの関係式を証明せよ．

$$\left(i\hbar \frac{d}{dp}\right)^n F(p) = \frac{1}{\sqrt{2\pi\hbar}} \int_{-\infty}^{\infty} x^n f(x)e^{-ipx/\hbar}\,dx$$

$$p^n F(p) = \frac{1}{\sqrt{2\pi\hbar}} \int_{-\infty}^{\infty} \left\{ \left(-i\hbar \frac{d}{dx}\right)^n f(x) \right\} e^{-ipx/\hbar}\,dx$$

ただし，$f(x)$ は $x \to \pm\infty$ のとき十分すみやかに 0 になるとする．

(b)　上の結果を用いて，1 次元調和振動子のエネルギー固有関数のフーリエ係数が満たす方程式を導け．

【注】　この方程式のことを**運動量表示のシュレーディンガー方程式**という．

　[**2.6**]　つぎの各場合について運動量の期待値を求めよ．

(a)　波動関数が座標 x の実関数のとき．

(b)　波動関数が

$$(x \text{ の実関数}) \times e^{ik_0x} \quad (k_0 \text{ は実の定数})$$

という形をもっているとき．

　[**2.7**]　波動関数 $\varphi(x) = A \exp\left[-\dfrac{x^2}{2a^2} + ik_0x\right]$ で表わされるガウス関数型の波束を考える．

(a)　位置の確率密度を求め，図示せよ．

(b)　運動量の確率密度を求め，図示せよ．ただし，

$$I(\lambda) \equiv \int_0^{\infty} e^{-x^2}\cos 2\lambda x\,dx = \frac{\sqrt{\pi}}{2}e^{-\lambda^2} \quad (\text{ラプラス積分})$$

(c)　この定積分は，$I(\lambda)$ に対する微分方程式をつくり，それを初期条件

$I(0) = \sqrt{\pi}/2$ のもとに解くことにより容易に求まる．確かめよ．

(d)　(a), (b) で求めた両曲線の幅を比較することにより，不確定性関係 $\Delta x \cdot \Delta p \sim h$ が成立していることを確かめよ．

[2.8]　1000 V で加速した電子の位置と運動量を同時になるべく正確に定めたい．もし位置の精度を 10^{-10} m 程度にしたならば，運動方向の運動量成分の精度は何パーセント程度（以上）となるか．

[2.9]　原子核は大きさ（直径）が約 10^{-14} m の球に近い形をしている．昔はこの原子核が陽子と電子とからできていると考えられたことがあった．そこで，もしも電子がこのようにせまい範囲内に閉じこめられているとしたら，運動量の不確定さがどのくらいになるかを概算し，それが相対論の適用を必要とする程度の速さをもちうることを示せ．

このような高エネルギー領域では，電子の運動エネルギーは，運動量の大きさと光速の積 pc で与えられる．*　もし電子が核内にあるとしたら，そのエネルギーはおよそどの程度になると考えられるか．

[2.10]　水素原子を半径が r_0 程度の球と考えると，電子の位置の不確定さが r_0 程度であるから，運動量の大きさの不確定さは最小限 $\hbar/r_0$ の程度ということになる．そこでいま，水素原子のエネルギー

$$\varepsilon = \frac{p^2}{2m} - \frac{e^2}{4\pi\epsilon_0 r}$$

を計算するのに，$r = r_0$, $p = \hbar/r_0$ として大体の値を見積ることができるであろうと考える．そうするとこのエネルギー値は r_0 の関数 $\varepsilon(r_0)$ になるから，これを極小にする r_0 と，それに対する $\varepsilon(r_0)$ とを求めれば，それが基底状態における水素原子の大体の大きさと，エネルギーの近似値になっていると考えられる．そのような r_0 とエネルギーの値を求めよ．

[2.11]　2-1 図のようにポテンシャル $V(x)$ が $x = \xi$ を含むせまい範囲で急に変化している場合の 1 次元の運動を考える．シュレーディンガー

---

*　$\varepsilon = \sqrt{m_0^2 c^4 + p^2 c^2}$ において，$pc \gg m_0 c^2$ ならば根号内の第 1 項を第 2 項に比較して無視できるから，$\varepsilon \fallingdotseq pc$ となる．光子では静止質量 $m_0 = 0$ なので，常に $\varepsilon = pc$ である．

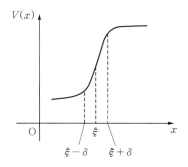

2-1 図

方程式を x について $\xi-\delta$ から $\xi+\delta$ まで積分することによって $d\varphi/dx$ のこの間での変化を求めよ．つぎに $\delta\to0$ としたときのその極限を考えることによって，ポテンシャル $V(x)$ に有限な不連続があるときにも $d\varphi/dx$ は連続であることを示せ．不連続が無限大の場合にはどうなるか．

[**2.12**] 無限に深い 1 次元井戸型ポテンシャル

$$V(x) = \begin{cases} 0 & (|x| < a/2) \\ +\infty & (|x| > a/2) \end{cases}$$

のなかを運動する質量 m の粒子がある．

(a) この粒子の可能なエネルギー固有値と規格化された固有関数を求めよ．

(b) 各固有状態について，運動量の確率密度を求めよ．

[**2.13**] 前問の粒子が波動関数 $\varphi(x) = A[(a/2)^2 - x^2]$ で表わされる状態にいる．A は規格化定数である．

(a) 各エネルギー固有状態にいる確率を求めよ．

(b) それを用いて，エネルギーならびにエネルギーの 2 乗の平均値を求めよ．ただし必要ならば次の公式を用いてよい．

$$\frac{1}{1^2} + \frac{1}{2^2} + \frac{1}{3^2} + \cdots = \frac{\pi^2}{6}, \qquad \frac{1}{1^4} + \frac{1}{2^4} + \frac{1}{3^4} + \cdots = \frac{\pi^4}{90}$$

[**2.14**] 1 次元の時間を含まないシュレーディンガー方程式

$$\left\{ -\frac{\hbar^2}{2m}\frac{d^2}{dx^2} + V(x) \right\}\varphi(x) = \varepsilon\varphi(x)$$

の解は，無限遠で 0 になるときは束縛状態を表わし，無限遠で有限値にとどまるときには非束縛状態を表わす．いま $\lim_{x \to \pm\infty} V(x) = V_{\pm}$ が存在して $V_+ < V_-$ である場合を考える．エネルギー固有値 ε が，(i) $\varepsilon > V_-$，(ii) $V_- > \varepsilon > V_+$，(iii) $\varepsilon < V_+$ の場合に，それぞれの状態が束縛状態か非束縛状態かを示せ．

[**2.15**]　ハミルトニアンが

$$H = -\frac{\hbar^2}{2m}\frac{d^2}{dx^2} + V(x)$$

で与えられる 1 次元の運動で，ポテンシャルが x の偶関数 $V(x) = V(-x)$ である場合には，束縛状態の固有関数は x の偶関数か奇関数かのどちらかであることを証明せよ．ただし，1 次元の束縛状態のエネルギー固有値はとびとびで，どれにも縮退はないことが知られている．

[**2.16**]　ポテンシャル $V(x,t)$ の作用を受けて x 軸上を運動する質量 m の粒子がある．その波動関数を $\psi(x,t)$ とする．また V は実関数とする．

(a)　時間を含むシュレーディンガー方程式を用いて

$$\frac{\partial\rho}{\partial t} + \frac{\partial j}{\partial x} = 0$$

を導け．ただし，ρ は確率密度 $|\psi(x,t)|^2$，また

$$j = \frac{\hbar}{2mi}\left[\psi^*(x,t)\frac{\partial\psi(x,t)}{\partial x} - \psi(x,t)\frac{\partial\psi^*(x,t)}{\partial x}\right]$$

(b)　上式から容易に

$$\frac{d}{dt}\left[\int_a^b \rho(x,t)dx\right] = j(a,t) - j(b,t)$$

を得る．$j(x,t)$ にはどんな物理的意味を与えたらよいか．

(c)　$\int_{-\infty}^{\infty}\rho(x,t)dx =$ 有界 ならば，この積分の値は時間によらない，つまり全確率は一定不変であることを示せ．

(d)　定常状態では，j は t にも x にもよらないことを示せ．

[**2.17**]　1 次元自由粒子に対するシュレーディンガー方程式の定常解は

$$\psi(x, t) = A e^{i(kx - \omega t)} + B e^{-i(kx + \omega t)}$$

と表わしうる．A, B, k, ω は定数（k と ω は正の実数）である．

(a)　前問の ρ, j を計算せよ．

(b)　A, B, k, ω の物理的意味を述べよ．

[**2.18**]　1次元のシュレーディンガー方程式

$$\left[-\frac{\hbar^2}{2m}\frac{d^2}{dx^2} + \frac{\hbar^2}{m}\Omega\delta(x)\right]\varphi(x) = \varepsilon\varphi(x)$$

の解を調べる．ここで，Ω は定数，$\delta(x)$ はディラックのデルタ関数である．上の方程式は $x = 0$ のごく近くを除けば，自由電子に対するものと同じである．

(a)　解 $\varphi(x)$ は $x = 0$ でも連続であるが，微係数 $\varphi'(x)$ はそこで不連続になる．次式を証明せよ．

$$\varphi'(+0) - \varphi'(-0) = 2\Omega\varphi(0)$$

(b)　散乱解，つまり

$$\varphi(x) = \begin{cases} e^{ikx} + B e^{-ikx} & (x < 0) \\ F e^{ikx} & (x > 0) \end{cases}$$

の形の解を求め，反射率，透過率を計算せよ．

(c)　$\Omega < 0$，つまりポテンシャルが引力のときには，束縛状態の解，つまり $\int_{-\infty}^{\infty} |\varphi|^2 dx = $ 有限 となる解がある．それを求めよ．

[**2.19**]　1次元シュレーディンガー方程式は，非束縛状態の場合に一つのエネルギー値に対して，2個の1次独立な解をもっている．もし，ポテンシャルが原点を中心にして左右対称であれば，この解として，原点に関し対称なものと反対称なものの2つをとることができる．さらに，遠方でポテンシャルが 0 になるとすると，正のエネルギー $\varepsilon = \hbar^2 k^2 / 2m$ に対応する上の2つの解は，それぞれ漸近形 $\cos(kx \pm \phi), \sin(kx \pm \phi')$ をもつ．ただし，$x > 0$ なら $+$ を，$x < 0$ なら $-$ を用いる．この2つの解を用いて散乱解をつくることにより，反射率，透過率がそれぞれ $\sin^2(\phi - \phi')$，$\cos^2(\phi - \phi')$ で与えられることを示せ．

【注】　ϕ, ϕ' を phase shift（位相のずれ）という．3次元空間の散乱問題でも，類似の量

が重要な役を演ずる.

[**2.20**]※ 時間を含むシュレーディンガー方程式 $i\hbar\,\partial\psi/\partial t = H\psi$ は, 時間に関する 1 階の微分方程式であるから, ある時刻 t' の波動関数 $\psi(x, t')$ を与えれば, その後の波動関数 $\psi(x, t)$ は一義的に定まる. ここでは, H が t を含まない場合を考える.

(a)　H の固有関数系 $\{\varphi_n(x)\}$ を用いて

$$\psi(x, t) = \sum_n a_n(t)\varphi_n(x) \qquad (H\varphi_n = \varepsilon_n\varphi_n)$$

と展開したとき, 展開係数 $a_n(t)$ の満たす方程式を求めよ. ただし, $\langle\varphi_n|\varphi_m\rangle = \delta_{mn}$ とする.

(b)　その方程式を解いて

$$\psi(x, t) = \int G(x, t\,;\,x', t')\psi(x', t')dx'$$

を証明せよ. ただし,

$$G = \sum_n \varphi_n(x)\varphi_n{}^*(x')\mathrm{e}^{-i\varepsilon_n(t-t')/\hbar}$$

(c)　前問で $t = t'$ とおくことにより, 完全性の関係

$$\sum_n \varphi_n(x)\varphi_n{}^*(x') = \delta(x - x')$$

が得られることを説明せよ.

(d)　階段関数 $\theta(t)$ を用いて, グリーン関数

$$G^+(x, t\,;\,x', t') \equiv G(x, t\,;\,x', t')\theta(t - t')$$

を定義すると, これは方程式

$$\left[i\hbar\frac{\partial}{\partial t} - H(x)\right]G^+(x, t\,;\,x', t') = i\hbar\,\delta(x - x')\delta(t - t')$$

を満たすことを証明せよ. ただし

$$\theta(t) = \begin{cases} 0 & (t < 0) \\ 1 & (t > 0), \end{cases} \qquad \frac{d\theta}{dt} = \delta(t)$$

(e)　自由粒子に対する G を求めよ. ただし

$$\int_{-\infty}^{\infty} \mathrm{e}^{ik^2}dk = \sqrt{\pi}\,\mathrm{e}^{i(\pi/4)} \qquad (フレネル積分)$$

[**2.21**]※　シュレーディンガー方程式のガリレイ変換. 1 次元のシュレ

ーディンガー方程式

$$i\hbar \frac{\partial}{\partial t}\psi(x,t) = \left\{ -\frac{\hbar^2}{2m}\frac{\partial^2}{\partial x^2} + V(x,t) \right\}\psi(x,t) \tag{i}$$

を考える. 座標 x の代りに, これに対して一定の速さ v で動く座標系をとることにすると

$$x' = x - vt, \quad t' = t$$

である. 一方, この 2 つの座標系は本来同じ資格をもつはずであるから

$$i\hbar \frac{\partial}{\partial t'}\psi'(x',t') = \left\{ -\frac{\hbar^2}{2m}\frac{\partial^2}{\partial x'^2} + V'(x',t') \right\}\psi'(x',t') \tag{ii}$$

が成り立つ. ただし

$$V'(x',t') = V(x,t)$$

である. しかし $\psi'(x',t')$ と $\phi(x,t)$ の関係はこれほど簡単ではない.

(a) ϕ と ϕ' とは同じ現象を表わすものであるから

$$|\psi'(x',t')|^2 = |\phi(x,t)|^2$$

でなくてはならない. したがって一般に

$$\psi'(x',t') = e^{iS}\phi(x,t)$$

である. S は x と t の実関数である. この $S(x,t)$ が満足すべき方程式を導け.

(b) $v = 0$ で $e^{iS} = 1$ となるように $S(x,t)$ を定めよ.

(c) この $\psi'(x',t')$ を用いて確率流密度 $j'(x',t')$ を求め, $j(x,t)$ と比較せよ.

[**2.22**] 粒子の受ける力のポテンシャル $V(\boldsymbol{r})$ が $V(\boldsymbol{r}) = V_1(x) + V_2(y) + V_3(z)$ の形にかける場合には, 時間を含まないシュレーディンガー方程式は

$$\left\{ -\frac{\hbar^2}{2m}\frac{d^2}{dx_i{}^2} + V_i(x_i) \right\}\varphi_i(x_i) = \varepsilon_i\varphi_i(x_i)$$
$$(x_1 = x, \quad x_2 = y, \quad x_3 = z)$$

という形の 1 次元の方程式に分解できることを示せ.

[**2.23**] 1 変数の関数 $\varphi_1(x), \varphi_2(x), \cdots$ が完全規格直交系をつくっているとする.

(a) これを使って 3 変数の関数を

$$f(x, y, z) = \sum_{l, m, n} F_{lmn} \varphi_l(x) \varphi_m(y) \varphi_n(z)$$

と展開できることを説明せよ.

(b) $\varphi_{lmn} \equiv \varphi_l(x) \varphi_m(y) \varphi_n(z)$ とすると,関数列 $\{\varphi_{lmn}\}$ は規格直交系になることを示せ.

(c) $\{\varphi_l\}$ として,問題 [2.2] で求めた運動量固有関数を用いると,$\varphi_{lmn} = L^{-3/2} e^{i\boldsymbol{k} \cdot \boldsymbol{r}}$ となる.ただし,$\boldsymbol{r} = (x, y, z)$, $\boldsymbol{k} = (l, m, n) 2\pi/L$.この φ_{lmn} は 3 次元運動量演算子 $-i\hbar\nabla$ の固有関数であることを示せ.

[**2.24**] 一辺の長さが L の立方体 $\left(-\dfrac{L}{2} < x, y, z < \dfrac{L}{2}\right)$ のなかに閉じこめられた粒子の基底状態の波動関数は

$$\cos\frac{\pi x}{L} \cos\frac{\pi y}{L} \cos\frac{\pi z}{L}$$

に比例する.

(a) 規格化した波動関数はどのようになるか.

(b) この粒子の位置を測定したときに,立方体

$$-\frac{L}{4} < x, y, z < \frac{L}{4}$$

のなかに見出す確率はいくらか.

[**2.25**] 励起したナトリウム原子は,波長が 5896 Å の光を出して基底状態に遷移するが,この光を放出しているあいだの時間は $\tau = 1.6 \times 10^{-8}$ s であることが知られている.この光の振動数 ν とそれの不確定さ $\varDelta\nu$ との比 $\varDelta\nu/\nu$ はいくらか.また,これによってナトリウムの励起状態のエネルギー(基底状態との差)をきめようとする場合の相対誤差はどの程度か.

[**2.26**] 鉄の同位体の一つである ^{57}Fe 核の励起状態は平均寿命が $\tau = 1.4 \times 10^{-7}$ s であって,エネルギーが 14.4 keV の γ 線光子を放出して低いエネルギーの状態に遷移する.平均寿命はその遷移がおこる時刻の不確定さを表わすものと考え,不確定性原理を適用することによって,励起状態のエネルギーの不確定さを概算せよ.

解　　答

[**2.1**]　波動関数として許されるのは (b), (c), (d) である．(a) は $x \to -\infty$ の
ときに $+\infty$ になるので不適．(e) は関数が 1 価でないので不適.

[**2.2**]　(a)　$\varphi(x) = C\mathrm{e}^{ikx}$　　　（C は任意定数）

(b)　k が複素数のとき，これを $k = \kappa + i\lambda$ とおくと，

$$\varphi(x) = C\mathrm{e}^{i(\kappa + i\lambda)x} = C\mathrm{e}^{-\lambda x}\mathrm{e}^{i\kappa x}$$

となる．$\lambda \gtrless 0$ なら，この関数は $x \to \mp\infty$ のとき $|\varphi(x)| \to \infty$ となってしまい，有
界でなくなる．したがって，x の定義域が $-\infty < x < \infty$ ならば $\varphi(\pm\infty) =$ 有界
という条件をおけばよい．

　x の定義域が半無限（$0 \le x < \infty$ など）のときは，複素数を排除できない．x の
定義域が有限のときには，周期性境界条件を課せばよいが，このときは κ の値もと
びとびなものしか許されなくなってしまう（(c) 参照）．

(c)　$\varphi(L/2) = \varphi(-L/2)$ なら $|\varphi(L/2)| = |\varphi(-L/2)|$ であるから，$\mathrm{e}^{-\lambda L/2} = \mathrm{e}^{+\lambda L/2}$
でなくてはならないので，$\lambda = 0$ である．そうすると

$$\mathrm{e}^{ikL/2} = \mathrm{e}^{-ikL/2}$$

より

$$\sin\frac{kL}{2} = \frac{1}{2i}(\mathrm{e}^{ikL/2} - \mathrm{e}^{-ikL/2}) = 0$$

であるから，

$$\frac{kL}{2} = s\pi \qquad s = 0, \pm 1, \pm 2, \cdots$$

でなければならないことがわかる．規格化は

$$1 = \int_{-L/2}^{L/2} |\varphi(x)|^2 \, dx$$

であるから，問題に示されたように係数をとっておけばよいことは明らかである．

(d)　$$\langle \varphi_s | \varphi_{s'} \rangle = \frac{1}{L}\int_{-L/2}^{L/2} \mathrm{e}^{-ik_s x}\mathrm{e}^{ik_{s'} x}\, dx$$

$$= \frac{1}{L}\int_{-L/2}^{L/2} \mathrm{e}^{2\pi i(s'-s)x/L}\, dx$$

$$= \frac{1}{2\pi i(s'-s)} \left[e^{2\pi i(s'-s)x/L} \right]_{-L/2}^{L/2}$$

$$= \frac{1}{2\pi i(s'-s)} (e^{(s'-s)\pi i} - e^{-(s'-s)\pi i})$$

$$= \frac{1}{\pi(s'-s)} \sin(s'-s)\pi = 0$$

(e)　$\langle \varphi_s | \varphi_{s'} \rangle = \delta_{ss'}$ であることを利用し $f(x) = \sum_s F_s \varphi_s(x)$ に左から $\varphi_u{}^*(x)$ を掛けて積分すれば

$$\langle \varphi_u | f \rangle \equiv \int_{-L/2}^{L/2} \varphi_u{}^*(x) f(x) dx = \sum_s F_s \delta_{us} = F_u$$

を得るから,

$$F_s = \langle \varphi_s | f \rangle = \int_{-L/2}^{L/2} \varphi_s{}^*(x) f(x) dx$$

(f)　2-2 図のような短冊一つの面積は幅 $2\pi/L$ と高さ $\xi(k_s)$ の積であるから

$$\sum_s \frac{2\pi}{L} \xi(k_s)$$

は連続曲線 $\xi(k)$ の下の面積にほぼ等しい. この面積は積分で表わされるから与式が成り立つ.

(g)　$F(k_s) = \sqrt{L/2\pi}\, F_s$ とおくと

$$f(x) = \sum_s F_s \varphi_s(x)$$

$$= \sum_s F_s \frac{1}{\sqrt{L}} e^{ik_s x} = \frac{\sqrt{2\pi}}{L} \sum_s e^{ik_s x} F(k_s)$$

であるから $e^{ikx}F(k)$ を (f) の $\xi(k)$ とみなせば

$$f(x) = \frac{L}{2\pi} \frac{\sqrt{2\pi}}{L} \int_{-\infty}^{\infty} F(k) e^{ikx} dk = \frac{1}{\sqrt{2\pi}} \int_{-\infty}^{\infty} F(k) e^{ikx} dk$$

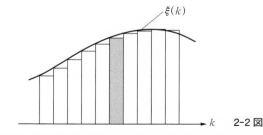

2-2 図

となる．また (e) の結果を用いれば

$$F(k_s) = \sqrt{\frac{L}{2\pi}}\,F_s = \sqrt{\frac{L}{2\pi}}\int_{-L/2}^{L/2}\frac{1}{\sqrt{L}}\mathrm{e}^{-ik_s x}f(x)dx$$

$$= \frac{1}{\sqrt{2\pi}}\int_{-L/2}^{L/2}\mathrm{e}^{-ik_s x}f(x)dx$$

であるから，$L \to \infty$ とすれば与えられた第 2 式を得る．

(h)　$f(x) = \sum_s F_s\varphi_s(x),\ f^*(x) = \sum_u F_u{}^*\varphi_u{}^*(x)$ であるから

$$\int_{-\infty}^{\infty}|f(x)|^2 dx = \sum_s\sum_u F_u{}^*F_s\int_{-\infty}^{\infty}\varphi_u{}^*(x)\varphi_s(x)dx$$

$$= \sum_s\sum_u F_u{}^*F_s\delta_{us} = \sum_s|F_s|^2$$

また $F(k_s) = \sqrt{L/2\pi}\,F_s$ であることから

$$\sum_s|F_s|^2 = \frac{2\pi}{L}\sum_s|F(k_s)|^2$$

であるが，$|F(k)|^2$ を $\xi(k)$ とみて (f) の結果を用いれば

$$\sum_s|F_s|^2 = \int_{-\infty}^{\infty}|F(k)|^2 dk$$

[**2.3**]　(a)　$\dfrac{1}{2\pi}\displaystyle\int_{-\infty}^{\infty}\mathrm{e}^{i(k-k')x-\alpha|x|}dx$

$$= \frac{1}{2\pi}\int_{-\infty}^{0}\mathrm{e}^{i(k-k')x+\alpha x}dx + \frac{1}{2\pi}\int_{0}^{\infty}\mathrm{e}^{i(k-k')x-\alpha x}dx$$

$$= \frac{1}{2\pi}\left[\frac{1}{i(k-k')+\alpha} - \frac{1}{i(k-k')-\alpha}\right]$$

$$= \frac{-i}{2\pi}\left[\frac{1}{(k-k')-i\alpha} - \frac{1}{(k-k')+i\alpha}\right]$$

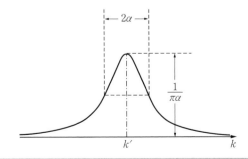

2-3 図

$$= \frac{1}{\pi} \operatorname{Im} \frac{1}{(k - k') - i\alpha}$$

$$= \frac{\alpha/\pi}{(k - k')^2 + \alpha^2}$$

これを k の関数とみると，$k = k'$ に極大をもち，半値幅が 2α で，横軸とのあいだの面積が

$$\int_{-\infty}^{\infty} \frac{\alpha/\pi}{(k - k')^2 + \alpha^2} \, dk = 1$$

である* ような曲線で表わされることがわかる（2-3 図）．$\alpha \to 0$ とすると，上記の性質を保ったまま 幅 → 0（高さ → ∞）となるが，その極限は $k = k'$ に極大をもつディラックのデルタ関数 $\delta(k - k')$ である．

(b) $$F(k) = \int_{-\infty}^{\infty} F(k')\delta(k' - k)dk'$$

$$= \lim_{\alpha \to 0} \frac{1}{2\pi} \int_{-\infty}^{\infty}\int_{-\infty}^{\infty} F(k') \mathrm{e}^{i(k'-k)x - \alpha|x|} dx dk'$$

$$= \frac{1}{\sqrt{2\pi}} \int_{-\infty}^{\infty} \Big[\frac{1}{\sqrt{2\pi}} \int_{-\infty}^{\infty} F(k') \mathrm{e}^{ik'x} dk' \Big] \mathrm{e}^{-ikx} dx$$

$$= \frac{1}{\sqrt{2\pi}} \int_{-\infty}^{\infty} f(x) \mathrm{e}^{-ikx} dx$$

[2.4]   (a) $$\int_{-a}^{b} f(x)\delta(x)dx = f(0) \qquad (a, b \text{ は正の実数})$$

は $\delta(x)$ の定義であると了解しておく．

$$\int_{-a}^{b} f(x)\delta(-x)dx = -\int_{a}^{-b} f(-x')\delta(x')dx' \qquad (a, b > 0)$$

$$= \int_{-b}^{a} f(-x')\delta(x')dx'$$

$$= f(-0) = f(0)$$

であるから，$\delta(x) = \delta(-x)$．

(b)   部分積分により

$$\int_{-a}^{b} \delta'(x) f(x)dx = \Big[\delta(x)f(x) \Big]_{-a}^{b} - \int_{-a}^{b} \delta(x) f'(x)dx = -f'(0)$$

---

* $\displaystyle \int \frac{dx}{x^2 + 1} = \tan^{-1} x.$

$$\int_{-a}^{b} \delta'(-x)f(x)dx = \left[-\delta(-x)f(x)\right]_{-a}^{b} + \int_{-a}^{b} \delta(-x)f'(x)dx = f'(0)$$

ただし上の計算では

$$\frac{d}{dx}\delta(-x) = -\frac{d}{d(-x)}\delta(-x) = -\delta'(-x)$$

および（a）を用いた.

(c)　　　　　$$\int_{-a}^{b} x\delta(x)f(x)dx = \int_{-a}^{b} \delta(x)\{xf(x)\}dx = \left[xf(x)\right]_{x=0} = 0$$

(d)　　　　　$$\int_{-a}^{b} x\delta'(x)f(x)dx = \int_{-a}^{b} \delta'(x)\{xf(x)\}dx$$

$$= -\left[\frac{d}{dx}\{xf(x)\}\right]_{x=0} \quad \text{（(b) の第1式による）}$$

$$= -\left[f(x) + xf'(x)\right]_{x=0}$$

$$= -f(0)$$

(e)　　　　　$$\int_{-a}^{b} \delta(cx)f(x)dx = \int_{-a/c}^{b/c} \delta(x')f\left(\frac{x'}{c}\right)\frac{1}{c}dx'$$

$$= \frac{1}{c}f\left(\frac{0}{c}\right)$$

$$= \frac{1}{c}f(0)$$

(f)　$$\iint \delta(x-y)\delta(y-c)dy\,f(x)dx = \int\left[\int \delta(x-y)f(x)dx\right]\delta(y-c)dy$$

$$= \int f(y)\delta(y-c)dy = f(c)$$

$$\therefore \quad \int f(x)\delta(x-c)dx = f(c)$$

[**2.5**]　（a）　与えられた第2の式を p で n 回微分し $(-\hbar/i)^n$ を掛ければ

$$\left(-\frac{\hbar}{i}\frac{d}{dp}\right)^n F(p) = \frac{1}{\sqrt{2\pi\hbar}}\int_{-\infty}^{\infty} f(x)\left(-\frac{\hbar}{i}\frac{\partial}{\partial p}\right)^n e^{-ipx/\hbar}dx$$

$$= \frac{1}{\sqrt{2\pi\hbar}}\int_{-\infty}^{\infty} f(x)x^n e^{-ipx/\hbar}dx$$

部分積分により

$$\int_{-\infty}^{\infty}\left\{\left(-i\hbar\frac{d}{dx}\right)^n f(x)\right\}\mathrm{e}^{-ipx/\hbar}\,dx = -i\hbar\left[\left\{\left(-i\hbar\frac{d}{dx}\right)^{n-1}f(x)\right\}\mathrm{e}^{-ipx/\hbar}\right]_{-\infty}^{\infty}$$

$$+i\hbar\int_{-\infty}^{\infty}\left\{\left(-i\hbar\frac{d}{dx}\right)^{n-1}f(x)\right\}\frac{d}{dx}\mathrm{e}^{-ipx/\hbar}\,dx$$

$$=p\int_{-\infty}^{\infty}\left\{\left(-i\hbar\frac{d}{dx}\right)^{n-1}f(x)\right\}\mathrm{e}^{-ipx/\hbar}\,dx$$

がわかるから，これを n 回くり返せば

$$p^n\int_{-\infty}^{\infty}f(x)\mathrm{e}^{-ipx/\hbar}\,dx$$

となり，これに $1/\sqrt{2\pi\hbar}$ を掛ければ証明すべき第 2 の式になる．

(b)　1 次元調和振動子のシュレーディンガー方程式は

$$-\frac{\hbar^2}{2m}\frac{d^2}{dx^2}\varphi(x) + \frac{m\omega^2}{2}x^2\varphi(x) = \varepsilon\varphi(x)$$

であるから，これに $\mathrm{e}^{-ipx/\hbar}$ を掛けて x で積分する．

$$\frac{1}{2m}\int_{-\infty}^{\infty}\left\{\left(-i\hbar\frac{d}{dx}\right)^2\varphi(x)\right\}\mathrm{e}^{-ipx/\hbar}\,dx + \frac{m\omega^2}{2}\int_{-\infty}^{\infty}x^2\varphi(x)\mathrm{e}^{-ipx/\hbar}\,dx$$

$$=\varepsilon\int_{-\infty}^{\infty}\varphi(x)\mathrm{e}^{-ipx/\hbar}\,dx$$

$\varphi(x)$ のフーリエ係数（右辺の積分）を $F(p)$ とすると，右辺は $\varepsilon F(p)$ であるが，左辺の各項には（a）の結果を適用すれば

$$\frac{p^2}{2m}F(p) + \frac{m\omega^2}{2}\left(i\hbar\frac{d}{dp}\right)^2 F(p) = \varepsilon F(p)$$

となる．これが求める方程式である．

　波動関数 $\varphi(x)$ に対しては，$x\to x\times$，$p\to -i\hbar\,d/dx$ であったが，フーリエ変換で得られる $F(p)$ に対してはこの関係が逆になり，$x\to +i\hbar\,d/dp$，$p\to p\times$ となる．したがってハミルトニアンは

$$H = \frac{p^2}{2m} + V\left(i\hbar\frac{d}{dp}\right)$$

となり，シュレーディンガー方程式も上のような形をとる．$\varphi(x)$ の代りに $F(p)$ を用いる表わし方を**運動量表示**という．3 次元でも同様である．

　[2.6]　(a)　$\varphi(x)$ が実関数なら $\varphi^*(x) = \varphi(x)$ であるから，運動量の期待値は

$$\langle p\rangle = \int_{-\infty}^{\infty}\varphi^*\left(-i\hbar\frac{d\varphi}{dx}\right)dx = -i\hbar\int_{-\infty}^{\infty}\varphi\frac{d\varphi}{dx}\,dx$$

となるが，部分積分により

$$\int_{-\infty}^{\infty} \varphi \frac{d\varphi}{dx}\,dx = \left[\varphi^2\right]_{-\infty}^{\infty} - \int_{-\infty}^{\infty} \frac{d\varphi}{dx}\,\varphi\,dx = -\int_{-\infty}^{\infty} \frac{d\varphi}{dx}\,\varphi\,dx$$

であるから

$$\langle p \rangle = -\langle p \rangle$$

したがって

$$\langle p \rangle = 0$$

(b)
$$\langle p \rangle = \int_{-\infty}^{\infty} f(x)e^{-ik_0 x}\left(-i\hbar\frac{d}{dx}\right)f(x)e^{ik_0 x}\,dx$$

$$= -i\hbar\int_{-\infty}^{\infty} f(x)e^{-ik_0 x}\{f'(x) + ik_0 f(x)\}e^{ik_0 x}\,dx$$

$$= -i\hbar\int_{-\infty}^{\infty} f(x)f'(x)dx + \hbar k_0\int_{-\infty}^{\infty} \{f(x)\}^2\,dx$$

ところが（a）により

$$\int_{-\infty}^{\infty} ff'dx = -\int_{-\infty}^{\infty} f'f\,dx = 0$$

であるから

$$\langle p \rangle = \hbar k_0$$

ただし波動関数は規格化されているものを用いるべきであるから

$$1 = \int_{-\infty}^{\infty} (f(x)e^{ik_0 x})^* f(x)e^{ik_0 x}\,dx = \int_{-\infty}^{\infty} \{f(x)\}^2\,dx$$

となっていることを使った．

[**2.7**]　(a)　　位置の確率密度 $= \varphi^*(x)\varphi(x) = A^2\exp\left(-\frac{x^2}{a^2}\right)$

公式 $\displaystyle\int_{-\infty}^{\infty} e^{-\alpha^2 x^2}\,dx = \sqrt{\pi}/\alpha$ を用いて規格化すると，$A^2 = 1/a\sqrt{\pi}$．2-4 図に示す．

(b)　$\varphi(x)$ のフーリエ変換を行なうと，

$$F(p) = \frac{1}{\sqrt{2\pi\hbar}}\int_{-\infty}^{\infty} \varphi(x)e^{-ipx/\hbar}\,dx$$

$$= \frac{A}{\sqrt{2\pi\hbar}}\int_{-\infty}^{\infty} \exp\left[-\frac{x^2}{2a^2} - i(p - \hbar k_0)\frac{x}{\hbar}\right]dx$$

$$= \frac{A}{\sqrt{2\pi\hbar}}\int_{-\infty}^{\infty} \exp\left(-\frac{x^2}{2a^2}\right)\cos\left(\frac{p - \hbar k_0}{\hbar}x\right)dx$$

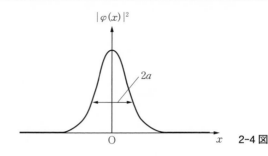

2-4 図

$$= \frac{2A}{\sqrt{2\pi\hbar}} \int_0^\infty \exp\left(-\frac{x^2}{2a^2}\right) \cos\left(\frac{p - \hbar k_0}{\hbar}x\right) dx$$

$$= \frac{2Aa}{\sqrt{\pi\hbar}} \int_0^\infty \mathrm{e}^{-y^2} \cos\left(\sqrt{2}\,a\,\frac{p - \hbar k_0}{\hbar}y\right) dy$$

$$= \frac{Aa}{\sqrt{\hbar}} \exp\left[-\frac{a^2}{2}\left(\frac{p - \hbar k_0}{\hbar}\right)^2\right]$$

を得るから

$$\text{運動量の確率密度} = |F(p)|^2 = \frac{A^2 a^2}{\hbar} \exp\left[-\left(\frac{p - \hbar k_0}{\hbar/a}\right)^2\right]$$

$$= \frac{a}{\sqrt{\pi}\,\hbar} \exp\left[-\left(\frac{p - \hbar k_0}{\hbar/a}\right)^2\right]$$

となって，$p = \hbar k_0$ に極大をもつガウス関数であることがわかる（2-5 図）．これが

$$\int_{-\infty}^\infty |F(p)|^2\, dp = 1$$

になっていることも容易にわかる．

(c) $$I(\lambda) = \int_0^\infty \mathrm{e}^{-x^2} \cos 2\lambda x\, dx$$

を λ で微分すると

$$\frac{d}{d\lambda} I(\lambda) = \int_0^\infty (-2x\mathrm{e}^{-x^2}) \sin 2\lambda x\, dx$$

となるが

$$-2x\mathrm{e}^{-x^2} = \frac{d}{dx}\mathrm{e}^{-x^2}$$

であることに着目して部分積分すると

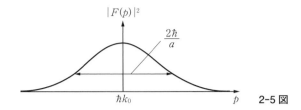

2-5 図

$$\frac{d}{d\lambda}I(\lambda) = \left[e^{-x^2}\sin 2\lambda x\right]_0^\infty - 2\lambda \int_0^\infty e^{-x^2}\cos 2\lambda x\,dx$$

$$= -2\lambda I(\lambda)$$

が得られる．これが $I(\lambda)$ に対する微分方程式である．これより

$$\frac{dI(\lambda)}{I(\lambda)} = -2\lambda\,d\lambda$$

積分して

$$\log I(\lambda) = -\lambda^2 + 定数$$

すなわち

$$I(\lambda) = (定数)\,e^{-\lambda^2}$$

"初期条件" は，$I(\lambda)$ の定義の式で $\lambda = 0$ とおいた

$$I(0) = \int_0^\infty e^{-x^2}dx$$

であるが，これが $\sqrt{\pi}/2$ に等しいことを既知とすれば，積分定数が定まり

$$I(\lambda) = \frac{\sqrt{\pi}}{2}e^{-\lambda^2}$$

となることがわかる．

(d)　$|\varphi(x)|^2$ と $|F(p)|^2$ の幅を，極大値の e^{-1} になる点のあいだの距離で測ることにすれば，それぞれ $2a, 2\hbar/a$ である．これらを $\Delta x, \Delta p$ とみなせば

$$\Delta x \cdot \Delta p = 2a \times \frac{2\hbar}{a} = 4\hbar \sim h$$

[**2.8**]　1000 V で加速した電子のエネルギーは 10^3 eV であるが，これを $p^2/2m$ に等しいとおけば，運動量は

$$p = \sqrt{2m\varepsilon} = 1.7 \times 10^{-23}\,\text{kg·m/s}$$

$\Delta x = 10^{-10}$ m とすると，不確定性原理で許される最小の Δp は

$$\Delta p \sim \frac{h}{\Delta x} = 6.6 \times 10^{-24}\,\mathrm{kg \cdot m/s}$$

これから $\Delta p/p$ を求めると，約 40%.

[**2.9**]　不確定性原理から

$$\Delta p \geqq \frac{h}{\Delta x} = 6.6 \times 10^{-20}\,\mathrm{kg \cdot m/s}$$

を得るが，試みにこれを電子の静止質量で割ってみると

$$\frac{\Delta p}{m} = \frac{6.6 \times 10^{-20}}{9.1 \times 10^{-31}} \cong 7 \times 10^{10}\,\mathrm{m/s}$$

となって光速 $c = 3 \times 10^{8}\,\mathrm{m/s}$ よりはるかに大きい．この電子のもつ運動量の大きさを仮に $p = 10^{-20}\,\mathrm{kg \cdot m/s}$ とすると，エネルギーは

$$pc = 3 \times 10^{-12}\,\mathrm{J} = 20\,\mathrm{MeV}$$

[**2.10**]　　　　　　　$$\varepsilon(r_0) = \frac{\hbar^2}{2mr_0^2} - \frac{e^2}{4\pi\epsilon_0 r_0}$$

これを r_0 で微分したものを 0 とおけば，$\varepsilon(r_0)$ を最小にする r_0 として

$$(r_0)_{\min} = \frac{4\pi\epsilon_0 \hbar^2}{me^2} = 0.53 \times 10^{-10}\,\mathrm{m}$$

を得るが，これはボーア半径にほかならない．したがって，これを用いて計算した基底状態のエネルギー（$-13.5\,\mathrm{eV}$）は，偶然（?）ながら，正しい値になっている．

[**2.11**]　シュレーディンガー方程式

$$-\frac{\hbar^2}{2m}\frac{d^2\varphi}{dx^2} + V(x)\varphi(x) = \varepsilon\varphi(x)$$

を $\xi - \delta$ から $\xi + \delta$ まで積分する．左辺第 1 項は

$$-\frac{\hbar^2}{2m}\left\{ \left(\frac{d\varphi}{dx}\right)_{\xi+\delta} - \left(\frac{d\varphi}{dx}\right)_{\xi-\delta} \right\}$$

を与える．左辺第 2 項は，$\varphi(x)$ が x の連続関数であるから，

$$\int_{\xi-\delta}^{\xi+\delta} V(x)\varphi(x)dx \fallingdotseq \varphi(\xi)\int_{\xi-\delta}^{\xi+\delta} V(x)dx$$

としてよいが，最後の積分は 2-6 図のグレー部分の面積であり，$V(x)$ の変化

$$\Delta V = V(\xi + \delta) - V(\xi - \delta)$$

が有限である限り，$\delta \to 0$ とともに 0 になる．また右辺は

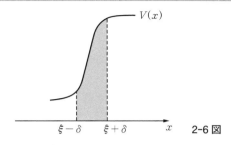

2-6 図

$$\int_{\xi-\delta}^{\xi+\delta} \varepsilon\varphi(x)dx \fallingdotseq \varepsilon\varphi(\xi)\cdot 2\delta$$

であるから，これも $\delta\to 0$ で 0 になる．したがって，$\delta\to 0$ の極限で

$$\left(\frac{d\varphi}{dx}\right)_{\xi+\delta} - \left(\frac{d\varphi}{dx}\right)_{\xi-\delta} = 0$$

となることがわかる．

　不連続が無限大の場合には，もしその無限大が $\lim_{\delta\to 0}\varDelta V\cdot\delta$ を有限にする程度であれば $(d\varphi/dx)$ の差は有限となりうる．具体例としては，箱のなかに閉じこめられた粒子の場合などがある（次問参照）．

　[**2.12**]　(a)　このポテンシャルは，粒子が $|x| < a/2$ の範囲内だけに閉じこめられていて，そこでは自由であることを表わす．$|x| > a/2$ では $\varphi(x)$ は恒等的に 0 でなければならない．$\varphi(x)$ の連続性により，$\varphi(\pm a/2) = 0$ がこの場合の境界条件になる．$d\varphi/dx$ は $|x| = a/2$ で連続でなくてよい（前問参照）．$|x| < a/2$ におけるシュレーディンガー方程式

$$-\frac{\hbar^2}{2m}\frac{d^2\varphi}{dx^2} = \varepsilon\varphi$$

の一般解は

$$\varepsilon < 0 \quad \text{ならば} \quad \varphi = Ae^{\alpha x} + Be^{-\alpha x}, \quad \alpha = \sqrt{\frac{2m|\varepsilon|}{\hbar^2}}$$

$$\varepsilon = 0 \quad \text{ならば} \quad \varphi = Cx + D$$

の形となるが，境界条件 $\varphi(-a/2) = \varphi(a/2) = 0$ を満足させるように積分定数 A, B または C, D を定めるとこれらがすべて 0 となってしまうことがわかる．したがって $\varepsilon > 0$ だけが許される．

$$k = \sqrt{\frac{2m\varepsilon}{\hbar^2}}$$

とおけば，シュレーディンガー方程式は $d^2\varphi/dx^2 = -k^2\varphi$ となるから，その一般解は

$$\varphi(x) = A \sin kx + B \cos kx$$

である．境界条件を入れ，規格化すると，

$$k = \frac{n\pi}{a} \qquad n = 1, 2, 3, \cdots$$

$$\varphi_n(x) = \begin{cases} \sqrt{\dfrac{2}{a}} \cos \dfrac{n\pi}{a} x & n \text{ が奇数のとき} \\[3mm] \sqrt{\dfrac{2}{a}} \sin \dfrac{n\pi}{a} x & n \text{ が偶数のとき} \end{cases}$$

が得られる．これはもちろん $|x| < a/2$ に対する表式であり，$|x| > a/2$ においては $\varphi(x) = 0$ である．固有値は

$$\varepsilon_n = \frac{\hbar^2 \pi^2}{2ma^2} n^2$$

(b)　$\varphi_n(x)$ をフーリエ変換すると，$|x| > a/2$ で $\varphi_n(x) = 0$ なので

$$F_n(p) = \frac{1}{\sqrt{2\pi\hbar}} \int_{-a/2}^{a/2} \varphi_n(x) \mathrm{e}^{-ipx/\hbar} dx$$

$$= \sqrt{\frac{\hbar}{\pi a}} \left\{ \frac{\sin \dfrac{a}{2\hbar}\left(p + \dfrac{n\pi\hbar}{a}\right)}{p + \dfrac{n\pi\hbar}{a}} + \frac{\sin \dfrac{a}{2\hbar}\left(p - \dfrac{n\pi\hbar}{a}\right)}{p - \dfrac{n\pi\hbar}{a}} \right\}$$

$$: n \text{ が奇数のとき}$$

$$= i\sqrt{\frac{\hbar}{\pi a}} \left\{ \frac{\sin \dfrac{a}{2\hbar}\left(p + \dfrac{n\pi\hbar}{a}\right)}{p + \dfrac{n\pi\hbar}{a}} - \frac{\sin \dfrac{a}{2\hbar}\left(p - \dfrac{n\pi\hbar}{a}\right)}{p - \dfrac{n\pi\hbar}{a}} \right\}$$

$$: n \text{ が偶数のとき}$$

が得られる．{ } 内の各項は $p = \mp n\pi\hbar/a$ に幅が $2\pi\hbar/a$ 程度の極大または極小をもつ p の関数であるから，これの絶対値の 2 乗として得られる運動量の確率密度 $|F_n(p)|^2$ も $p = \mp n\pi\hbar/a$ に極大をもつ．

$\varphi_n(x)$ は $p = -i\hbar\, d/dx$ の固有関数 $\exp\!\left(i\dfrac{n\pi}{a}x\right)$ と $\exp\!\left(-i\dfrac{n\pi}{a}x\right)$ を等しい割合で重ね合せたものであるから，固有値 $\pm n\pi\hbar/a$ だけしか含まれないように考えられるが，関数の 0 でない範囲が $|x| < a/2$ という有限区間に限られているために，運動量の分布が上記のようにひろがっているのである．

[**2.13**]　まず A をきめておくと，

$$\int_{-a/2}^{a/2} A^2\left[\left(\frac{a}{2}\right)^2 - x^2\right]^2 dx = \frac{A^2 a^5}{30} = 1$$

より

$$A = \sqrt{30/a^5}$$

(a)　$\varphi(x) = \sum\limits_{n=1}^{\infty} c_n \varphi_n(x)$ とおくと

$$c_n = \int_{-a/2}^{a/2} \varphi_n^*(x)\varphi(x)dx$$

$$= \begin{cases} (-1)^{(n+1)/2}\dfrac{8\sqrt{15}}{n^3\pi^3} & n = 1,3,5,\cdots \\ 0 & n = 2,4,6,\cdots \end{cases}$$

したがって

$$|c_n|^2 = \begin{cases} \dfrac{960}{\pi^6}n^{-6} & n = 1,3,5,\cdots \\ 0 & n = 2,4,6,\cdots \end{cases}$$

が求める確率である．

(b)　上の結果を用いると

$$\langle\varepsilon\rangle = \sum_n |c_n|^2 \varepsilon_n = \frac{960}{\pi^6}\frac{\hbar^2\pi^2}{2ma^2}\left(\frac{1}{1^4} + \frac{1}{3^4} + \frac{1}{5^4} + \cdots\right)$$

$$= \frac{5\hbar^2}{ma^2}$$

$$\langle\varepsilon^2\rangle = \sum_n |c_n|^2 \varepsilon_n^2 = \frac{960}{\pi^6}\frac{\hbar^4\pi^4}{4m^2a^4}\left(\frac{1}{1^2} + \frac{1}{3^2} + \frac{1}{5^2} + \cdots\right)$$

$$= \frac{30\hbar^4}{m^2a^4}$$

ただし，与えられた級数の公式から得られる

$$\frac{1}{1^4} + \frac{1}{3^4} + \cdots = \frac{\pi^4}{96}, \quad \frac{1}{1^2} + \frac{1}{3^2} + \cdots = \frac{\pi^2}{8}$$

を用いた.

上の $\langle \varepsilon \rangle$ は,

$$\langle \varepsilon \rangle = \int_{-a/2}^{a/2} \varphi(x) \left(-\frac{\hbar^2}{2m} \frac{d^2}{dx^2} \right) \varphi(x) dx$$

を使っても同じ結果が得られる. しかし $\langle \varepsilon^2 \rangle$ は

$$\int_{-a/2}^{a/2} \varphi(x) \left(-\frac{\hbar^2}{2m} \frac{d^2}{dx^2} \right)^2 \varphi(x) dx$$

で計算すると 0 になってしまう. これは $\varphi(x)$ が $\pm a/2$ で折れ曲がっていることに起因する.

[**2.14**] $x \to \pm\infty$ でシュレーディンガー方程式は

$$\frac{d^2}{dx^2} \varphi(x) = \frac{2m}{\hbar^2} (V_\pm - \varepsilon) \varphi(x)$$

となるが, もし $V_\pm - \varepsilon < 0$ であると, その解は $\mathrm{e}^{\pm ikx}$ という形になって振動し, 0 に近づいてくれない. したがって, $x \to \pm\infty$ のどちら側でも $\varphi \to 0$ となる束縛状態であるためには $\varepsilon < V_+ < V_-$ でなくてはいけない.

（ⅰ） $\varepsilon > V_- > V_+$：非束縛状態. $-\infty$ から飛来して一部が反射し, 残りが $+\infty$ へ飛び去るか, その逆の場合に対応する.

（ⅱ） $V_- > \varepsilon > V_+$：$+\infty$ から来て再び $+\infty$ へもどって行く非束縛状態.

（ⅲ） $\varepsilon < V_+ < V_-$：束縛状態.

[**2.15**] シュレーディンガー方程式

$$H\varphi(x) = \varepsilon\varphi(x)$$

で $x \to -x$ とすると, $V(x) = V(-x)$ ならば H の形は不変であるから,

$$H\varphi(-x) = \varepsilon\varphi(-x)$$

が得られる. したがって関数 $\varphi(-x)$ は H の固有関数であり, 固有値は ε である. ところが固有値 ε は縮退していないというのであるから $\varphi(-x)$ と $\varphi(x)$ とは1次独立ではない, すなわち $\varphi(-x)$ は $\varphi(x)$ の定数倍である.

$$\varphi(-x) = \alpha\varphi(x)$$

つまり関数 $\varphi(x)$ は $x \to -x$ によって α 倍になる. そこでもう一度変数の符号を変えると, x は元にもどるが, 関数のほうは α^2 倍になるから

$$\varphi(x) = \alpha^2 \varphi(x)$$

したがって $\alpha^2 = 1$ であることがわかる．そのような α は $+1$ か -1 のどちらかである．ゆえに

$$\varphi(-x) = \pm\varphi(x)$$

となり，φ は x の偶関数か奇関数かのどちらかである．

[**2.16**]　(a)　時間を含むシュレーディンガー方程式およびその複素共役から

$$\frac{\partial \psi}{\partial t} = -\frac{i}{\hbar} H\psi, \qquad \frac{\partial \psi^*}{\partial t} = \frac{i}{\hbar} H\psi^*$$

を得るから，これを代入すると

$$\begin{aligned}
\frac{\partial \rho}{\partial t} &= \frac{\partial}{\partial t} \psi^* \psi \\
&= \frac{\partial \psi^*}{\partial t} \psi + \psi^* \frac{\partial \psi}{\partial t} \\
&= \frac{i}{\hbar} \{ (H\psi^*)\psi - \psi^* H\psi \} \\
&= \frac{\hbar}{2mi} \left(\frac{\partial^2 \psi^*}{\partial x^2} \psi - \psi^* \frac{\partial^2 \psi}{\partial x^2} \right) \\
&= \frac{\hbar}{2mi} \frac{\partial}{\partial x} \left(\frac{\partial \psi^*}{\partial x} \psi - \psi^* \frac{\partial \psi}{\partial x} \right) \\
&= -\frac{\partial j}{\partial x}
\end{aligned}$$

となって与式が得られる．

(b)　$\int_a^b \rho(x,t)dx$ は $a < x < b$ に粒子を見出す確率であるから，$j(x,t)$ は時刻 t に位置 x を通り過ぎる確率の流れ —— つまり $j(x,t)dt$ は t と $t+dt$ のあいだに x を通り過ぎる確率の量 —— であると考えればよい．$j(a,t)$ は a から流入する確率，$-j(b,t)$ は b から流出する確率とみなされるから，$j(a,t) - j(b,t)$ は a と b のあいだの正味の確率の増加高になる．

(c)
$$\begin{aligned}
\frac{d}{dt} \int_{-\infty}^{\infty} \rho\, dx &= \int_{-\infty}^{\infty} \frac{\partial \rho}{\partial t}\, dx \\
&= -\int_{-\infty}^{\infty} \frac{\partial j}{\partial x}\, dx \\
&= j(-\infty, t) - j(\infty, t)
\end{aligned}$$

であるが，$\displaystyle\int_{-\infty}^{\infty}\rho\,dx$ が有界であるためには $\psi(x,t)$ は $x\to\pm\infty$ で十分すみやかに 0 になっていなければならないから，$j(\pm\infty,t)=0$ である．したがって

$$\frac{d}{dt}\int_{-\infty}^{\infty}\rho\,dx=\frac{d}{dt}\int_{-\infty}^{\infty}|\psi(x,t)|^2\,dx=0$$

である．

(d)　定常状態では

$$\psi(x,t)=\mathrm{e}^{-i\omega t}\varphi(x)$$

とかけるから，j の定義の式に入れればこれが t によらないことがすぐわかる．また ρ も

$$\rho=|\psi|^2=|\varphi(x)|^2$$

となって t によらなくなる．したがって $\partial\rho/\partial t=0$ であり，(a) の結果から

$$\frac{\partial j}{\partial x}=0$$

となって j は x にもよらないことがわかる．

　[**2.17**]　(a)　$\rho=\psi^*(x,t)\psi(x,t)$

$$=\{A^*\mathrm{e}^{-i(kx-\omega t)}+B^*\mathrm{e}^{i(kx+\omega t)}\}\{A\,\mathrm{e}^{i(kx-\omega t)}+B\,\mathrm{e}^{-i(kx+\omega t)}\}$$

$$=|A|^2+|B|^2+A^*B\mathrm{e}^{-2ikx}+AB^*\mathrm{e}^{2ikx}$$

$A=|A|\mathrm{e}^{i\alpha}$, $B=|B|\mathrm{e}^{i\beta}$ とおけば

$$A^*B=|A||B|\mathrm{e}^{-i(\alpha-\beta)},\qquad AB^*=|A||B|\mathrm{e}^{i(\alpha-\beta)}$$

とかけるから

$$\rho=|A|^2+|B|^2+2|A||B|\cos(2kx+\alpha-\beta)$$

同様にして j を計算すれば

$$j=\frac{\hbar k}{m}(|A|^2-|B|^2)$$

となって，x にも t にもよらない定常流であることがわかる．

(b)　$|A|^2$ は $+x$ 方向，$|B|^2$ は $-x$ 方向に運動している相対確率．$\hbar k$ は運動量の大きさ，$\hbar\omega$ は粒子のエネルギーで，時間を含むシュレーディンガー方程式をつくってみればすぐわかるように

$$\hbar\omega=\frac{\hbar^2k^2}{2m}$$

である．

[**2.18**]　(a)　δ を小さい正の数として，シュレーディンガー方程式を x について $-\delta$ から $+\delta$ まで積分し，$\delta \to 0$ の極限をとれば

$$-\frac{\hbar^2}{2m}\{\varphi'(+0) - \varphi'(-0)\} + \frac{\hbar^2}{m}\Omega\varphi(0) = 0$$

を得るから，

$$\varphi'(+0) - \varphi'(-0) = 2\Omega\varphi(0)$$

(b)　$x = 0$ で $\varphi(x)$ が連続という条件と，(a) で証明した式を用いて B と F をきめればよい．

$$\varphi(+0) = \varphi(-0) \quad \text{より} \quad 1 + B = F$$
$$\varphi'(+0) - \varphi'(-0) = 2\Omega\varphi(0) \quad \text{より} \quad ik(F - 1 + B) = 2\Omega F$$

であるから

$$B = \frac{\Omega}{ik - \Omega}, \quad F = \frac{ik}{ik - \Omega}$$

これから

$$反射率 = |B|^2 = \frac{\Omega^2}{k^2 + \Omega^2}$$

$$透過率 = |F|^2 = \frac{k^2}{k^2 + \Omega^2}$$

(c)　$\varepsilon < 0$ であれば，$x \neq 0$ におけるシュレーディンガー方程式

$$-\frac{\hbar^2}{2m}\frac{d^2\varphi}{dx^2} = -|\varepsilon|\varphi(x)$$

の解として

$$\varphi(x) \propto e^{\pm\kappa x} \quad \left(-\frac{\hbar^2}{2m}\kappa^2 = \varepsilon\right)$$

が存在する．束縛状態（$x \to \pm\infty$ で $\varphi \to 0$）を表わすためには（κ を正として）

$$\varphi(x) = \begin{cases} Ae^{-\kappa x} & x > 0 \\ A'e^{\kappa x} & x < 0 \end{cases}$$

でなければならない．$\varphi(x)$ の連続性から $A = A'$ はすぐわかるが，$\varphi'(+0) - \varphi'(-0) = 2\Omega\varphi(0)$ から

$$-A\kappa - A\kappa = 2\Omega A$$

したがって

$$\kappa = -\Omega \, (= |\Omega|)$$

であることがわかる. 規格化するには

$$1 = \int_{-\infty}^{\infty} |\varphi|^2 \, dx = \int_0^{\infty} A^2 e^{-2\kappa x} \, dx + \int_{-\infty}^0 A^2 e^{2\kappa x} \, dx$$

より $A^2 = \kappa$. 結局, 求める解は

$$\varphi(x) = \begin{cases} \sqrt{-\Omega} \, e^{-\Omega x} & x < 0 \\ \sqrt{-\Omega} \, e^{\Omega x} & x > 0 \end{cases}$$

エネルギー固有値は

$$\varepsilon = -\frac{\hbar^2}{2m} \Omega^2$$

[**2.19**] 対称な解を $\varphi_1(x)$, 反対称な解を $\varphi_2(x)$ とする.

$$\varphi_1(x) \to \begin{cases} \cos(kx + \phi) & x \to +\infty \\ \cos(kx - \phi) & x \to -\infty \end{cases}$$

$$\varphi_2(x) \to \begin{cases} \sin(kx + \phi') & x \to +\infty \\ \sin(kx - \phi') & x \to -\infty \end{cases}$$

である. φ_1 と φ_2 の線形結合ならすべてシュレーディンガー方程式の解であるが, 求めるものは $x \to -\infty$ の側で入射波 $(\propto e^{ikx})$ と反射波 $(\propto e^{-ikx})$ の重ね合せ, $x \to +\infty$ で透過波 $(\propto e^{ikx})$ のみとなるようなものである. φ_1 も φ_2 もこれを複素数で表わせば e^{ikx} と e^{-ikx} の重ね合せになっているから, これらの線形結合で $x \to +\infty$ で e^{-ikx} の項が消えるようなものを求めればよい.

$$x \to +\infty \quad \text{では} \quad \begin{cases} \varphi_1(x) \to \dfrac{1}{2}(e^{i(kx+\phi)} + e^{-i(kx+\phi)}) \\ \varphi_2(x) \to \dfrac{1}{2i}(e^{i(kx+\phi')} - e^{-i(kx+\phi')}) \end{cases}$$

であるから, $e^{i\phi}\varphi_1(x) + ie^{i\phi'}\varphi_2(x)$ をつくればそのようになることがわかる.

$$x \to +\infty \quad \text{で} \quad e^{i\phi}\varphi_1(x) + ie^{i\phi'}\varphi_2(x) \to \frac{1}{2}e^{ikx}(e^{2i\phi} + e^{2i\phi'})$$

ところでこれは $x \to -\infty$ では

$$e^{i\phi}\varphi_1(x) + ie^{i\phi'}\varphi_2(x) \to e^{ikx} + \frac{1}{2}e^{-ikx}(e^{2i\phi} - e^{2i\phi'})$$

となることがすぐわかるが, この式の右辺第1項は入射波, 第2項は反射波を表わしていると考えられる. したがって, 前問 [2.18] (b) と同じようにして

$$\text{反射率} = \left| \frac{1}{2}(e^{2i\phi} - e^{2i\phi'}) \right|^2 = \sin^2(\phi - \phi')$$

$$\text{透過率} = \left| \frac{1}{2}(e^{2i\phi} + e^{2i\phi'}) \right|^2 = \cos^2(\phi - \phi')$$

が得られる.

[**2.20**]　(a) $H\psi = i\hbar \, \partial\psi/\partial t$ に展開式を代入すると，左辺は

$$H\psi = \sum_n a_n(t) H\varphi_n(x) = \sum_n a_n(t)\varepsilon_n \varphi_n(x)$$

右辺は

$$i\hbar \frac{\partial \psi}{\partial t} = \sum_n i\hbar \frac{da_n}{dt}\varphi_n(x)$$

となるから

$$\sum_n i\hbar \frac{da_n}{dt}\varphi_n(x) = \sum_n a_n(t)\varepsilon_n \varphi_n(x)$$

が得られる.　これに $\varphi_m{}^*(x)$ を掛けて x で積分すれば，$\{\varphi_n(x)\}$ の規格直交性により

$$i\hbar \frac{da_m}{dt} = \varepsilon_m a_m(t)$$

(b)　上の方程式の解は

$$a_n(t) = a_n(0)e^{-i\varepsilon_n t/\hbar}$$

であるから

$$\psi(x, t) = \sum_n a_n(0)e^{-i\varepsilon_n t/\hbar}\varphi_n(x) \qquad (*)$$

と表わされる.　この両辺に $\varphi_n{}^*(x)$ を掛けて積分すると

$$a_n(0)e^{-i\varepsilon_n t/\hbar} = \int \varphi_n{}^*(x)\psi(x, t)dx$$

を得るが，ここで t を t'，x を x' とかきかえれば

$$a_n(0)e^{-i\varepsilon_n t'/\hbar} = \int \varphi_n{}^*(x')\psi(x', t')dx'$$

両辺に $e^{-i\varepsilon_n(t-t')/\hbar}$ を掛ければ

$$a_n(0)e^{-i\varepsilon_n t/\hbar} = \int \varphi_n{}^*(x')\psi(x', t')e^{-i\varepsilon_n(t-t')/\hbar}dx'$$

となる.　これを（*）式の右辺に入れれば与式が得られる.

(c)　$t = t'$ とおけば

$$\psi(x,t) = \int \Big\{ \sum_n \varphi_n(x)\varphi_n{}^*(x') \Big\} \psi(x',t)dx'$$

となるが，デルタ関数の定義 $f(x) = \int \delta(x-x')f(x')dx'$ より

$$\sum_n \varphi_n(x)\varphi_n{}^*(x') = \delta(x-x')$$

(d)　G にさきの定義式を入れると

$$G^+(x,t\,;\,x',t') = \sum_n \varphi_n(x)\varphi_n{}^*(x')\mathrm{e}^{-i\varepsilon_n(t-t')/\hbar}\,\theta(t-t')$$

であるから

$$i\hbar\,\frac{\partial G^+}{\partial t} = \sum_n \varphi_n(x)\varphi_n{}^*(x')\mathrm{e}^{-i\varepsilon_n(t-t')/\hbar}[\varepsilon_n\theta(t-t') + i\hbar\delta(t-t')]$$

$$H(x)G^+ = \sum_n \varepsilon_n\varphi_n(x)\varphi_n{}^*(x')\mathrm{e}^{-i\varepsilon_n(t-t')/\hbar}\,\theta(t-t')$$

となることがわかる（$H(x)$ の変数は x なので $\varphi_n(x)$ にのみ作用して $\varepsilon_n\varphi_n(x)$ を与えるが，$\varphi_n{}^*(x')$ は何の作用も受けない）．上の 2 式を引き算し，$\delta(t-t')$ は $t \neq t'$ では 0 なので

$$\mathrm{e}^{-i\varepsilon_n(t-t')/\hbar}\delta(t-t') = \delta(t-t')$$

であることを考慮すれば，(c) を利用して

$$\Big[i\hbar\,\frac{\partial}{\partial t} - H(x) \Big] G^+(x,t\,;\,x',t') = i\hbar\,\delta(x-x')\delta(t-t')$$

(e)　$\varphi_k(x) = \mathrm{e}^{ikx}$, $\varepsilon_k = \hbar^2k^2/2m$ であるから

$$G^+(x,t\,;\,x',t') = \sum_k \mathrm{e}^{ik(x-x')}\mathrm{e}^{-i\hbar k^2(t-t')/2m}\,\theta(t-t')$$

ただし k は連続的であるから $\displaystyle\sum_k \to \frac{1}{\sqrt{2\pi}}\int \cdots dk$ とする．

$$\zeta = \sqrt{\frac{\hbar(t-t')}{2m}}\,k - \alpha, \quad \alpha = \sqrt{\frac{m}{2\hbar(t-t')}}\,(x-x')$$

とおけば，

$$G^+(x,t\,;\,x',t') = \frac{1}{\sqrt{2\pi}}\int_{-\infty}^{\infty}\mathrm{e}^{ik(x-x')-i\hbar k^2(t-t')/2m}\,dk\cdot\theta(t-t')$$

$$= \sqrt{\frac{m}{\pi\hbar(t-t')}}\int_{-\infty}^{\infty}\mathrm{e}^{-i\zeta^2}\,d\zeta\cdot\mathrm{e}^{i\alpha^2}\,\theta(t-t')$$

$$= \frac{1-i}{\sqrt{2}}\sqrt{\frac{m}{\hbar(t-t')}}\,\exp\Big[\frac{im(x-x')^2}{2\hbar(t-t')}\Big]\theta(t-t')$$

[**2.21**]　(a)　$\psi'(x', t') = e^{iS}\psi(x, t)$ を (ii) に代入する．このとき，$x = x' + vt$ であるから

$$\frac{\partial}{\partial x'} = \frac{\partial x}{\partial x'}\frac{\partial}{\partial x} + \frac{\partial t}{\partial x'}\frac{\partial}{\partial t} = \frac{\partial}{\partial x}$$

$$\frac{\partial}{\partial t'} = \frac{\partial x}{\partial t'}\frac{\partial}{\partial x} + \frac{\partial t}{\partial t'}\frac{\partial}{\partial t} = v\frac{\partial}{\partial x} + \frac{\partial}{\partial t}$$

となることを使う．左辺は

$$i\hbar\frac{\partial}{\partial t'}e^{iS}\psi(x, t) = i\hbar v\frac{\partial}{\partial x}e^{iS}\psi + i\hbar\frac{\partial}{\partial t}e^{iS}\psi$$

$$= e^{iS}\left[-\hbar v\frac{\partial S}{\partial x}\psi + i\hbar v\frac{\partial \psi}{\partial x} - \hbar\frac{\partial S}{\partial t}\psi + H(x, t)\psi\right]$$

右辺は

$$\left\{-\frac{\hbar^2}{2m}\frac{\partial^2}{\partial x^2} + V(x, t)\right\}e^{iS}\psi(x, t) = e^{iS}\left\{-\frac{\hbar^2}{2m}\frac{\partial^2}{\partial x^2} + V(x, t)\right\}\psi(x, t)$$

$$-\frac{\hbar^2}{2m}e^{iS}\left\{i\frac{\partial^2 S}{\partial x^2}\psi - \left(\frac{\partial S}{\partial x}\right)^2\psi + 2i\frac{\partial S}{\partial x}\frac{\partial \psi}{\partial x}\right\}$$

となるから，これらを等しいとおいて

$$-\hbar v\frac{\partial S}{\partial x}\psi + i\hbar v\frac{\partial \psi}{\partial x} - \hbar\frac{\partial S}{\partial t}\psi = -\frac{i\hbar^2}{2m}\frac{\partial^2 S}{\partial x^2}\psi + \frac{\hbar^2}{2m}\left(\frac{\partial S}{\partial x}\right)^2\psi - \frac{i\hbar^2}{m}\frac{\partial S}{\partial x}\frac{\partial \psi}{\partial x}$$

整理して

$$\left[\frac{\hbar^2}{2m}\left(\frac{\partial S}{\partial x}\right)^2 - \frac{i\hbar^2}{2m}\frac{\partial^2 S}{\partial x^2} + \hbar\frac{\partial S}{\partial t} + \hbar v\frac{\partial S}{\partial x}\right]\psi = i\hbar\left\{\frac{\hbar}{m}\frac{\partial S}{\partial x} + v\right\}\frac{\partial \psi}{\partial x}$$

が得られる．したがって $[\cdots] = 0$, $\{\cdots\} = 0$ であればよいから，

$$\frac{\hbar}{m}\frac{\partial S}{\partial x} + v = 0$$

および，これを $[\cdots] = 0$ に入れて得られる

$$\hbar\frac{\partial S}{\partial t} = \frac{1}{2}mv^2$$

が満足されればよい．

(b)　上の 2 式から

$$S(x, t) = -\frac{mv}{\hbar}x + \frac{mv^2}{2\hbar}t + C$$

を得るが，$v = 0$ で $e^{iS} = 1$ であるためには $C = 0$. ゆえに

$$S(x, t) = -\frac{mv}{\hbar}x + \frac{mv^2}{2\hbar}t$$

(c) $j'(x', t') = \dfrac{-i\hbar}{2m}\left\{\psi'^* \dfrac{\partial}{\partial x'}\psi' - \psi'\left(\dfrac{\partial}{\partial x'}\psi'^*\right)\right\}$

$\qquad\qquad = \dfrac{-i\hbar}{2m}\left\{e^{-iS}\psi^* \dfrac{\partial}{\partial x}e^{iS}\psi - e^{iS}\psi \dfrac{\partial}{\partial x}e^{-iS}\psi^*\right\}$

$\qquad\qquad = \dfrac{-i\hbar}{2m}\left(\psi^* \dfrac{\partial\psi}{\partial x} - \psi\dfrac{\partial\psi^*}{\partial x}\right) - \dfrac{i\hbar}{2m}\left\{\psi^* i\dfrac{\partial S}{\partial x}\psi - \psi\left(-i\dfrac{\partial S}{\partial x}\right)\psi^*\right\}$

$\qquad\qquad = j(x, t) + \dfrac{\hbar}{m}\dfrac{\partial S}{\partial x}\psi^*\psi$

$S(x, t)$ に （b）で求めた結果を入れると，

$$j'(x', t') = j(x, t) - v\psi^*\psi$$

【注】 古典力学のときには考えてみればすぐわかるように，相対速度 v で動いている座標系に移れば粒子の運動量もエネルギーも変化する．ド・ブロイ波でいえば波長も振動数も変わることになる．ところが，$\psi(x, t)$ の x と t に単に $x' + vt'$ と t' を代入するだけでは，波形はそのままで伝わる速度が変わるだけであるから，新しい座標系における波動関数とはなりえない．これを補正するのが e^{iS} という因子なのである．

［2.22］ シュレーディンガー方程式

$$\left\{-\frac{\hbar^2}{2m}\left(\frac{\partial^2}{\partial x^2} + \frac{\partial^2}{\partial y^2} + \frac{\partial^2}{\partial z^2}\right) + V_1(x) + V_2(y) + V_3(z)\right\}\varphi(x, y, z) = \varepsilon\varphi(x, y, z)$$

に $\varphi(x, y, z) = X(x)Y(y)Z(z)$ を代入し，全体を $X(x)Y(y)Z(z)$ で割れば

$$\frac{-\dfrac{\hbar^2}{2m}\dfrac{d^2X}{dx^2} + V_1(x)X}{X} + \frac{-\dfrac{\hbar^2}{2m}\dfrac{d^2Y}{dy^2} + V_2(y)Y}{Y}$$

$$+ \frac{-\dfrac{\hbar^2}{2m}\dfrac{d^2Z}{dz^2} + V_3(z)Z}{Z} = \varepsilon$$

を得るが，x と y と z は独立に変化させられるから，たとえば y と z を固定して x だけ変化させると，左辺第1項以外は一定のままである．左辺第1項のみが x で変化しうる形になっているが，それではこの式は成立しないから，これも定数でなければいけない．同様の理由で，左辺の他の項も定数である．これらの定数を $\varepsilon_x, \varepsilon_y, \varepsilon_z$ とおけば，結局

$$\left\{-\frac{\hbar^2}{2m}\frac{d^2}{dx^2} + V_1(x)\right\}X(x) = \varepsilon_x X(x)$$

などが得られる.

[2.23]　(a)　$f(x, y, z)$ を z だけの関数とみて $\varphi_1(z), \varphi_2(z), \cdots$ で展開すれば, 係数は x, y の値によって違ってくるから

$$f(x, y, z) = \sum_n C_n(x, y)\varphi_n(z)$$

とかかれる. つぎにこの $C_n(x, y)$ を $\varphi_1(y), \varphi_2(y), \cdots$ で展開すれば

$$C_n(x, y) = \sum_m D_{mn}(x)\varphi_m(y)$$

となり, 最後に $D_{mn}(x)$ を $\varphi_1(x), \varphi_2(x), \cdots$ で展開して

$$D_{mn}(x) = \sum_l F_{lmn}\varphi_l(x)$$

とおけば, 結局与えられた式が得られる.

(b)　$\langle \varphi_{lmn} | \varphi_{l'm'n'} \rangle = \iiint \varphi_l{}^*(x)\varphi_m{}^*(y)\varphi_n{}^*(z)\varphi_{l'}(x)\varphi_{m'}(y)\varphi_{n'}(z)dxdydz$

$$= \int \varphi_l{}^*(x)\varphi_{l'}(x)dx \int \varphi_m{}^*(y)\varphi_{m'}(y)dy \int \varphi_n{}^*(z)\varphi_{n'}(z)dz$$

$$= \delta_{ll'}\delta_{mm'}\delta_{nn'} = \delta_{lmn, l'm'n'}$$

(c)　$k_x = \dfrac{2\pi l}{L}$, $k_y = \dfrac{2\pi m}{L}$, $k_z = \dfrac{2\pi n}{L}$ とおくと

$$\varphi_{lmn}(\boldsymbol{r}) = \frac{1}{\sqrt{L^3}}\exp i(k_x x + k_y y + k_z z)$$

であるから

$$-i\hbar \frac{\partial}{\partial x}\varphi_{lmn}(\boldsymbol{r}) = \hbar k_x \varphi_{lmn}(\boldsymbol{r})$$

などが得られる. これら3式をまとめてベクトルで表わせば

$$-i\hbar \nabla \varphi_{lmn}(\boldsymbol{r}) = \hbar \boldsymbol{k}\, \varphi_{lmn}(\boldsymbol{r})$$

[2.24]　(a)　$\varphi_0(\boldsymbol{r}) = \sqrt{\dfrac{8}{L^3}} \cos\dfrac{\pi x}{L} \cos\dfrac{\pi y}{L} \cos\dfrac{\pi z}{L}$

(b)　$\displaystyle\int_{-L/4}^{L/4}\int_{-L/4}^{L/4}\int_{-L/4}^{L/4} \frac{8}{L^3}\cos^2\frac{\pi x}{L}\cos^2\frac{\pi y}{L}\cos^2\frac{\pi z}{L}\,dxdydz = \left(\frac{\pi+2}{2\pi}\right)^3 = 0.548$

[2.25]　$\Delta\varepsilon \cong h/\tau$ であるから

$$\Delta\nu = \frac{\Delta\varepsilon}{h} = \frac{1}{\tau} = 6.25 \times 10^7 \, \text{s}^{-1}$$

したがって，$\lambda = 5896 \, \text{Å}$ の光の $\nu = c/\lambda = 5.09 \times 10^{14} \, \text{s}^{-1}$ より

$$\frac{\Delta\nu}{\nu} = 10^{-7}$$

励起エネルギーの相対誤差はこの $\Delta\nu/\nu = 10^{-7}$ に等しい.

[**2. 26**]
$$\Delta\varepsilon \cong \frac{h}{\tau} = 4.7 \times 10^{-27} \, \text{J} = 3 \times 10^{-8} \, \text{eV}$$

$$\frac{\Delta\varepsilon}{\varepsilon} = \frac{3 \times 10^{-8}}{14.4 \times 10^3} = 2 \times 10^{-12}$$

3

簡 単 な 系

§3.1 井戸型ポテンシャル

ポテンシャル $V(\boldsymbol{r})$ を簡単化して，系の特質を近似的にとらえるためによく使われるのが，**井戸型ポテンシャル**である．たとえば，金属内の伝導電子に対する近似として，金属内部では完全に自由であるとし $(V \equiv 0)$，表面のところへ来たときだけ内側へもどすような力が作用するのを，そこでポテンシャルが一定値だけ高くなった，としてつぎのように表わす．

$$V(\boldsymbol{r}) = \begin{cases} 0 & \text{金属片内部} \\ V_0 & \text{外部} \end{cases} \tag{1}$$

このような場合には，内と外とで別々にシュレーディンガー方程式を解き，境目でつなぐ，という方法がとられる．波動関数に対しては，それとその x, y, z に関する1階の導関数が連続でなければならない，という要請があるので，境界ではなめらかにつなぐことが要求される（問題 [2.1] 参照）．ただし，ポテンシャルの変化（上の例では V_0）が無限大の場合には，導関数は不連続となる．上の例で $V_0 \to +\infty$ とすると，完全に金属片内に閉じこめられた粒子ということになり，内部の自由粒子解のうち，表面（壁）のところで $\psi = 0$ となるようなものだけが許されることになる．つまり壁のところで $\psi = 0$ という境界条件が課せられる．その結果，波は音波などの固定端反射の定常波と同種のものになる．

§3.2 調和振動子

原点から距離に比例する大きさの引力を受けて運動する粒子の場合，ポテンシャルは

$$V(\boldsymbol{r}) = \frac{k}{2}(x^2 + y^2 + z^2) \tag{2}$$

で与えられる．このときのハミルトニアン H は，

$$H_x = -\frac{\hbar^2}{2m}\frac{\partial^2}{\partial x^2} + \frac{k}{2}x^2, \qquad H_y \, と \, H_z \, も同様 \tag{3}$$

として，$H = H_x + H_y + H_z$ のように分けられるので，変数分離によって3つの1次元調和振動子

$$H_x X(x) = \varepsilon_x X(x), \qquad H_y Y(y) = \varepsilon_y Y(y), \qquad H_z Z(z) = \varepsilon_z Z(z) \tag{4}$$

に分けることができる．

$$\left(-\frac{\hbar^2}{2m}\frac{d^2}{dx^2} + \frac{m\omega^2}{2}x^2\right)X(x) = \varepsilon X(x) \tag{5}$$

の規格化された固有関数は次式で与えられる．

$$X_n(x) = \left(\frac{\sqrt{2m\omega/h}}{2^n n!}\right)^{1/2} H_n\left(\sqrt{\frac{m\omega}{\hbar}}\,x\right)\exp\left(-\frac{m\omega}{2\hbar}x^2\right) \tag{6}$$

ただし $H_n(\xi)$ はエルミートの多項式

$$H_n(\xi) = (-1)^n (\exp \xi^2)\frac{d^n}{d\xi^n}\exp(-\xi^2) \tag{7}$$

であって

$$\left(\xi - \frac{d}{d\xi}\right)\exp\left(-\frac{\xi^2}{2}\right)H_n(\xi) = \exp\left(-\frac{\xi^2}{2}\right)H_{n+1}(\xi) \tag{8a}$$

$$\left(\xi + \frac{d}{d\xi}\right)\exp\left(-\frac{\xi^2}{2}\right)H_n(\xi) = 2n\exp\left(-\frac{\xi^2}{2}\right)H_{n-1}(\xi) \tag{8b}$$

$$\int_{-\infty}^{\infty} H_n(\xi)H_m(\xi)\exp(-\xi^2)d\xi = 2^n n!\sqrt{\pi}\,\delta_{nm} \tag{9}$$

を満足する．固有値は

$$\varepsilon_n = \left(n + \frac{1}{2}\right)\hbar\omega \tag{10}$$

で与えられる. ω はこの1次元調和振動子を古典力学で扱ったときの角振動数である.

§3.3 中心力場内の粒子

ポテンシャル $V(x,y,z)$ が, 原点 O からの距離

$$r = \sqrt{x^2 + y^2 + z^2}$$

だけの関数として $V(r)$ のように表わされる力は, 原点と考えている点とを結ぶ直線を作用線とする**中心力**である. このような力に対しては, 直角座標 x,y,z の代りに極座標（または球座標）r, θ, ϕ を用いるほうが便利である. その場合ラプラシアンは

$$\frac{\partial^2}{\partial x^2} + \frac{\partial^2}{\partial y^2} + \frac{\partial^2}{\partial z^2} = \frac{\partial^2}{\partial r^2} + \frac{2}{r}\frac{\partial}{\partial r} + \frac{1}{r^2}\Lambda \tag{11}$$

ただし

$$\Lambda = \frac{1}{\sin\theta}\frac{\partial}{\partial\theta}\left(\sin\theta\frac{\partial}{\partial\theta}\right) + \frac{1}{\sin^2\theta}\frac{\partial^2}{\partial\phi^2} \tag{12}$$

となるので, 波動関数を

$$\varphi(r,\theta,\phi) = R(r)\,Y(\theta,\phi) \tag{13}$$

とおくと, シュレーディンガー方程式は

$$-\frac{\hbar^2}{2m}\left(\frac{d^2R}{dr^2} + \frac{2}{r}\frac{dR}{dr} - \frac{\lambda}{r^2}R\right) + V(r)R = \varepsilon R \tag{14}$$

$$\Lambda Y(\theta,\phi) = -\lambda Y(\theta,\phi) \tag{15}$$

のように分離される（ε, λ は定数）.

　(14) 式は $V(r)$ の形に依存するが,（15）式はすべての中心力場に共通であり, 空間 $(0 \leqq \theta \leqq \pi,\ 0 \leqq \phi \leqq 2\pi)$ の1価関数としての解は

$$\lambda = l(l+1) \qquad l = 0, 1, 2, 3, \cdots \tag{16}$$

のときにだけ存在し, 各 l に対しては

$$Y_l{}^m(\theta,\phi) = (-1)^{(m+|m|)/2}\sqrt{\frac{2l+1}{4\pi}\frac{(l-|m|)!}{(l+|m|)!}}\,P_l^{|m|}(\cos\theta)\mathrm{e}^{im\phi} \tag{17}$$

$$m = l, l-1, l-2, \cdots, -l+1, -l$$

で定義される $2l+1$ 個の球面調和関数* がその解になっている．ただし

$$P_l{}^0(\zeta) \equiv P_l(\zeta) = \frac{1}{2^l\,l!}\left(\frac{d}{d\zeta}\right)^l (\zeta^2 - 1)^l \tag{18a}$$

はルジャンドルの多項式

$$P_l{}^{|m|}(\zeta) = (1 - \zeta^2)^{|m|/2}\left(\frac{d}{d\zeta}\right)^{|m|} P_l(\zeta) \tag{18b}$$

はルジャンドルの陪関数（または同伴関数）である．$Y_l{}^m$ の具体的な形は巻末（付録3）に示すとおりであるが，これらは

$$\int_0^\pi \int_0^{2\pi} Y_l{}^{m*}(\theta, \phi)\, Y_{l'}{}^{m'}(\theta, \phi) \sin\theta\, d\theta d\phi = \delta_{ll'}\delta_{mm'} \tag{19}$$

のように互いに直交し，それぞれ規格化された正規直交関数系をつくる．**

角運動量 $\boldsymbol{l} = \boldsymbol{r} \times \boldsymbol{p}$ を演算子で表わすと

$$l_x = -i\hbar\left(y\frac{\partial}{\partial z} - z\frac{\partial}{\partial y}\right) = i\hbar\left(\sin\phi\frac{\partial}{\partial\theta} + \frac{\cos\phi}{\tan\theta}\frac{\partial}{\partial\phi}\right) \tag{20a}$$

$$l_y = -i\hbar\left(z\frac{\partial}{\partial x} - x\frac{\partial}{\partial z}\right) = i\hbar\left(-\cos\phi\frac{\partial}{\partial\theta} + \frac{\sin\phi}{\tan\theta}\frac{\partial}{\partial\phi}\right) \tag{20b}$$

$$l_z = -i\hbar\left(x\frac{\partial}{\partial y} - y\frac{\partial}{\partial x}\right) = -i\hbar\frac{\partial}{\partial\phi} \tag{20c}$$

および

$$\boldsymbol{l}^2 = l_x{}^2 + l_y{}^2 + l_z{}^2 = -\hbar^2\varLambda \tag{21}$$

が得られるが，$Y_l{}^m(\theta, \phi)$ は $\boldsymbol{l}^2$ と l_z の同時固有関数で

$$\boldsymbol{l}^2 Y_l{}^m(\theta, \phi) = \hbar^2 l(l+1) Y_l{}^m(\theta, \phi) \tag{22}$$

$$l_z Y_l{}^m(\theta, \phi) = m\hbar Y_l{}^m(\theta, \phi) \tag{23}$$

を満足する．l_x と l_y については，

$$l_+ \equiv l_x + il_y, \qquad l_- \equiv l_x - il_y \tag{24}$$

---

* 同じ文字を用いるが，この m は粒子の質量ではない．

** 極座標で空間の微小体積を表わすと $r^2 dr \sin\theta\, d\theta d\phi$ になるので，(19) 式の積分には $\sin\theta$ が現われる．

とすると

$$l_+ Y_l{}^m(\theta, \phi) = \hbar\sqrt{(l-m)(l+m+1)}\, Y_l{}^{m+1}(\theta, \phi) \qquad (25\,\mathrm{a})$$

$$l_- Y_l{}^m(\theta, \phi) = \hbar\sqrt{(l+m)(l-m+1)}\, Y_l{}^{m-1}(\theta, \phi) \qquad (25\,\mathrm{b})$$

という関係がある. これらから, $R(r)Y_l{}^m(\theta, \phi)$ という波動関数で表わされる運動状態にある粒子は, 角運動量の大きさとして $l\hbar$ ($l = 0, 1, 2, \cdots$) をもち, その z 成分として $m\hbar$ をもつ, と考えることができる. 成分のうち一つ (z 成分をそれに選んだ) しか定まらないのは不確定性によると考えられる. l を**方位量子数**, m を**磁気量子数**という. l の値は, 数 $0, 1, 2, 3, 4, \cdots$ で示す代りに, 文字 s, p, d, f, g, $\cdots$ で表わすことが多い. たとえば $l = 2$ の状態という代りに d 状態という.

§3.4 水素原子

電荷 Ze をもった原子核 (不動の点電荷とする) のまわりに 1 個の電子 (質量 m, 電荷 $-e$) が束縛されている系を考える. $Z = 1, 2, 3, \cdots$ は H, He$^+$, Li$^{++}, \cdots$ に対応する. この場合のポテンシャルは

$$V(r) = -\frac{Ze^2}{(4\pi\epsilon_0)r} \qquad (26)$$

(CGS 単位系では $4\pi\epsilon_0 = 1$ とすればよい)

であるから, 波動関数の動径部分 $R(r)$ に対する方程式 (14) は

$$\frac{1}{r^2}\frac{d}{dr}\left(r^2\frac{dR}{dr}\right) + \left[\frac{2m}{\hbar^2}\left(\frac{Ze^2}{4\pi\epsilon_0 r} + \varepsilon\right) - \frac{l(l+1)}{r^2}\right]R = 0 \qquad (27)$$

となる. 波動関数 $\varphi(\boldsymbol{r}) = R(r)Y(\theta, \phi)$ がいたるところ有界で, かつ $|\varphi(\boldsymbol{r})|^2$ の全空間にわたる積分も有界であるという要請をおくと, $R(r)$ に対する $r = 0$ と $r \to \infty$ のときの境界条件がきまるが, それを満足する解が存在するのは, $l = 0, 1, 2, \cdots$ の各場合について, ε が特定のとびとびの値をとるときに限られることが知られている. ε の大きさの順に番号をつけ, それを n とすると, 固有関数と固有値は

$$R_{nl}(r) = -\left\{\left(\frac{2}{na}\right)^3 \frac{(n-l-1)!}{2n[(n+1)!]^3}\right\}^{1/2} \exp\left(-\frac{r}{na}\right)\left(\frac{2r}{na}\right)^l L_{n+l}^{(2l+1)}\left(\frac{2r}{na}\right)$$

$$n = l+1, l+2, l+3, \cdots \tag{28}$$

$$\varepsilon_{nl} = \varepsilon_n = -\frac{Z^2 m e^4}{(4\pi\epsilon_0)^2 2\hbar^2}\frac{1}{n^2} \tag{29}$$

$$\left(a = \frac{a_0}{Z}, \quad \text{ただし} \quad a_0 = \frac{4\pi\epsilon_0\hbar^2}{me^2} \text{ はボーア半径}\right)$$

で与えられる．ここで

$$L_{p+q}^{(q)}(\zeta) = \frac{d^q}{d\zeta^q}\left\{e^\zeta\left(\frac{d}{d\zeta}\right)^{p+q}(\zeta^{p+q}e^{-\zeta})\right\} \tag{30}$$

はラゲールの陪多項式である（$q = 0$ のときはラゲールの多項式という）．
(28) 式で，番号 n のつけ方が l によって異なっていることに注意する必要が
ある．このように n をきめると，(29) 式のように固有値は n だけできまり l
によらないものになる，これは r^{-1} に比例するポテンシャル（逆 2 乗の法則
に従う力）の特殊性である．一つの n の値に対して，l は $0, 1, \cdots, n-1$ の n
個存在し，各 l の値ごとに磁気量子数 m の異なる $2l+1$ 個の状態があるか
ら，

$$\sum_{l=0}^{n-1}(2l+1) = n^2$$

となり，固有値 ε_n は n^2 重に縮退していることがわかる．

　余 談　シュレーディンガー（Erwin Schrödinger）が彼の波動関数にかな
り実体的な意味を付与していたことはすでに（19, 24 ページで）述べた．その
一つの証拠として彼は，1 次元調和振動子の固有関数 (6) からつぎのような波
束をつくった．

$$\psi(x, t) = \sum_{n=0}^{\infty}\frac{A^n}{\sqrt{n!}}X_n(x)e^{-i\varepsilon_n t/\hbar}$$

$$\left[\varepsilon_n = \left(n + \frac{1}{2}\right)\hbar\omega\right]$$

そして $|\psi(x, t)|^2$ は，ガウス関数がその形を崩すことなしに角振動数 ω で単振

動する波束になっていることを示した（第4章 問題
[4.17] 参照）．つまりこの波束の広がりを無視すれ
ば，その運動は古典力学の結果と一致する．この論
文（1926年7月）でさらに彼は，水素原子の場合に
も，高い量子数をもった固有関数を重ね合せれば，
ケプラーの法則に従って楕円軌道を画き，しかも形
の崩れない波束ができるはずであろう，と述べた．

Erwin Schrödinger
(1887-1961)

これが誤りであること
を指摘したのは，彼の
ライバル，ハイゼンベルク
（Werner K. Heisenberg）
であった（1927年）．振動子はエネルギー準位が等
間隔であるために波束が形を保つことができるが，
一般の場合には波束は拡散してしまうことを証明し
たのである．したがって，電子が $-e|\phi|^2$ のような
ひろがったものであるとするシュレーディンガーの
考えは無理で，それでは世の中の電子はすべて雲散
霧消してしまうことになる！

Werner K. Heisenberg
(1901-1976)

　なお，シュレーディンガーが与えた前記の波束は，
最近また復活して光の理論でよく用いられるようになった．電磁波の一つに着
目すると，それは空間のきまった1点に起こる電磁場の振動の振幅と初位相を
与えればきまるから，振動子と数学的に同等である．光を量子論で扱うときに
は，このように各電磁波を1次元振動子に置き換えてから§3.2のような議論
を適用する．そうすると量子数 n はそのような**光子の数**という意味をもって
くる．この場合，固有関数 X_n で表わされるような状態は光子が n 個存在する
状態であるが，古典的な電磁波の振動とはずい分異なったものである．しかし
上記 ϕ のような波束をつくると，これはほぼ古典的な単振動である．最近レー
ザーで強い光が得られるようになり，しかもそれは X_n よりは ϕ で表わされる
ようなものであることがわかり，このような波束がよく用いられるようになっ
てきたのである．ϕ で表わされるような光はコヒーレントである，と呼ばれ，ϕ
をグラウバー状態などということが多いが，シュレーディンガーが半世紀も前
にこれをつくっていたことを知る人は多くないようである．

問　　題

[**3.1**]　3-1 図に示すようなポテンシャル

$$V(x) = \begin{cases} +\infty & x < 0 \\ -V_0 & 0 < x < a \quad (V_0 > 0) \\ 0 & x > a \end{cases}$$

に対する 1 次元束縛運動のエネルギー固有値はどのようにして求められる
か. また, 束縛状態 ($\varepsilon < 0$) が存在しうるためには $a^2 V_0 \geqq \hbar^2 \pi^2 / 8m$ でな
ければならないことを示せ.

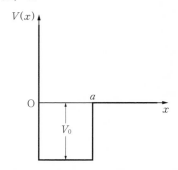

3-1 図

[**3.2**]　1 次元の場合 ($-\infty < x < \infty$) には, 粒子の受ける引力がどん
なに弱くても, 少なくとも 1 個の束縛状態が存在しうる. このことを対称
井戸型ポテンシャル

$$V(x) = \begin{cases} -V_0 & (|x| < a) \\ 0 & (|x| > a) \end{cases}$$

のなかを運動する粒子について確かめよ.

[**3.3**]　金属内の伝導電子は, 金属内ではほぼ自由に動けるが, 表面の
ところでは内向きの力を受けるのでほとんど外には飛び出せない. このよ
うな力を 3-2 図のようなポテンシャル

$$V(x) = \begin{cases} -V_0 & x < 0 \quad (金属内) \\ 0 & x > 0 \quad (金属外) \end{cases}$$

で表わす場合, エネルギー ε で $+x$ 方向に飛んできた電子が外へ飛び出す

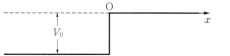

3-2図

確率を求めよ．$\varepsilon > 0$ のときと，$0 > \varepsilon > -V_0$ のときに分けて考えよ．

　またこれとは逆に，金属表面に向かって（$-x$ 方向に）垂直にエネルギー ε で入射した電子の場合はどうなるか．$\varepsilon = 0.1\,\text{eV}$，$V_0 = 8\,\text{eV}$ として，反射率を計算せよ．

　[**3.4**]　調和振動子の波動関数は，中央の振動的な部分と，両端の指数関数的に $x \to \pm\infty$ へ減少していく部分とからできており，その境目のところに変曲点がある．この変曲点の位置は，その振動子を古典力学で扱ったときに，同じエネルギーの単振動の両端に相当することを示せ．

　[**3.5**]　古典的に扱ったときの角振動数が ω であるような1次元調和振動子のシュレーディンガー方程式

$$\left(-\frac{\hbar^2}{2m}\frac{d^2}{dx^2} + \frac{1}{2}m\omega^2 x^2\right)\varphi(x) = \varepsilon\varphi(x)$$

は，変数を

$$\xi = \sqrt{\frac{m\omega}{\hbar}}\,x, \qquad \lambda = \frac{2\varepsilon}{\hbar\omega}$$

とすることによって

$$\left(-\frac{d^2}{d\xi^2} + \xi^2\right)u(\xi) = \lambda u(\xi)$$

となることを確かめよ.*　つぎに

$$u(\xi) = \mathrm{e}^{-\xi^2/2}f(\xi)$$

とおくことにより，$f(\xi)$ は方程式

$$-\frac{d^2 f}{d\xi^2} + 2\xi\frac{df}{d\xi} = (\lambda - 1)f$$

の解でなければならないことを示せ．この $f(\xi)$ に，次式で定義されるエ

_____

*　これは長さを $\sqrt{\hbar/m\omega}$ を単位として測り，エネルギーを $\hbar\omega/2$ を単位として表わすことに相当する．

ルミート多項式を代入することによって，それが解になっていることを確かめ，固有値 λ を決定せよ．*

$$H_0(\xi) = 1, \qquad H_1(\xi) = 2\xi, \qquad H_2(\xi) = 4\xi^2 - 2,$$
$$H_3(\xi) = 8\xi^3 - 12\xi, \qquad H_4(\xi) = 16\xi^4 - 48\xi^2 + 12, \qquad \cdots$$

[**3.6**]　3-3 図のように強さ K のバネ 3 本で連結された 2 つの粒子（質量はともに m）の運動のうちで，バネに平行な方向の成分だけに着目すると，そのハミルトニアンは

$$H = \frac{-\hbar^2}{2m}\left(\frac{\partial^2}{\partial x_1{}^2} + \frac{\partial^2}{\partial x_2{}^2}\right) + \frac{K}{2}(x_1{}^2 + x_2{}^2) + \frac{K}{2}(x_1 - x_2)^2$$

で与えられる．これを，

重心座標　　　$X = \dfrac{1}{2}(x_1 + x_2)$

相対座標　　　$x = x_1 - x_2$

を用いてかき直し，エネルギーの固有値を求めよ．

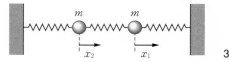

3-3 図

[**3.7**]　2 つの中心 $(a, 0, 0)$，$(a', 0, 0)$ から距離に比例する引力（比例定数 k, k'）を受けて運動する質量 m の粒子のエネルギー固有値を求めよ．

[**3.8**]　電荷 q をもった 3 次元調和振動子（質量 m，角振動数 ω）に x 方向の一様な静電場 E が作用している．

(a)　この系のハミルトニアンは

$$H = \left[-\frac{\hbar^2}{2m}\Delta + \frac{1}{2}m\omega^2(x^2 + y^2 + z^2)\right] - qEx$$

で与えられることを示せ．

(b)　H の固有関数 $\varphi(\boldsymbol{r}\,;E)$ は，$E = 0$ のときの固有関数を x 方向に平行

---

*　一般式は
$$H_n(\xi) = (2\xi)^n - \frac{n(n-1)}{1!}(2\xi)^{n-2} + \frac{n(n-1)(n-2)(n-3)}{2!}(2\xi)^{n-4} - \cdots$$
で与えられる．

移動したもの
$$\varphi(x, y, z : E) = \varphi(x - c, y, z : 0)$$
になっていることを示し, c を求めよ. また, エネルギー固有値を求めよ.
(c) 上の固有関数を用いて電気双極子モーメント $q\boldsymbol{r}$ の期待値を計算し,
この系の分極率を求めよ. ただし, 分極率は電気双極子モーメントを E
のべきに展開したときの 1 次の項の係数である.

[**3.9**] z 方向の一様な静磁場は, ベクトルポテンシャル $\boldsymbol{A} = (0, Bx,$
$0)$ を用いて $\boldsymbol{B} = \mathrm{rot}\,\boldsymbol{A}$ によって表わすことができる. また一般に, 電磁
場のなかを運動する自由電子 (質量 m, 電荷 $-e$) のハミルトニアンは
$$H = \frac{1}{2m}(\boldsymbol{p} + e\boldsymbol{A})^2$$
で与えられる. $\boldsymbol{A}$ が上記の式で与えられるとき, このハミルトニアンの固
有関数は
$$\varphi(\boldsymbol{r}) = f(x)\exp i(k_y y + k_z z)$$
の形にかけることを示し, これを用いてエネルギーの固有値および固有関
数 $f(x)$ を求めよ.

[**3.10**] 62 ページの定義式を用いてルジャンドルの多項式 $P_0, P_1, P_2,$
P_3 を求め, つぎの一般的性質を確かめよ.
(a) $P_l(t)$ は l 次の多項式である. l が偶数ならば偶関数, 奇数ならば奇関
数である.
(b) $P_l(1) = 1$, $P_l(-1) = (-1)^l$
(c) $\displaystyle\int_{-1}^{1} P_l(t)P_{l'}(t)dt = \frac{2}{2l+1}\delta_{ll'}$

[**3.11**] 61 ページの定義式を用いて, $l = 0, 1, 2$ に対する球面調和関数
$Y_l{}^m(\theta, \phi)$ を求め, 規格直交関係 (19) 式を確かめよ.

[**3.12**] 極座標のうちの角を表わす座標 θ と ϕ の関数 $f(\theta, \phi)$ が実数
の場合, その変化のようすを見やすくするために極図形というものをえが
くと便利である. それには, θ と ϕ で指定される方向に原点をとおる直線
を引き, その直線の上に原点からの距離が $|f(\theta, \phi)|$ に等しいような点をと

る．このような点をすべての方向についてとれば，それらは一つの曲面を
つくる．これが極図形である．この方法で，球面調和関数

$$Y_0{}^0(\theta, \phi), \qquad Y_1{}^0(\theta, \phi), \qquad \frac{1}{\sqrt{2}}\{-Y_1{}^1(\theta, \phi) + Y_1{}^{-1}(\theta, \phi)\}$$

$$Y_2{}^0(\theta, \phi), \qquad \frac{1}{\sqrt{2}}\{Y_2{}^2(\theta, \phi) + Y_2{}^{-2}(\theta, \phi)\}$$

の極図形をつくるとどのようになるかを示せ．

[**3.13**]　球面調和関数 $Y_l{}^m(\theta, \phi)$ が

$$\sum_{m=-l}^{l} |Y_l{}^m(\theta, \phi)|^2 = \frac{2l+1}{4\pi}$$

という性質をもつことを，$l = 0, 1, 2$ の場合について，具体的な関数形を用
いて確かめよ．

[**3.14**]　平面波 e^{ikz} について考える．

(a)　球面調和関数を用いて

$$\mathrm{e}^{ikz} = \sum_{l=0}^{\infty} f_l(r) Y_l{}^0(\theta, \phi)$$

と展開できることを説明せよ．ここで，r, θ, ϕ は極座標で，$z = r\cos\theta$ で
ある．

(b)　　　　　　$$f_l(r) = \sqrt{\pi(2l+1)} \int_{-1}^{1} P_l(t)\mathrm{e}^{ikrt}\, dt$$

となることを示せ．ここで，$P_l(t)$ はルジャンドルの多項式である．

(c)　部分積分を行なうことにより，大きな r に対して

$$f_l(r) \longrightarrow \sqrt{4\pi(2l+1)}\, i^l (kr)^{-1} \sin\left(kr - \frac{1}{2}l\pi\right)$$

となることを示せ．

【注】　$P_l(1) = 1$, $P_l(-1) = (-1)^l$ である．

[**3.15**]　次数の低い球面調和関数は極座標 (r, θ, ϕ) よりも直交座標
(x, y, z) で表わしたほうが見やすい．$l = 0, 1, 2$ の場合について次の点を
確かめよ．

(a)　$r^l Y_l{}^m(\theta, \phi)$ の実部と虚部を直交座標で表わすと，それらは x, y, z に
関する l 次の同次多項式になる．

(b)　これらの多項式はそれぞれラプラス方程式 $\Delta V = 0$ の解になっている.

(c)　ラプラス方程式を満たす l 次の同次多項式, つまり l 次の体球関数を $r^l Y_l(\theta, \phi)$ とかくと, $Y_l(\theta, \phi)$ として 1 次独立なものは $(2l + 1)$ 個しかない.

[**3.16**]　前問の結果を用いて, 水素原子の固有関数は

$$\varphi_{nlm}(-x, -y, -z) = (-1)^l \varphi_{nlm}(x, y, z)$$

となることを示せ. ただし, x, y, z は核の位置に原点をもつ電子の直交座標である.

【注】　ゆえに, l が偶数ならば反転 $(x, y, z \to -x, -y, -z)$ によって φ は不変, 奇数ならば符号が変わる. このことをふつう $l = 0, 2, 4, \cdots$ の状態はパリティが偶, $l = 1, 3, 5, \cdots$ の状態はパリティが奇であるという. 一般にポテンシャルが反転に対して不変であれば, そのなかを運動する粒子のエネルギー固有関数は反転によって不変か, 符号が変わるかのいずれかになることを示しうる.

[**3.17**]　軌道角運動量演算子 $\boldsymbol{l}$ を用いてラプラシアン Δ をかきかえる.

(a)　$\boldsymbol{l}^2 / \hbar^2 \equiv (l_x^2 + l_y^2 + l_z^2) / \hbar^2$

$$= -(x^2 + y^2 + z^2)\left(\frac{\partial^2}{\partial x^2} + \frac{\partial^2}{\partial y^2} + \frac{\partial^2}{\partial z^2}\right)$$
$$+ \left(x\frac{\partial}{\partial x} + y\frac{\partial}{\partial y} + z\frac{\partial}{\partial z}\right)^2 + \left(x\frac{\partial}{\partial x} + y\frac{\partial}{\partial y} + z\frac{\partial}{\partial z}\right)$$

を証明せよ.

(b)　x, y, z の代りに O を原点とする極座標 r, θ, ϕ を使えば

$$x\frac{\partial}{\partial x} + y\frac{\partial}{\partial y} + z\frac{\partial}{\partial z} = r\frac{\partial}{\partial r}$$

となることを示せ.

(c)　以上の結果を使って

$$\Delta = \frac{\partial^2}{\partial r^2} + \frac{2}{r}\frac{\partial}{\partial r} - \frac{1}{\hbar^2 r^2}\boldsymbol{l}^2$$

を導け.

[**3.18**]　半径 a の球内に閉じこめられた自由粒子を考えるときには, $V = 0$ としたシュレーディンガー方程式を極座標でかき, $\varphi(\boldsymbol{r}) = R(r) Y_l^m(\theta, \phi)$ とおいて $R(r)$ に対する方程式

$$-\frac{\hbar^2}{2m}\left\{\frac{d^2R}{dr^2} + \frac{2}{r}\frac{dR}{dr} - \frac{l(l+1)}{r^2}R\right\} = \varepsilon R$$

を $R(a) = 0$ という条件をつけて解けばよい．この方程式は，変数を r から

$$\rho = \sqrt{2m\varepsilon/\hbar^2}\,r$$

に変換すると

$$\frac{d^2R}{d\rho^2} + \frac{2}{\rho}\frac{dR}{d\rho} + \left[1 - \frac{l(l+1)}{\rho^2}\right]R = 0$$

となることを示せ．

　　この方程式の解で $\rho = 0$ に特異性をもたないものは，球ベッセル関数 $j_l(\rho)$ である（付録5参照）．表にあげた $j_l(\pi\xi) = 0$ の根の値を用いて，エネルギー固有値 ε の低いものを求めよ．

	$j_l(\pi\xi) = 0$ の n 番目の根の ξ		
l	$n = 1$	$n = 2$	$n = 3$
0	1.0000	2.0000	3.0000
1	1.4303	2.4590	3.4709
2	1.8346	2.8950	3.9226
3	2.2243	3.3159	4.3602
4	2.6046	3.7258	4.7873

　　[3.19]　水素原子の動径部分の波動関数 R_{nl} は，$n = l + 1$ のとき非常に簡単な形

$$R_{nl}(r) = r^l \mathrm{e}^{-\alpha r} \qquad (n = l + 1)$$

になる．R_{nl} に対する微分方程式を使って，パラメーター α とエネルギーの固有値 ε を求めよ．

　　[3.20]　定常状態にある電子（質量 m，電荷 $-e$）を，その存在確率 $|\varphi(\boldsymbol{r})|^2$ に比例した密度をもつ静電荷 $-e|\varphi(\boldsymbol{r})|^2$ のように扱うことが多い．この扱いにおいて，半径が r と $r + dr$ の2つの球面でかこまれる球殻の部分に含まれる電荷を dr で割ったものによって，原子内の**動径電荷密度**を定義する．

（a）　波動関数が $R_{nl}(r)Y_l{}^m(\theta, \phi)$ で表わされるとき，動径電荷密度は $-er^2|R_{nl}(r)|^2$ で与えられることを示せ．

（b）　水素原子の 1s, 2p, 3d 状態について，その動径電荷密度が極大となる半径を算出せよ．これらが，ボーアの前期量子論で求めた円軌道の半径に等しいことを示せ．

［**3.21**］　水素原子の s 状態の固有関数は,

$$\varphi_{ns}(\boldsymbol{r}) = \frac{1}{\sqrt{4\pi}} L_n(r) \exp\left(-\frac{r}{na_0}\right)$$

という形に表わされる. ここで $L_n(r)$ は r に関する $n-1$ 次の多項式である. $L_n(r)$ の定義を用いず,

（a）　規格化の条件から $\varphi_{1s}(\boldsymbol{r})$ を決定せよ.

（b）　規格化の条件と, $\varphi_{1s}(\boldsymbol{r})$ に直交するという条件とを用いて $\varphi_{2s}(\boldsymbol{r})$ を決定せよ.

［**3.22**］　水素原子の s 状態の固有関数 φ は動径座標 r だけの関数である.

（a）　$\varphi = u(r)/r$ とおけば, u は方程式

$$\left(-\frac{\hbar^2}{2m}\frac{d^2}{dr^2} - \frac{1}{4\pi\epsilon_0}\frac{e^2}{r}\right)u = \varepsilon u$$

を満たすことを示せ.

（b）　束縛状態に対応する固有関数はさらに

$$\int_{\text{全空間}} |\varphi|^2 dv \propto \int_0^\infty |u(r)|^2 dr = \text{有界}$$

を満たしていることが必要である. 副条件として, もしこれだけを課した場合には, s 状態のエネルギー固有値はどうなるか.

【注】　実際には, このほかに φ がいたるところで有界, したがって $u(0) = 0$, つまり $r = 0$ に無限に固い壁があるという条件が課される. 問題 ［2.1］ の注（25 ページ）参照.

［**3.23**］　水素原子の固有関数のうち原点（核の位置）で 0 にならないのは s 状態の波動関数だけである. $r \to 0$ のところでのシュレーディンガー方程式の振舞から,

$$\lim_{r \to 0}\left(\frac{d\varphi_{ns}}{dr}\middle/ \varphi_{ns}\right) = -\frac{1}{a_0}$$

であることを示せ. $a_0 = 4\pi\epsilon_0\hbar^2/me^2$ はボーア半径.

［**3.24**］　（a）　ビオ-サヴァールの法則によれば, 点 P を速度 $\boldsymbol{v}$ で走る電子が点 O につくる磁場は

$$\boldsymbol{B} = -\frac{\mu_0}{4\pi}\frac{\boldsymbol{r} \times e\boldsymbol{v}}{r^3} \qquad (e \text{ は電気素量} > 0)$$

で与えられることを示せ. ただし, $\boldsymbol{r} = \overrightarrow{\mathrm{OP}}$ である.

(b) 量子力学では, 上の $\boldsymbol{B}$ にどんな演算子が対応するか.

(c) 上の演算子を使って, 水素原子の核の位置にできている磁場の平均値を求めよ. ただし, 電子は $n = 2$, $l = 1$, $m_l = 1$ の状態にいるとする.

［**3.25**］ ハミルトニアン

$$H = -\frac{\hbar^2}{2m}\Delta + Cr^n, \qquad r = \sqrt{x^2 + y^2 + z^2}$$

の固有関数の一つを $\varphi(\boldsymbol{r})$ とする.

(a) $\varphi(\boldsymbol{r})$ が規格化されているとき, 関数 $\varphi(\lambda\boldsymbol{r})$ を規格化するにはどうすればよいか. λ は定数とする.

(b) $\varphi(\lambda\boldsymbol{r})$ を規格化したものを $\varphi_\lambda(\boldsymbol{r})$ とするとき

$$\langle K \rangle_\lambda \equiv \iiint \varphi_\lambda{}^*(\boldsymbol{r})\left(-\frac{\hbar^2}{2m}\Delta\right)\varphi_\lambda(\boldsymbol{r})d\boldsymbol{r}$$

$$\langle V \rangle_\lambda \equiv \iiint \varphi_\lambda{}^*(\boldsymbol{r})Cr^n\varphi_\lambda(\boldsymbol{r})d\boldsymbol{r}$$

と $\langle K \rangle, \langle V \rangle$（上式で $\lambda = 1$ としたもの）の関係を求めよ.

(c) $\varphi_\lambda(\boldsymbol{r})$ に関する H の期待値 $\langle K \rangle_\lambda + \langle V \rangle_\lambda$ は λ の関数となるが, 正しい固有関数 $\varphi(\boldsymbol{r})$ を用いて求めた期待値 $\langle H \rangle = \langle K \rangle + \langle V \rangle$ はこの関数の極値になることが知られている（第5章「変分法」を参照）. いまの場合には $\lambda = 1$ で極値になる. 上のことを用いて

$$\langle K \rangle = \frac{n}{2}\langle V \rangle$$

になることを証明せよ.

【注】　この関係を**ビリアル定理**という.

［**3.26**］ (a) 前問の結果を用いて, 1次元調和振動子の定常状態における, x^2 の期待値を求めよ.

(b) 同様にして, 水素様原子の定常状態における $\boldsymbol{v}^2$ の期待値を求めよ. ただし, $\boldsymbol{v}$ は速度の演算子である.

（c）　上の結果を利用して，1s 電子の平均速度を求めよ．これが真空中の光速と等しくなるのは原子番号 Z がいくつのときか.

解　　答

[**3.1**]　シュレーディンガー方程式は

$$0 < x < a \quad \text{では} \quad -\frac{\hbar^2}{2m}\frac{d^2\varphi}{dx^2} = (\varepsilon + V_0)\varphi$$

$$a < x \quad\quad \text{では} \quad -\frac{\hbar^2}{2m}\frac{d^2\varphi}{dx^2} = \varepsilon\varphi$$

であるから，$x \to \infty$ で $\varphi \to 0$ となるためには $\varepsilon < 0$ でなければならない．このとき外側の解は

$$x > a \quad \text{で} \quad \varphi_{外}(x) \propto \mathrm{e}^{-\kappa x} \quad \left(\frac{\hbar^2\kappa^2}{2m} = -\varepsilon\right)$$

という形をとる．定数係数が正負どちらであっても

$$\frac{\varphi_{外}{}'(a)}{\varphi_{外}(a)} < 0$$

である．内側の解は $\varphi_{内}(0) = 0$ から出発し，$x = a$ で外となめらかにつながらなければならないが，もし $\varepsilon + V_0$ が負であると，$\varphi_{内}(x)$ は $\mathrm{e}^{\lambda x} - \mathrm{e}^{-\lambda x}$ の形をとるから，$\varphi_{内}(a)$ と $\varphi_{内}{}'(a)$ は同符号になり，$\varphi_{外}$ とうまくつながらない．$\varepsilon + V_0 = 0$ でも同様である．したがって，$\varepsilon + V_0 > 0$ でなくてはならない．

$$\varepsilon + V_0 = \frac{\hbar^2 k^2}{2m}$$

とおくと，$\varphi_{内}(0) = 0$ になる解は

$$\varphi_{内}(x) = A \sin kx$$

と定まる.

$$\frac{\varphi_{内}{}'(a)}{\varphi_{内}(a)} = \frac{k \cos ka}{\sin ka} = k \cot ka$$

$$\frac{\varphi_{外}{}'(a)}{\varphi_{外}(a)} = -\kappa$$

であるから，

$$\cot ka = -\frac{\kappa}{k}, \quad \text{すなわち} \quad \cot\sqrt{\frac{2m(\varepsilon + V_0)}{\hbar^2}}\, a = -\sqrt{\frac{-\varepsilon}{\varepsilon + V_0}}$$

から ε が求められる.

それには, k と κ の定義から得られる

$$k^2 + \kappa^2 = \frac{2mV_0}{\hbar^2}$$

と上の関係

$$\kappa = -k\cot ka$$

をグラフでかいてその交点を求めればよい. 交点が少なくとも一つ存在するためには, 3-4 図から

$$\frac{\pi}{2a} \leqq \sqrt{\frac{2mV_0}{\hbar^2}}$$

でなければならないことがわかるから

$$a^2 V_0 \geqq \frac{\hbar^2\pi^2}{8m}$$

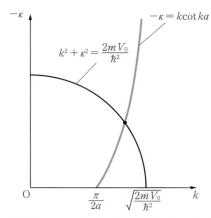

3-4 図

[**3.2**]　波動関数が反対称 $\varphi(-x) = -\varphi(x)$ の場合には, $\varphi(0) = 0$ であるから, 前問をそのまま使い, $x < 0$ に対しては $\varphi(-x) = -\varphi(x)$ とすればよい. $a^2V_0 < \hbar^2\pi^2/8m$ ならば反対称な固有関数で表わされる固有状態は存在しないことになる. そこで対称な場合 $\varphi(-x) = \varphi(x)$ を考える. このときには $\varphi'(0) = 0$ であるから, $|x| < a$ に対しては

$$\varphi_{内}(x) = A \cos kx$$

が採用される.

$$\frac{\varphi_{内}{'}(a)}{\varphi_{内}(a)} = -k \tan ka$$

であるから, 外側の解 ($\propto \mathrm{e}^{-\kappa x}$) となめらかにつなぐ条件は

$$k \tan ka = \kappa$$

k と κ を横軸と縦軸にとったグラフで, これは原点から出る分枝をもつから, 円 $k^2 + \kappa^2 = 2mV_0/\hbar^2$ と必ず交わる. したがって束縛状態は必ず存在する.

　[**3.3**] $\varepsilon > 0$ のとき,

$$x < 0 \qquad \mathrm{e}^{ikx} + R\mathrm{e}^{-ikx} \qquad \left(\frac{\hbar^2 k^2}{2m} = \varepsilon + V_0 \right)$$

$$x > 0 \qquad F\mathrm{e}^{ik'x} \qquad \left(\frac{\hbar^2 k'^2}{2m} = \varepsilon \right)$$

を $x = 0$ でなめらかにつなぐ条件

$$1 + R = F, \qquad k(1 - R) = k'F$$

から

$$F = \frac{2k}{k + k'}, \qquad R = \frac{k - k'}{k + k'}$$

が得られる. したがって

$$|F|^2 = \frac{4k^2}{(k + k')^2}, \qquad |R|^2 = \frac{(k - k')^2}{(k + k')^2}$$

外へ飛び出す確率は

$$1 - |R|^2 = \frac{4kk'}{(k + k')^2}$$

これは $|F|^2 \times (k'/k)$ であるが, その理由は, 粒子の速度がちがうときには, 確率の流れの密度は振幅の 2 乗だけでなく運動量にも比例するからである.

　$0 > \varepsilon > -V_0$ のとき

$$x < 0 \qquad \mathrm{e}^{ikx} + R\mathrm{e}^{-ikx} \qquad \left(\frac{\hbar^2 k^2}{2m} = \varepsilon + V_0 > 0 \right)$$

$$x > 0 \qquad F\mathrm{e}^{-\kappa x} \qquad \left(\frac{\hbar^2 \kappa^2}{2m} = -\varepsilon > 0 \right)$$

つなぐ条件

$$1 + R = F, \quad ik(1 - R) = -\kappa F$$

から

$$R = -\frac{\kappa + ik}{\kappa - ik}, \quad F = \frac{-2ik}{\kappa - ik}$$

を得るから

$$|R|^2 = 1$$

となって，電子の流れは完全に反射されることがわかる．しかし，$x > 0$ でも $Fe^{-\kappa x}$ が存在するので，表面の近くに若干の確率がしみ出している．

　$x > 0$ から $-x$ 方向に入射する場合には，$x > 0$ で

$$e^{-ikx} + Re^{ikx} \quad \left(\frac{\hbar^2 k^2}{2m} = \varepsilon \right)$$

$x < 0$ で

$$Fe^{-ik'x} \quad \left(\frac{\hbar^2 k'^2}{2m} = \varepsilon + V_0 \right)$$

について同様の計算をすれば

$$|R|^2 = \left(\frac{k - k'}{k + k'} \right)^2 = 0.64$$

が求められる．古典的に考えると電子はすべて内部へ入って行くはずなのに，電子波は半分以上の確率で反射されることがわかる．

　[**3.4**]　シュレーディンガー方程式を変形すれば

$$\frac{d^2}{dx^2}\varphi = -\frac{2m}{\hbar^2}\{\varepsilon - V(x)\}\varphi$$

となるが，右辺の $\varepsilon - V(x)$ は古典力学でいえば運動エネルギーの値であり，これが負になることはないから，$\varepsilon - V(x) \geqq 0$ が運動の範囲をきめてしまう．しかし量子力学では $\varepsilon - V(x) < 0$ の領域でも $\varphi = 0$ とは限らない．

　$\varepsilon - V(x) > 0$ のとき：

$$\frac{d^2\varphi}{dx^2} = (負の数) \times \varphi$$

であり，φ は振動的になる．φ が実数として考えると，$\varphi > 0$ なら $\varphi'' < 0$（上に凸），$\varphi < 0$ なら $\varphi'' > 0$（下に凸）であるから，$\varphi(x)$ の形は波形になり $\varphi = 0$ の点が変曲

点になる.

$\varepsilon - V(x) < 0$ のとき:

$$\frac{d^2\varphi}{dx^2} = (\text{正の数}) \times \varphi$$

であるから，$\varphi > 0$ なら $\varphi'' > 0$（下に凸），$\varphi < 0$ なら $\varphi'' < 0$（上に凸）である．$\varphi(x)$ の形は指数関数的であり，$\varepsilon - V(x) < 0$ の区間が半無限に続く場合には指数関数的に急速に減少しなければ $\varphi(x)$ の有界性が保てない.

調和振動子の場合には $\varepsilon - V(x) = 0$ がきめる 2 点間が古典的に可能な運動範囲であり，その内側で $\varphi(x)$ は振動形，外側で指数関数的に $\to 0$ となっている．境目で $\varphi > 0$ ならば，そのすぐ内側では $\varphi'' < 0$，すぐ外側では $\varphi'' > 0$ であるから，そこが変曲点になる．境目で $\varphi < 0$ でも同様である.

[**3.5**] $\dfrac{d}{dx} = \dfrac{d\xi}{dx}\dfrac{d}{d\xi} = \sqrt{\dfrac{m\omega}{\hbar}}\dfrac{d}{d\xi}$, $\dfrac{d^2}{dx^2} = \left(\sqrt{\dfrac{m\omega}{\hbar}}\dfrac{d}{d\xi}\right)^2 = \dfrac{m\omega}{\hbar}\dfrac{d^2}{d\xi^2}$

および

$$x^2 = \frac{\hbar}{m\omega}\xi^2$$

を代入すれば

$$-\frac{\hbar^2}{2m}\frac{d^2}{dx^2} + \frac{1}{2}m\omega^2 x^2 = -\frac{\hbar\omega}{2}\frac{d^2}{d\xi^2} + \frac{\hbar\omega}{2}\xi^2$$

となるから，ただちに与式が得られる．以下は示された手順で計算しさえすればよい.

$n = 0, 1, 2, 3, 4$ に対する λ はそれぞれ $1, 3, 5, 7, 9$ である.

[**3.6**] $\dfrac{\partial}{\partial x_1} = \dfrac{\partial X}{\partial x_1}\dfrac{\partial}{\partial X} + \dfrac{\partial x}{\partial x_1}\dfrac{\partial}{\partial x} = \dfrac{1}{2}\dfrac{\partial}{\partial X} + \dfrac{\partial}{\partial x}$

$\dfrac{\partial}{\partial x_2} = \dfrac{\partial X}{\partial x_2}\dfrac{\partial}{\partial X} + \dfrac{\partial x}{\partial x_2}\dfrac{\partial}{\partial x} = \dfrac{1}{2}\dfrac{\partial}{\partial X} - \dfrac{\partial}{\partial x}$

であるから

$$\frac{\partial^2}{\partial x_1^2} + \frac{\partial^2}{\partial x_2^2} = \frac{1}{2}\frac{\partial^2}{\partial X^2} + 2\frac{\partial^2}{\partial x^2}$$

また

$$x_1^2 + x_2^2 = 2X^2 + \frac{1}{2}x^2$$

と表わせる. これらを代入すれば

$$H = \left(-\frac{\hbar^2}{4m}\frac{\partial^2}{\partial X^2} + KX^2\right) + \left(-\frac{\hbar^2}{m}\frac{\partial^2}{\partial x^2} + \frac{3K}{4}x^2\right)$$

となって, 重心運動と相対運動が分離される. これらはいずれも単振動で, その角振動数を ω_0, ω とすると

重心運動 は 質量 $2m$, 力の定数 $2K$

相対運動 は 質量 $m/2$, 力の定数 $3K/2$

であるから,

$$\omega_0 = \sqrt{2K/2m} = \sqrt{K/m}$$

$$\omega = \sqrt{\frac{3K/2}{m/2}} = \sqrt{\frac{3K}{m}}$$

であることがわかる. 固有関数はそれぞれの固有関数の積, 固有値は和で表わされるから,

$$\varepsilon_{Nn} = \left(N + \frac{1}{2}\right)\hbar\omega_0 + \left(n + \frac{1}{2}\right)\hbar\omega$$

$$N, n = 0, 1, 2, \cdots$$

[**3.7**] この場合の位置エネルギーは

$$V(\boldsymbol{r}) = \frac{k}{2}\{(x-a)^2 + y^2 + z^2\} + \frac{k'}{2}\{(x-a')^2 + y^2 + z^2\}$$

$$= \left(\frac{k}{2} + \frac{k'}{2}\right)(x^2 + y^2 + z^2) - (ka + k'a')x + \frac{1}{2}(ka^2 + k'a'^2)$$

$$= \left(\frac{k+k'}{2}\right)\left\{\left(x - \frac{ka+k'a'}{k+k'}\right)^2 + y^2 + z^2\right\} + \frac{kk'(a-a')^2}{2(k+k')}$$

となるから,

$$\left(\frac{ka+k'a'}{k+k'}, 0, 0\right)$$

を中心として, 距離に比例する大きさの引力 (比例の定数 $(k+k')/2$) を受けている 3 次元調和振動子である. 古典的に扱った場合の角振動数は $\sqrt{(k+k')/2m}$ であるから, 固有値は

$$\varepsilon_{n_x n_y n_z} = \left(n_x + n_y + n_z + \frac{3}{2}\right)\hbar\sqrt{\frac{k+k'}{2m}} + \frac{kk'(a-a')^2}{2(k+k')}$$

である．最後の付加定数はあまり意味がない．

[**3.8**]　(a)　電場から受ける力は $(qE, 0, 0)$ であるが，これは関数 $-qEx$ から $-\mathrm{grad}\,(-qEx)$ によって求まるので，電場の影響を表わすポテンシャルとして，ハミルトニアンに $-qEx$ を付加すればよいからである．

(b)　上記ハミルトニアンを

$$H = \left[-\frac{\hbar^2}{2m}\Delta + \frac{1}{2}m\omega^2\left\{\left(x - \frac{qE}{m\omega^2}\right)^2 + y^2 + z^2\right\} - \frac{q^2E^2}{2m\omega^2}\right]$$

とかき直せば，これは中心が原点から $(qE/m\omega^2, 0, 0)$ に移った3次元調和振動子に過ぎないことがわかる．したがって

$$c = \frac{qE}{m\omega^2} \qquad (復元力と電気力がつり合う位置)$$

である．エネルギー固有値は

$$\varepsilon_{n_x n_y n_z} = \left(n_x + n_y + n_z + \frac{3}{2}\right)\hbar\omega - \frac{q^2E^2}{2m\omega^2}$$

(c)　調和振動子の固有状態では，位置の平均値（期待値）は振動の中心である．したがって $q\boldsymbol{r}$ の期待値は

$$(qc, 0, 0) = \left(\frac{q^2E}{m\omega^2}, 0, 0\right)$$

である．ゆえに

$$分極率 = \frac{q^2}{m\omega^2}$$

[**3.9**]　$\boldsymbol{A}$ に $(0, Bx, 0)$ を入れれば

$$H = -\frac{\hbar^2}{2m}\left\{\frac{\partial^2}{\partial x^2} + \left(\frac{\partial}{\partial y} + i\frac{eB}{\hbar}x\right)^2 + \frac{\partial^2}{\partial z^2}\right\}$$

であるから，これを $\varphi(\boldsymbol{r}) = f(x)\exp i(k_y y + k_z z)$ に作用させると

$$H\varphi(\boldsymbol{r}) = -\frac{\hbar^2}{2m}\left\{\frac{\partial^2}{\partial x^2} + \left(ik_y + i\frac{eB}{\hbar}x\right)^2 + (ik_z)^2\right\}\varphi(\boldsymbol{r})$$

$$= \left\{-\frac{\hbar^2}{2m}\frac{\partial^2}{\partial x^2} + \frac{e^2B^2}{2m}\left(x + \frac{\hbar k_y}{eB}\right)^2 + \frac{\hbar^2 k_z^2}{2m}\right\}\varphi(\boldsymbol{r})$$

が得られる．そこで $f(x)$ を

$$\left[-\frac{\hbar^2}{2m}\frac{d^2}{dx^2} + \frac{e^2B^2}{2m}\left(x + \frac{\hbar k_y}{eB}\right)^2\right]f(x) = \varepsilon_x f(x)$$

の固有関数になるように選べば,

$$H\varphi(\boldsymbol{r}) = \left(\varepsilon_x + \frac{\hbar^2 k_z{}^2}{2m}\right)\varphi(\boldsymbol{r})$$

となって $\varphi(\boldsymbol{r})$ が H の固有関数になる. 上の方程式は中心が $x = -\hbar k_y/eB$ にある 1 次元調和振動子を表わしているから, その固有関数は既知であり, 固有値は

$$\varepsilon_x = \left(n + \frac{1}{2}\right)\hbar\omega \qquad (n = 0, 1, 2, \cdots)$$

と表わされる. ただし

$$\omega = \frac{eB}{m}$$

である. したがって H の固有値は

$$\varepsilon = \left(n + \frac{1}{2}\right)\hbar\,\frac{eB}{m} + \frac{\hbar^2 k_z{}^2}{2m}$$

と表わされる. xy 面に平行な円運動に対応する第 1 項はとびとびであるが, 第 2 項 (z 方向の等速度運動) は連続的な値をとる.

[**3.10**] $P_0(t) = 1$, $P_1(t) = t$, $P_2(t) = \frac{1}{2}(3t^2 - 1)$, $P_3(t) = \frac{1}{2}(5t^3 - 3t)$. 以下略.

[**3.11**] 略 (付録 3 参照).

[**3.12**] 3-5 図に示す. $(-Y_1{}^1 + Y_1{}^{-1})/\sqrt{2}$ は $Y_1{}^0$ を $\pi/2$ だけ回転し, 軸が x 軸と一致するようにしたもの.

[**3.13**] 略.

[**3.14**] (a) $\exp(ikr\cos\theta)$ は $\cos\theta$ の関数であるから, 完全直交系 $P_0(\cos\theta)$, $P_1(\cos\theta), P_2(\cos\theta), \cdots$ で展開できる. その展開係数が r の関数になる.

$$\mathrm{e}^{ikz} = \sum_{l=0}^{\infty} F_l(r) P_l(\cos\theta)$$

(17) 式によれば

$$Y_l{}^0(\theta, \phi) = \sqrt{\frac{2l + 1}{4\pi}}\, P_l(\cos\theta)$$

であるから, $F_l(r) = \sqrt{(2l+1)/4\pi}\, f_l(r)$ とおけば与式になる.

(b) $\cos\theta = t$ とおくと (a) で証明した式は

$$\mathrm{e}^{ikrt} = \sum_{l'=0}^{\infty} f_{l'}(r)\sqrt{\frac{2l + 1}{4\pi}}\, P_{l'}(t)$$

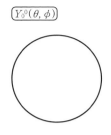

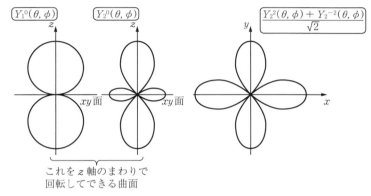

3-5 図

となるから，これに $P_l(t)$ を掛けて t について -1 から 1 まで積分し，問題 $[3.10]$ (c) に示されている関係を使うと

$$\int_{-1}^{1} P_l(t) \mathrm{e}^{ikrt} \, dt = f_l(r) \sqrt{\frac{2l+1}{4\pi}} \frac{2}{2l+1}$$

が得られる．したがって

$$f_l(r) = \sqrt{\pi(2l+1)} \int_{-1}^{1} P_l(t) \mathrm{e}^{ikrt} \, dt$$

(c) 部分積分をくり返すと

$$\int_{-1}^{1} P_l \mathrm{e}^{ikrt} \, dt = \left[\frac{P_l \mathrm{e}^{ikrt}}{ikr} \right]_{-1}^{1} - \frac{1}{ikr} \int_{-1}^{1} P_l' \mathrm{e}^{ikrt} \, dt$$

$$= \left[\frac{P_l \mathrm{e}^{ikrt}}{ikr} \right]_{-1}^{1} - \left[\frac{P_l' \mathrm{e}^{ikrt}}{(ikr)^2} \right]_{-1}^{1} - \frac{1}{k^2 r^2} \int_{-1}^{1} P_l'' \mathrm{e}^{ikrt} \, dt$$

となっていくが，r が大きいときには第 1 項だけを残せばよいから

$$\int_{-1}^{1} P_l e^{ikrt}\,dt \doteqdot \left[\frac{P_l(t)e^{ikrt}}{ikr}\right]_{-1}^{1}$$

$$= \begin{cases} \dfrac{2}{kr}\sin kr & l \text{ が偶数のとき} \\[2mm] \dfrac{-2i}{kr}\cos kr & l \text{ が奇数のとき} \end{cases}$$

一方,

$$i^l \sin\left(kr - \frac{1}{2}l\pi\right) = \begin{cases} \sin kr & l \text{ が偶数のとき} \\ -i\cos kr & l \text{ が奇数のとき} \end{cases}$$

となることは簡単にわかる.（b）の結果とこれらから，与式が得られる.

[**3.15**]　(a)　$r^0 Y_0{}^0(\theta,\phi) = \dfrac{1}{\sqrt{4\pi}}$

$$r^1 Y_1{}^0(\theta,\phi) = \sqrt{\frac{3}{4\pi}}\,r\cos\theta = \sqrt{\frac{3}{4\pi}}\,z$$

$$r^1 Y_1{}^{\pm 1}(\theta,\phi) = \mp\sqrt{\frac{3}{8\pi}}\,r\sin\theta\,e^{\pm i\phi} = \mp\sqrt{\frac{3}{8\pi}}\,(x \pm iy)$$

$$r^2 Y_2{}^0(\theta,\phi) = \sqrt{\frac{5}{16\pi}}\,r^2(3\cos^2\theta - 1) = \sqrt{\frac{5}{16\pi}}\,(3z^2 - r^2)$$

$$= \sqrt{\frac{5}{16\pi}}\,(2z^2 - x^2 - y^2)$$

$$r^2 Y_2{}^{\pm 1}(\theta,\phi) = \mp\sqrt{\frac{15}{8\pi}}\,r^2\sin\theta\cos\theta\,e^{\pm i\phi} = \mp\sqrt{\frac{15}{8\pi}}\,z(x \pm iy)$$

$$r^2 Y_2{}^{\pm 2}(\theta,\phi) = \sqrt{\frac{15}{32\pi}}\,r^2\sin^2\theta\,e^{\pm 2i\phi} = \sqrt{\frac{15}{32\pi}}\,(x \pm iy)^2$$

を実数部と虚数部に分ければよい.

(b)　略.

(c)　0次の同次多項式は定数しかないから $l = 0$ の場合は明らかである. 1次の同次式は x, y, z の3個をもとにしてつくる以外にないから，独立なものは3個であり，(a) の結果はそのような3個の組の1例である. 2次の同次式は，x^2, y^2, z^2, xy, yz, zx の6個を組合せてつくられる. したがって独立な Y_2 は6個できそうであるが，$x^2 + y^2 + z^2 = r^2 = r^2\sqrt{4\pi}\,Y_0{}^0(\theta,\phi)$ は Y_2 でなく Y_0 によって表わされるので除く必要がある. このため，独立なものは5個しかない. 上記5個の $r^2 Y_2{}^m$

はそのような1組である.

　[**3.16**]　x, y, z に関する l 次の同次多項式のどの項も，反転で $(-1)^l$ 倍になるから，$r^l Y_l{}^m(\theta, \phi)$ もそうなっている.

$$\varphi_{lmn}(\boldsymbol{r}) = R_{nl}(r) Y_l{}^m(\theta, \phi) = \frac{R_{nl}(r)}{r^l} r^l Y_l{}^m(\theta, \phi)$$

において，反転で r は不変であるから，φ_{lmn} のパリティは $r^l Y_l{}^m(\theta, \phi)$ できまる.　反転は極座標では

$$r \to r, \quad \theta \to \pi - \theta, \quad \phi \to \phi \pm \pi$$

と表わされるからである.

　[**3.17**]　(a)
$$\frac{l_x{}^2}{\hbar^2} = -\left(y\frac{\partial}{\partial z} - z\frac{\partial}{\partial y}\right)^2$$
$$= -y\frac{\partial}{\partial z}y\frac{\partial}{\partial z} + y\frac{\partial}{\partial z}z\frac{\partial}{\partial y} + z\frac{\partial}{\partial y}y\frac{\partial}{\partial z} - z\frac{\partial}{\partial y}z\frac{\partial}{\partial y}$$
$$= -y^2\frac{\partial^2}{\partial z^2} + y\frac{\partial}{\partial y} + yz\frac{\partial^2}{\partial y\partial z} + z\frac{\partial}{\partial z} + yz\frac{\partial^2}{\partial y\partial z} - z^2\frac{\partial^2}{\partial y^2}$$
$$= -y^2\frac{\partial^2}{\partial z^2} - z^2\frac{\partial^2}{\partial y^2} + y\frac{\partial}{\partial y} + z\frac{\partial}{\partial z} + 2yz\frac{\partial^2}{\partial y\partial z}$$

$l_y{}^2/\hbar^2$, $l_z{}^2/\hbar^2$ も同様.　また

$$\left(x\frac{\partial}{\partial x} + y\frac{\partial}{\partial y} + z\frac{\partial}{\partial z}\right)^2 = x\frac{\partial}{\partial x}x\frac{\partial}{\partial x} + y\frac{\partial}{\partial y}y\frac{\partial}{\partial y} + z\frac{\partial}{\partial z}z\frac{\partial}{\partial z}$$
$$+ x\frac{\partial}{\partial x}y\frac{\partial}{\partial y} + y\frac{\partial}{\partial y}x\frac{\partial}{\partial x} + y\frac{\partial}{\partial y}z\frac{\partial}{\partial z}$$
$$+ z\frac{\partial}{\partial z}y\frac{\partial}{\partial y} + z\frac{\partial}{\partial z}x\frac{\partial}{\partial x} + x\frac{\partial}{\partial x}z\frac{\partial}{\partial z}$$
$$= x\frac{\partial}{\partial x} + x^2\frac{\partial^2}{\partial x^2} + y\frac{\partial}{\partial y} + y^2\frac{\partial^2}{\partial y^2}$$
$$+ z\frac{\partial}{\partial z} + z^2\frac{\partial^2}{\partial z^2}$$
$$+ 2xy\frac{\partial^2}{\partial x\partial y} + 2yz\frac{\partial^2}{\partial y\partial z} + 2zx\frac{\partial^2}{\partial z\partial x}$$

これらを用いれば与式が得られる.

　(b)
$$\frac{\partial}{\partial r} = \frac{\partial x}{\partial r}\frac{\partial}{\partial x} + \frac{\partial y}{\partial r}\frac{\partial}{\partial y} + \frac{\partial z}{\partial r}\frac{\partial}{\partial z}$$

であるが,

$$x = r \sin \theta \cos \phi \quad \text{より} \quad \frac{\partial x}{\partial r} = \sin \theta \cos \phi = \frac{x}{r}$$

同様にして

$$\frac{\partial y}{\partial r} = \frac{y}{r}, \qquad \frac{\partial z}{\partial r} = \frac{z}{r}$$

がわかるから

$$\frac{\partial}{\partial r} = \frac{1}{r}\left(x \frac{\partial}{\partial x} + y \frac{\partial}{\partial y} + z \frac{\partial}{\partial z}\right)$$

(c) (a) で証明した式は

$$\frac{\boldsymbol{l}^2}{\hbar^2} = -r^2 \Delta + \left(r \frac{\partial}{\partial r}\right)^2 + r \frac{\partial}{\partial r}$$

$$= -r^2 \Delta + r \frac{\partial}{\partial r} r \frac{\partial}{\partial r} + r \frac{\partial}{\partial r}$$

$$= -r^2 \Delta + 2r \frac{\partial}{\partial r} + r^2 \frac{\partial^2}{\partial r^2}$$

となるから

$$\Delta = \frac{\partial^2}{\partial r^2} + \frac{2}{r} \frac{\partial}{\partial r} - \frac{\boldsymbol{l}^2}{\hbar^2 r^2}$$

[**3.18**] $j_l(\pi\xi) = 0$ の n 番目の根の ξ を ξ_{ln} とする. ρ と r の比例係数が $\sqrt{\varepsilon}$ を含むから, $r = a$ に対する $\rho = \sqrt{2m\varepsilon/\hbar^2}\, a$ は ε によってちがってくる. ε を適当に選んで $r = a$ に対する ρ が $\pi\xi_{ln}$ と一致するようにすれば, そのときの $j_l(\rho)$ を r で表わしたものはシュレーディンガー方程式の解で境界条件にかなうものになる. そのような ε を ε_{nl} とすると

$$\sqrt{\frac{2m\varepsilon_{nl}}{\hbar^2}}\, a = \pi\xi_{ln}$$

であるから

$$\varepsilon_{nl} = \frac{\hbar^2}{2m}\left(\frac{\pi\xi_{ln}}{a}\right)^2$$

がわかる. $l = 0, 1, 2, 3, 4$ を s, p, d, f, g で表わすと, エネルギー固有値は低いものから順に

$$\varepsilon_{1s} = 1.00 \times \hbar^2\pi^2/2ma^2$$

$$\varepsilon_{1p} = 2.05 \qquad ''$$

$$\varepsilon_{1d} = 3.37 \qquad ''$$

$$\varepsilon_{2s} = 4.00 \qquad ''$$

$$\varepsilon_{1f} = 4.95 \qquad ''$$

$$\varepsilon_{2p} = 6.05 \qquad ''$$

$$\varepsilon_{1g} = 6.78 \qquad ''$$

[**3.19**]　$R_{nl}(r)$ に対する方程式 (27) に $R_{nl} = r^l e^{-\alpha r}$ を代入する.

$$\frac{1}{r^2}\frac{d}{dr}\left(r^2\frac{dR_{nl}}{dr}\right) = \frac{1}{r^2}\frac{d}{dr}r^2(lr^{l-1} - \alpha r^l)e^{-\alpha r}$$

$$= \frac{1}{r^2}\frac{d}{dr}(lr^{l+1} - \alpha r^{l+2})e^{-\alpha r}$$

$$= \frac{1}{r^2}\{l(l+1)r^l - \alpha(l+2)r^{l+1} - \alpha lr^{l+1} + \alpha^2 r^{l+2}\}e^{-\alpha r}$$

$$= \left\{\frac{l(l+1)}{r^2} - \frac{2\alpha(l+1)}{r} + \alpha^2\right\}R_{nl}(r)$$

であるから, (27) 式は

$$\left\{\frac{2m}{\hbar^2}\left(\frac{Ze^2}{4\pi\epsilon_0 r} + \varepsilon\right) - \frac{2\alpha(l+1)}{r} + \alpha^2\right\}R_{nl}(r) = 0$$

となる. $\{\cdots\} = 0$ から

$$\varepsilon = -\frac{\hbar^2}{2m}\alpha^2$$

$$2\alpha(l+1) = \frac{2mZe^2}{4\pi\epsilon_0\hbar^2}$$

が得られる. 第2式から, $l+1 = n$ として

$$\alpha = \frac{mZe^2}{4\pi\epsilon_0\hbar^2}\frac{1}{n}$$

これを第1式に入れれば ε_n を与える (29) 式が得られる (水素原子では $Z = 1$).

[**3.20**]　(a)　動径電荷密度 $= -e\int_0^\pi d\theta\int_0^{2\pi}d\phi\,|\varphi(\boldsymbol{r})|^2\,r^2\sin\theta$

$$= -er^2|R_{nl}(r)|^2\int_0^\pi\int_0^{2\pi}|Y_l^m(\theta,\phi)|^2\sin\theta\,d\theta d\phi$$

$$= -er^2 |R_{nl}(r)|^2$$

(b)　前問で求めたように，$n = l + 1$ のとき

$$R_{nl}(r) \propto r^l \mathrm{e}^{-\alpha r}, \qquad \alpha = \frac{me^2}{4\pi\epsilon_0 \hbar^2} \frac{1}{n}$$

である．このとき

$$\frac{d}{dr} r^2 |R_{nl}(r)|^2 = (\text{定数}) \frac{d}{dr} (r^{2l+2} \mathrm{e}^{-2\alpha r})$$

$$= (\text{定数})\{(2l + 2) - 2\alpha r\} r^{2l+1} \mathrm{e}^{-2\alpha r}$$

であるが，極大のところではこれが 0 になるから $\{\cdots\} = 0$ より

$$r_{\max} = \frac{l + 1}{\alpha} = \frac{n}{\alpha} = \frac{4\pi\epsilon_0 \hbar^2}{me^2} n^2$$

となって，ボーアの得た値に一致する．

　[**3.21**]　(a)　r に関する 0 次式とは定数のことであるから，

$$\varphi_{1s}(\boldsymbol{r}) = C \mathrm{e}^{-r/a_0} \qquad (C \text{ は定数})$$

規格化

$$1 = \iiint C^2 \mathrm{e}^{-2r/a_0} r^2\, dr \sin\theta\, d\theta d\phi$$

$$= 4\pi C^2 \int_0^\infty \mathrm{e}^{-2r/a_0} r^2\, dr$$

$$= 4\pi C^2 \times \frac{a_0{}^3}{4}$$

より

$$C = \frac{1}{\sqrt{\pi a_0{}^3}}$$

ゆえに

$$\varphi_{1s}(\boldsymbol{r}) = \frac{1}{\sqrt{4\pi}} \frac{2}{\sqrt{a_0{}^3}} \mathrm{e}^{-r/a_0}$$

(b)　$$\varphi_{2s}(\boldsymbol{r}) = (Ar - B)\mathrm{e}^{-r/2a_0}$$

とおく．直交性

$$0 = \iiint \varphi_{1s}{}^*(\boldsymbol{r}) \varphi_{2s}(\boldsymbol{r})\, d\boldsymbol{r}$$

$$= 4\pi \int_0^\infty C(Ar - B)\mathrm{e}^{-3r/2a_0} r^2\, dr$$

$$= 4\pi C\left\{A\,\frac{6}{(3/2a_0)^4} - B\,\frac{2}{(3/2a_0)^3}\right\}$$

より，$B = 2a_0 A$ を得るから

$$\varphi_{2s}(\boldsymbol{r}) = A(r - 2a_0)\mathrm{e}^{-r/2a_0}$$

さらに A を規格化条件 $1 = 4\pi \displaystyle\int A^2 (r - 2a_0)^2\,\mathrm{e}^{-r/a_0}\,r^2\,dr$ から求めれば

$$\varphi_{2s}(\boldsymbol{r}) = \frac{1}{\sqrt{4\pi}}\,\frac{1}{\sqrt{8a_0{}^5}}(r - 2a_0)\mathrm{e}^{-r/2a_0}$$

[**3.22**]　(a)　r だけの関数に対してはラプラシアンは

$$\Delta = \frac{d^2}{dr^2} + \frac{2}{r}\frac{d}{dr}$$

となるから

$$\frac{d^2}{dr^2}\frac{u(r)}{r} = \frac{d}{dr}\frac{u'r - u}{r^2} = \frac{u''r^2 - 2u'r + 2u}{r^3}$$

$$\frac{2}{r}\frac{d}{dr}\frac{u(r)}{r} = \frac{2}{r}\frac{u'r - u}{r^2} = \frac{2u'r - 2u}{r^3}$$

を用いて

$$\Delta\frac{u(r)}{r} = \frac{d^2u}{dr^2}\frac{1}{r}$$

を得るので，これをシュレーディンガー方程式に入れて全体を r 倍すればよい.

(b)　$\displaystyle\int_0^\infty |u(r)|^2\,dr = $ 有界 ならば，$r \to \infty$ で $u(r)$ が十分すみやかに 0 になってくれさえすればよい. $r \to \infty$ では，(a) の方程式は

$$-\frac{\hbar^2}{2m}\frac{d^2u}{dr^2} = \varepsilon u$$

となるから，$\varepsilon < 0$ であれば

$$\frac{d^2u}{dr^2} = \frac{2m|\varepsilon|}{\hbar^2}u$$

の解は $\kappa = \sqrt{2m|\varepsilon|}/\hbar$ として

$$u(r) = C_1\mathrm{e}^{-\kappa r} + C_2\mathrm{e}^{\kappa r}$$

となる. $C_2 = 0$ にとれば $r \to \infty$ における $\displaystyle\int_0^\infty |u|^2\,dr$ の有界性は保証される.

r の大きいほうから $r \to 0$ にしだいに近づいていくと，クーロン力がきいてきて

解は $C_1 e^{-\kappa r}$ からしだいにはずれてくる. そして

$$\varepsilon + \frac{1}{4\pi\epsilon_0}\frac{e^2}{r} = 0$$

を満足する r よりも内側に入ると,

$$\frac{d^2 u}{dr^2} = (\text{負の数}) \times u$$

となるから $u(r)$ は振動的になる. したがって $|u(r)| \to \infty$ の心配はなくなるから, $\int_0^\infty |u|^2 dr$ の有界性は全域で保たれる. このとき ε に適当な値がとってあれば $r \to 0$ で $u(r) \to 0$ となるが, そのような ε の値はとびとびである. 正しい固有値はこうして得られる. しかし $u(0) = 0$ という条件がないと, ε は負の値なら何でもよいことになる. したがって, 条件が $\int_0^\infty |u|^2 dr = 有界$ だけだとエネルギーの固有値（?）は連続的になってしまう.

[**3. 23**] $\varphi_{ns}(r) = u(r)/r$ とすれば, 前問により

$$\left[-\frac{\hbar^2}{2m}\frac{d^2}{dr^2} - \frac{1}{4\pi\epsilon_0}\frac{e^2}{r} \right]u(r) = \varepsilon u(r)$$

であるから,

$$\frac{d^2 u}{dr^2} = -\frac{2}{a_0}\frac{u(r)}{r} - \frac{2m\varepsilon}{\hbar^2}u(r)$$

$u(0) = 0$ であるから

$$u(r) = Ar + Br^2 + \cdots$$

とおいて上式に代入すると, r^0 の係数の比較から

$$2B = -\frac{2}{a_0}A$$

が得られる. $\varphi_{ns}(r) = u(r)/r = A + Br + \cdots$ であるから

$$\varphi_{ns}(0) = A, \qquad \varphi_{ns}{}'(0) = B$$

となるので, 上の結果を使うと

$$\frac{\varphi_{ns}{}'(0)}{\varphi_{ns}(0)} = \frac{B}{A} = -\frac{1}{a_0}$$

[**3. 24**] (a) 電流 I が, 速度 $\boldsymbol{v}$ で走る電荷 $-e$ の多数の電子の流れでできているとき, 単位長さに電子が n 個含まれているとすると, かってな断面を単位時間に

通過する電子の個数は nv であるから，$I = -nev$ となる．電流の微小部分を ds とすると

$$I\,ds = -env\,ds$$

である．ビオ-サヴァールの法則（r の向きがふつうと逆なので注意）

$$dB = \frac{-\mu_0}{4\pi}\frac{I\,ds \times r}{r^3}$$

に代入すれば

$$dB = \frac{-\mu_0}{4\pi}\frac{r \times ev}{r^3}n\,ds$$

となるが，$n\,ds$ はこの dB をつくるのに寄与している電子の個数であるから，1 個がつくる磁場は

$$B = \frac{-\mu_0}{4\pi}\frac{r \times ev}{r^3}$$

で与えられる．

(b)　$mv = p$, $r \times p = l$（角運動量）を用いると

$$B = \frac{-\mu_0 e}{4\pi m}\frac{l}{r^3}, \quad l = -i\hbar(r \times \nabla)$$

(c)　核の位置を O（原点）とすればよい．

$$\langle B \rangle = -\frac{\mu_0 e}{4\pi m}\int \varphi^*(r)\frac{l}{r^3}\varphi(r)dr$$

$l = 1$, $m_l = 1$ であるから，

$$\varphi(r) = R_{2p}(r)Y_1^1(\theta,\phi)$$

であり，

$$l_x Y_1^1(\theta,\phi) = \frac{1}{2}(l_+ + l_-)Y_1^1(\theta,\phi) = \frac{\sqrt{2}\,\hbar}{2}Y_1^0(\theta,\phi)$$

$$l_y Y_1^1(\theta,\phi) = \frac{1}{2i}(l_+ - l_-)Y_1^1(\theta,\phi) = \frac{\sqrt{2}\,i\hbar}{2}Y_1^0(\theta,\phi)$$

$$l_z Y_1^1(\theta,\phi) = \hbar Y_1^1(\theta,\phi)$$

であるから

$$\langle B_x \rangle = \langle B_y \rangle = 0$$

$$\langle B_z \rangle = -\frac{\mu_0 e\hbar}{4\pi m}\int_0^\infty R_{2p}^*(r)\frac{1}{r^3}R_{2p}(r)r^2dr$$

問題 [3.20] (b) で知ったように

$$R_{2p}(r) \propto r e^{-\alpha r}, \qquad \alpha = \frac{me^2}{4\pi\epsilon_0\hbar^2}\frac{1}{2} = \frac{1}{2a_0}$$

であるから，規格化

$$\int_0^\infty |R_{2p}(r)|^2 r^2 dr = 1$$

より

$$R_{2p}(r) = \frac{1}{\sqrt{24a_0{}^5}}\, r e^{-r/2a_0}$$

これを用いると

$$\int_0^\infty R_{2p}{}^*(r)\frac{1}{r^3}R_{2p}(r)r^2 dr = \frac{1}{24a_0{}^3}$$

$$\therefore \quad \langle B_z \rangle = -\frac{\mu_0 e\hbar}{96\pi m a_0{}^3}$$

数値を入れると，これは $0.52\,\mathrm{N\cdot s/C\cdot m}$（$=\mathrm{T}$，テスラ）に等しく，ガウス G（1 G $= 10^{-4}\,\mathrm{T}$）で表わすと 5200 G となる.

[**3.25**] (a) $\varphi_\lambda(\boldsymbol{r}) = N\varphi(\lambda\boldsymbol{r})$ とすると

$$1 = N^2 \iiint \varphi^*(\lambda\boldsymbol{r})\varphi(\lambda\boldsymbol{r})d\boldsymbol{r}$$

$$= N^2 \iiint \frac{\varphi^*(\boldsymbol{r}')\varphi(\boldsymbol{r}')d\boldsymbol{r}'}{\lambda^3} \qquad \left(\begin{array}{c} \boldsymbol{r}' = \lambda\boldsymbol{r} \\ d\boldsymbol{r}' = dx'dy'dz' = \lambda^3 dxdydz \end{array} \right)$$

$$= \frac{N^2}{\lambda^3}$$

したがって

$$N = \sqrt{\lambda^3}$$

(b)

$$\langle K \rangle_\lambda = \iiint \varphi_\lambda{}^*(\boldsymbol{r})\left(-\frac{\hbar^2}{2m}\Delta\right)\varphi_\lambda(\boldsymbol{r})d\boldsymbol{r}$$

$$= \lambda^3 \iiint \varphi^*(\lambda\boldsymbol{r})\left(-\frac{\hbar^2}{2m}\Delta\right)\varphi(\lambda\boldsymbol{r})d\boldsymbol{r}$$

$\lambda\boldsymbol{r} = \boldsymbol{r}'$ とおくと

$$\frac{\partial}{\partial x} = \frac{\partial x'}{\partial x}\frac{\partial}{\partial x'} = \lambda\frac{\partial}{\partial x'}, \qquad \frac{\partial}{\partial y} = \lambda\frac{\partial}{\partial y'}, \qquad \frac{\partial}{\partial z} = \lambda\frac{\partial}{\partial z'}$$

であるから

$$\langle K \rangle_\lambda = \lambda^3 \iiint \varphi^*(\boldsymbol{r}') \left(-\frac{\hbar^2 \lambda^2}{2m} \Delta' \right) \frac{\varphi(\boldsymbol{r}') d\boldsymbol{r}'}{\lambda^3}$$

$$= \lambda^2 \iiint \varphi^*(\boldsymbol{r}') \left(-\frac{\hbar^2}{2m} \Delta' \right) \varphi(\boldsymbol{r}') d\boldsymbol{r}'$$

$$= \lambda^2 \langle K \rangle$$

また

$$\langle V \rangle_\lambda = \lambda^3 \iiint \varphi^*(\lambda \boldsymbol{r}) C r^n \varphi(\lambda \boldsymbol{r}) d\boldsymbol{r}$$

$$= \lambda^3 \iiint \varphi^*(\boldsymbol{r}') \left(\frac{C r'^n}{\lambda^n} \right) \frac{\varphi(\boldsymbol{r}') d\boldsymbol{r}'}{\lambda^3}$$

$$= \frac{1}{\lambda^n} \iiint \varphi^*(\boldsymbol{r}') C r'^n \varphi(\boldsymbol{r}') d\boldsymbol{r}'$$

$$= \frac{1}{\lambda^n} \langle V \rangle$$

(c)
$$\langle K \rangle_\lambda + \langle V \rangle_\lambda = \lambda^2 \langle K \rangle + \frac{1}{\lambda^n} \langle V \rangle$$

を λ で微分して 0 とおけば

$$2\lambda \langle K \rangle - \frac{n}{\lambda^{n+1}} \langle V \rangle = 0$$

より

$$\langle K \rangle = \frac{n}{2\lambda^{n+2}} \langle V \rangle$$

が得られるが，$\lambda = 1$ のときこれが成り立っているというのであるから

$$\langle K \rangle = \frac{n}{2} \langle V \rangle$$

[**3.26**] (a) 3次元の調和振動子では $n = 2$ であるから，ビリアル定理により

$$\langle K \rangle = \langle V \rangle$$

である．3つの自由度は独立なので，x, y, z の各自由度について

$$\langle K_x \rangle = \langle V_x \rangle, \quad \langle K_y \rangle = \langle V_y \rangle, \quad \langle K_z \rangle = \langle V_z \rangle$$

である．したがって，1次元調和振動子では $\langle V_x \rangle$ は全体のエネルギーの半分に等しい．

$$V_x = \frac{m\omega^2}{2} x^2$$

であるから

$$\langle V_x \rangle = \frac{m\omega^2}{2}\langle x^2 \rangle = \frac{1}{2} \times (\text{エネルギー固有値})$$

$$\therefore \quad \langle x^2 \rangle = \frac{1}{m\omega^2} \times (\text{エネルギー固有値})$$

(b)　水素様原子では $n = -1$ であるから

$$\langle K \rangle = -\frac{1}{2}\langle V \rangle$$

である．ゆえに

$$\langle K \rangle = -\{\langle K \rangle + \langle V \rangle\}$$

したがって

$$\frac{m}{2}\langle \boldsymbol{v}^2 \rangle = -(\text{エネルギー固有値})$$

$$\therefore \quad \langle \boldsymbol{v}^2 \rangle = -\frac{2}{m} \times (\text{エネルギー固有値})$$

(c)　エネルギー固有値に

$$\varepsilon_{1s} = -\frac{Z^2 me^4}{(4\pi\epsilon_0)^2 2\hbar^2}$$

を入れ，これが c^2 に等しいとおくと

$$Z_c = \frac{(4\pi\epsilon_0)\hbar c}{e^2} = 137$$

4

演算子と行列

§4.1 関数のベクトル表示

　粒子または粒子系の状態はシュレーディンガー方程式の解である波動関数で表わされるが，そこに含まれる変数（時間 t は別）をまとめて q で表わし，積分は $\int \cdots dq$ と略記することにする.

　いま，関数 $f(q)$ のうち $\int |f(q)|^2 dq$ が有限（2乗可積分）なものの集合を S とする. この S のなかに完全正規直交関数系 $u_1(q), u_2(q), u_3(q), \cdots$ をとると，
$$f(q) = c_1 u_1(q) + c_2 u_2(q) + c_3 u_3(q) + \cdots \tag{1}$$
のように展開できる. ただし係数が
$$c_n = \int u_n{}^*(q) f(q) dq \tag{2}$$
で与えられることは，(1) に $u_n{}^*(q)$ を掛けて積分し
$$\int u_n{}^*(q) u_m(q) dq = \delta_{nm} \quad \text{（正規直交性）} \tag{3}$$
を使えばすぐ得られる. $u_1(q), u_2(q), \cdots$ のことを展開の**基底**という.

　関数 $f(q)$ と係数の組 $(c_1, c_2, \cdots)$ とは1対1に対応する. これは3次元空間のベクトル $\boldsymbol{V}$ が基底ベクトル $\boldsymbol{i}, \boldsymbol{j}, \boldsymbol{k}$ を用いて $\boldsymbol{V} = V_1 \boldsymbol{i} + V_2 \boldsymbol{j} + V_3 \boldsymbol{k}$ と表わすことによって，成分 (V_1, V_2, V_3) で表わされるのと同じである. 異なるのは次元数が無限大で，成分に複素数値を許すことである.

$$f(q) \quad \longrightarrow \quad \begin{pmatrix} c_1 \\ c_2 \\ c_3 \\ \vdots \end{pmatrix} \tag{4}$$

　2つのベクトルの内積（スカラー積）$\boldsymbol{U} \cdot \boldsymbol{V} = \sum_{j=1}^{3} U_j V_j$ に対応するのは，2つの関数 $f(q)$ と $g(q)$ の内積

$$(f, g) = \int f^*(q)g(q)dq \tag{5}$$

である．$f(q) = \sum c_n u_n(q),\ g(q) = \sum d_m u_m(q)$ とすれば （3） 式を使って

$$(f, g) = \sum_n c_n{}^* d_n = (g, f)^* \tag{6}$$

となることがわかる．(f, g) を $\langle f | g \rangle$ と記すことも多い．（4）の行列表示では，内積の左側に来るベクトルを

$$\langle f | \quad \longrightarrow \quad (c_1{}^*\ c_2{}^*\ c_3{}^*\ \cdots) \tag{7}$$

のように表わし，

$$\langle f | g \rangle \quad \longrightarrow \quad (c_1{}^*\ c_2{}^*\ \cdots) \begin{pmatrix} d_1 \\ d_2 \\ \vdots \end{pmatrix} \tag{8}$$

とすれば （6） が得られる．

　内積の右側に来て $|g\rangle$ あるいは縦長の行列で表わされるときにこれを**ケットまたはケットベクトル**，その相手として左側に来て $\langle f|$ あるいは横長（複素共役）の行列で表わされるときにこれを**ブラまたはブラベクトル**と呼ぶことがある．ブラとケットを合わせて $\langle f | g \rangle$ のように内積をとると，ブラケット（「かっこ」の意味）が閉じて一つの数（スカラー）になる．

§4.2　演算子と行列

　関数に作用してこれを別の関数に変える1次（線形）演算子 —— たとえばハミルトニアン —— は，

$$g(q) = Ff(q) \quad \longrightarrow \quad \begin{pmatrix} d_1 \\ d_2 \\ \vdots \end{pmatrix} = \begin{pmatrix} F_{11} & F_{12} & \cdots \\ F_{21} & F_{22} & \cdots \\ \cdots\cdots \\ \cdots\cdots \end{pmatrix} \begin{pmatrix} c_1 \\ c_2 \\ \vdots \end{pmatrix} \qquad (9)$$

のように正方行列 (F_{ij}) で表わされる. 関数 $g(q) = Ff(q)$ を $\sum d_i u_i(q) = \sum c_n F u_n(q)$ と表わし, 両辺に左から $u_m{}^*(q)$ を掛けて積分すれば, 正規直交性 (3) によって

$$d_m = \sum_n \Big(\int u_m{}^*(q) F u_n(q) dq \Big) c_n$$

となるから, (9) とくらべて

$$\begin{aligned} F_{mn} &= \int u_m{}^*(q) F u_n(q) dq \\ &\equiv \langle u_m | F | u_n \rangle \end{aligned} \qquad (10)$$

であることがわかる.

　量子力学では, 観測可能な物理量 (**オブザーバブル**ともいう) を表わす演算子は, かってな関数 $f(q), g(q)$ に対して

$$(f, Fg) = (Ff, g) \qquad (11)$$

が成り立つような, **エルミート演算子**であることが要請される. 行列で表わすと

$$F_{mn} = F_{nm}{}^* \qquad (12)$$

である (エルミート行列).

§4.3　ユニタリー変換

　3次元ベクトルの成分と同様に, 関数を表わすベクトル成分 (2) も基底のとり方でちがってくる. 2つの完全正規直交系 $u_1(q), u_2(q), \cdots$ と $u_1{}'(q), u_2{}'(q), \cdots$ の関係は

$$u_j(q) = \sum_{i=1}^{\infty} u_i{}'(q) U_{ij} \qquad (j = 1, 2, \cdots) \qquad (13)$$

の係数

$$U_{ij} = \langle u_i' | u_j \rangle \tag{14}$$

の組で表わされる. 同じ関数 $f(q)$ を

$$f(q) = \sum_l c_l' u_l'(q) = \sum_n c_n u_n(q)$$

のように2通りに展開したとして, これと $\langle u_m' |$ との内積をとると

$$c_m' = \sum_n \langle u_m' | u_n \rangle c_n$$

が得られるが, 上の U_{ij} を用いると

$$c_m' = \sum_n U_{mn} c_n \tag{15}$$

すなわち

$$\begin{pmatrix} c_1' \\ c_2' \\ \vdots \end{pmatrix} = \begin{pmatrix} U_{11} & U_{12} & \cdots \\ U_{21} & U_{22} & \cdots \\ & \cdots\cdots \\ & \cdots\cdots \end{pmatrix} \begin{pmatrix} c_1 \\ c_2 \\ \vdots \end{pmatrix} \tag{16}$$

とかかれる. この式の (U_{mn}) は, 2つの基底がともに完全正規直交系ならば

$$\begin{pmatrix} U_{11}{}^* & U_{21}{}^* & \cdots \\ U_{12}{}^* & U_{22}{}^* & \cdots \\ & \cdots\cdots \\ & \cdots\cdots \end{pmatrix} \begin{pmatrix} U_{11} & U_{12} & \cdots \\ U_{21} & U_{22} & \cdots \\ & \cdots\cdots \\ & \cdots\cdots \end{pmatrix} = \begin{pmatrix} U_{11} & U_{12} & \cdots \\ U_{21} & U_{22} & \cdots \\ & \cdots\cdots \\ & \cdots\cdots \end{pmatrix} \begin{pmatrix} U_{11}{}^* & U_{21}{}^* & \cdots \\ U_{12}{}^* & U_{22}{}^* & \cdots \\ & \cdots\cdots \\ & \cdots\cdots \end{pmatrix}$$

$$= \begin{pmatrix} 1 & 0 & \cdots \\ 0 & 1 & \cdots \\ & \cdots\cdots \\ & \cdots\cdots \end{pmatrix}$$

転置共役（エルミート共役ともいう）を † で示せば

あるいは
$$\left. \begin{array}{ll} U^\dagger U = U U^\dagger = 1 & \text{（単位行列）} \\ U^\dagger = U^{-1} & \text{（逆 行 列）} \end{array} \right\} \tag{17}$$

という性質をもつ**ユニタリー行列**になることが示される.（9）式の行列表示の両辺に左から U を掛け, 右辺の中間に $1 = U^\dagger U$ をはさみ,（16）を用いると

$$\begin{pmatrix} d_1{}' \\ d_2{}' \\ \vdots \end{pmatrix} = U \begin{pmatrix} F_{11} & F_{12} & \cdots \\ F_{21} & F_{22} & \cdots \\ & \cdots\cdots \\ & \cdots\cdots \end{pmatrix} U^\dagger \begin{pmatrix} c_1{}' \\ c_2{}' \\ \vdots \end{pmatrix}$$

が得られる．これは

$$\begin{pmatrix} F_{11}{}' & F_{12}{}' & \cdots \\ F_{21}{}' & F_{22}{}' & \cdots \\ & \cdots\cdots \\ & \cdots\cdots \end{pmatrix} = U \begin{pmatrix} F_{11} & F_{12} & \cdots \\ F_{21} & F_{22} & \cdots \\ & \cdots\cdots \\ & \cdots\cdots \end{pmatrix} U^\dagger \tag{18}$$

であることを示している．(F_{mn}) がエルミート行列なら，これをユニタリー変換した $(F_{mn}{}')$ もエルミート行列であることが証明される．

§4.4 固有値と固有ベクトル

時間を含まないシュレーディンガー方程式 $H\varphi = \varepsilon\varphi$ のように，ある演算子の固有値と固有関数を求める問題は，ベクトル空間で正方行列で表わされるような演算子の固有値と固有ベクトルを求める問題と同値である．

適当な正規直交系 $u_1(q), u_2(q), \cdots$ を用いれば，かってな関数 $f(q)$，演算子 F は (2), (10) によって

$$Ff(q) \quad \longrightarrow \quad \begin{pmatrix} F_{11} & F_{12} & \cdots \\ F_{21} & F_{22} & \cdots \\ & \cdots\cdots \\ & \cdots\cdots \end{pmatrix} \begin{pmatrix} c_1 \\ c_2 \\ \vdots \end{pmatrix}$$

のように表わされる．これを別の基底 $u_1{}'(q), u_2{}'(q), \cdots$ へユニタリー変換したときに，もし F を表わす行列が対角行列になったとする：

$$U \begin{pmatrix} F_{11} & F_{12} & \cdots \\ F_{21} & F_{22} & \cdots \\ & \cdots\cdots \\ & \cdots\cdots \end{pmatrix} U^\dagger = \begin{pmatrix} \alpha_1 & & \\ & \alpha_2 & 0 \\ & & \ddots \\ 0 & & \end{pmatrix} \tag{19}$$

そうすると $Ff(q)$ は，$f(q) = \sum c_n{}' u_n{}'(q)$ として

$$\begin{pmatrix} \alpha_1 & & & \\ & \alpha_2 & & 0 \\ & & \ddots & \\ 0 & & & \ddots \end{pmatrix} \begin{pmatrix} c_1{}' \\ c_2{}' \\ \vdots \end{pmatrix} \tag{20}$$

と表わされる．このとき

$$u_1{}'(q) \longrightarrow \begin{pmatrix} 1 \\ 0 \\ 0 \\ \vdots \end{pmatrix}, \quad u_2{}'(q) \longrightarrow \begin{pmatrix} 0 \\ 1 \\ 0 \\ \vdots \end{pmatrix}, \quad \cdots \tag{21}$$

であるから，$f(q)$ として $u_1{}'(q), u_2{}'(q), \cdots$ をとった場合に (20) をあてはめてみれば，

$$Fu_1{}'(q) = \alpha_1 u_1{}'(q), \quad Fu_2{}'(q) = \alpha_2 u_2{}'(q), \quad \cdots \tag{22}$$

がわかる．つまり，<u>F を対角行列にするような基底は F の固有関数</u>であり，<u>対角要素は F の固有値</u>である．

　実際に量子力学で無限行無限列の行列を対角化できるのは，限られた特殊な場合だけである．しかし次章で述べる近似解法の基礎として行列表示は重要であるし，量子力学を最初につくったハイゼンベルクはこの形式で理論を構成した（**行列力学**）．

　実際には，有限次元の部分に限って行列を対角化すればよいことが多い．そのようなとき，固有値を求めるには**永年方程式**（固有方程式ともいう）

$$\begin{vmatrix} F_{11} - \alpha & F_{12} & \cdots & F_{1n} \\ F_{21} & F_{22} - \alpha & \cdots & F_{2n} \\ & & \cdots\cdots\cdots & \\ F_{n1} & F_{n2} & \cdots & F_{nn} - \alpha \end{vmatrix} = 0 \tag{23}$$

を解けばよい．根 $\alpha_1, \alpha_2, \cdots, \alpha_n$（重根もありうる）が固有値を与える．なお，エルミート行列の固有値はすべて実数である．また

$$\alpha_1 + \alpha_2 + \cdots + \alpha_n = F_{11} + F_{22} + \cdots + F_{nn} = \sum_{i=1}^{n} F_{ii} \tag{24}$$

となることも証明される．対角和 $\sum_i F_{ii}$ のことを行列 (F_{ij}) の **トレース（跡）** という．

§4.5 スピン

いくつかの実験事実から，電子，陽子，中性子などフェルミ粒子と総称される粒子は，古典力学の自転に対応する内部運動をしていることがわかり，**スピン** という名が与えられた．したがって，運動を記述するには，並進運動（**軌道運動**）を表わす x, y, z などの変数（位置座標）のほかに，第4の **スピン座標**（以下 σ と記す）というものが必要になる．

スピンは電子などの固有の角運動量（**スピン角運動量**）として観測にかかるが，これを s としてそれのある方向（z 方向とする）の成分 s_z を測定すると，ただ2個の固有値しかとらないことがわかった．軌道角運動量の場合（§3.3）との類推から，スピン角運動量は大きさが $\frac{1}{2}\hbar$ で z 成分として $\pm\frac{1}{2}\hbar$ だけが許されると考えればよい．s_z の固有値 $\frac{1}{2}\hbar, -\frac{1}{2}\hbar$ に対する固有関数をそれぞれ α, β と記す．

$$s_z\alpha = \frac{1}{2}\hbar\alpha, \qquad s_z\beta = -\frac{1}{2}\hbar\beta \tag{25}$$

z 軸は通常上向きにとるので，α を **上向きスピン** の状態，β を **下向きスピン** の状態と呼ぶ．

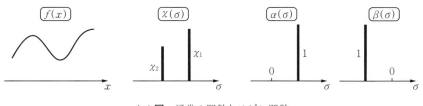

4-1図 通常の関数とスピン関数

§3.3 の (22)〜(25) 式に対応して次の諸関係が成り立つ．

$$\boldsymbol{s}^2\alpha = \frac{3}{4}\hbar^2\alpha, \qquad \boldsymbol{s}^2\beta = \frac{3}{4}\hbar^2\beta \tag{26}$$

$$\begin{cases} s_+\alpha = 0 \\ s_-\alpha = \hbar\beta, \end{cases} \qquad \begin{cases} s_+\beta = \hbar\alpha \\ s_-\beta = 0 \end{cases} \tag{27}$$

ただし

$$s_\pm = s_x \pm is_y \tag{28}$$

一般のスピンの状態は，すべてこれら α と β の 1 次結合で表わされる．

$$\chi = \chi_1\alpha + \chi_2\beta \qquad (\chi_1, \chi_2 \text{ は定数}) \tag{29}$$

軌道運動の場合の $\boldsymbol{r}$ に対応させるためにスピン座標 σ を考えるときには，σ は $+1$ と -1 という 2 つの値だけをとる変数であると考え，$\alpha(\sigma), \beta(\sigma)$ は

$$\alpha(1) = \beta(-1) = 1, \qquad \alpha(-1) = \beta(1) = 0 \tag{30}$$

という「関数」であると定義し，$\boldsymbol{r}$ に関する積分には，σ の 2 つの値に関する和 $\sum_\sigma$ が対応すると考える．そうすると

$$\left.\begin{aligned} \sum_\sigma \alpha^*(\sigma)\alpha(\sigma) = \alpha^*(1)\alpha(1) + \alpha^*(-1)\alpha(-1) = 1 \times 1 + 0 \times 0 = 1 \\ \sum_\beta \beta^*(\sigma)\beta(\sigma) = \beta^*(1)\beta(1) + \beta^*(-1)\beta(-1) = 0 \times 0 + 1 \times 1 = 1 \end{aligned}\right\}$$
$$\tag{31}$$

同様にして

$$\sum_\sigma \alpha^*(\sigma)\beta(\sigma) = \sum_\sigma \beta^*(\sigma)\alpha(\sigma) = 0 \tag{32}$$

であることがわかる．これらは $\langle\alpha|\alpha\rangle = \langle\beta|\beta\rangle = 1$, $\langle\alpha|\beta\rangle = \langle\beta|\alpha\rangle = 0$ とかいてもよく，α と β が規格化された直交系をつくっていることを示す．

　以後，必要に応じ q には σ も含ませることにする．

余　談

行列力学と波動力学

　量子力学には入口が 2 つある．筆者の教わった山内恭彦先生は，「行列力学」が表玄関であるが，とお断りになった上で裏口の「波動力学」からなかへ案内して下さった．表玄関はどうも「しきい」が高すぎて入りにくいのである．

　1925年にハイゼンベルクが彼の最初の論文を書いたとき，彼は行列（マトリックス）というものを知らなかった．その原稿を見せられたボルン —— 彼はゲッチンゲン大学の教授であり，ハイゼンベルクはその助手であった —— はただちにその重要性を認めて，印刷公表の手続きをとったが，それと同時にその内容の整備に夏休みを返上して没頭した．熟考のあげく，ハイゼンベルクの妙な掛け算が昔ブレスラウ大学で数学の時間に習った行列のそれにほかならないことに気づいたボルンは，ハイゼンベルクの理論をこの行列を使って書き表わし，「行列力学」という形にまとめ上げた．この仕事に対するノーベル賞は，1932年ハイゼンベルクひとりに与えられたが，「行列力学」の名まで《ハイゼンベルクの行列力学》という呼び方をされるようになってしまい，ボルンはいささか不満であったらしい．ただしボルンは自分の理論を「量子力学」と呼んでおり，「行列力学」とはいわなかった．「行列力学」にはいささかひやかしのニュアンスがあるということである．

　行列というものは，ハイゼンベルクだけでなく，当時の物理学者にはすべてなじみがほとんどなかったから，行列力学の出現は皆に困惑を与えたようである．しかもそれに到達するまでのハイゼンベルクの考え方がまた難解なものであった．まず彼は，測定にかからない「電子の軌道」などというものを考えることを拒否する．物理の理論に取り入れるべきものは，観測と関連づけられるものだけでなければいけない．何か物理量を測ろうとすれば，系に何らかの作用をおよぼしてその反応を見なければならない．そうすると系はその状態を $n \to n'$ のように変化させるから，反応は $X_{nn'}$ というような2重の添字つきの数量で表わされるであろう．したがって，その考える物理量というものは，あらゆる n と n' に関する $X_{nn'}$ の総体によって表わされるはずである．ざっといえば以上のようなことになる．こうしてすべての物理量は「無限行無限列の行列」という恐しいものに化けてしまった．ライバルであったシュレーディンガーの言葉を借りれば，"…まったく具象性を拒否し，私には困難な超越代数学の方法と思われ，反発はされ（abgestossen）なかったにせよ，おびやかされた（abgeschreckt）"．

　そういうわけで，翌1926年にシュレーディンガーの波動力学が現われ，物理学者になじみ深い波動の微分方程式という形式で，行列力学と同じ答が出てくることがわかると，大変な歓迎を受けることになった．同じようなことを模索していたボルンは，シュレーディンガーに先をこされて再びくやしい思いをしたことであろう．ただし，波動関数の意味づけについては，前述のように（24ページ）シュレーディンガーは誤っていた．ボルンは統計的解釈（1926年）で1954年に遅すぎるノーベル賞を受けたが，28年も待たされたのは，"アインシ

ュタイン，シュレーディンガー，ド・ブロイといったそうそうたる大家が統計
的解釈をなかなか認めなかったからであろう"，と述べている.

　シュレーディンガーの波動関数は，粒子が2個以上の系では《$3N$次元空間
（Nは粒子数）の波》という抽象的なものを扱うことになってしまう．この点
が最初のド・ブロイの考えとも反し，相対論を取り入れるときにも問題になる
点である（第2量子化法という方法によってはじめて3次元空間の波に還元さ
れる）．そんなわけで，ハイゼンベルクはパウリ（Wolfgang E. Pauli）に宛てた
手紙のなかで，"シュレーディンガーの理論の物理的部分について考えれば考
えるほど，それはますますいやな（desto abscheulicher）ものと思われてくる"
とまで書いている.

　上のようなエピソードから，客観的真理の探究をしている自然科学の世界で
も，ライバル意識というようなものの強いことがわかる．また，そのような競
争心が研究の刺激になっていることも確かである.

問　　題

[**4.1**]　ディラックのブラケット記号では，$\langle f|g\rangle$ は一つの数を表わす
が，$|f\rangle\langle g|$ は一つの演算子を表わす：

$$(|f\rangle\langle g|)|h\rangle \equiv |f\rangle\langle g|h\rangle, \qquad \langle h|(|f\rangle\langle g|) \equiv \langle h|f\rangle\langle g|$$

次の公式を証明せよ．ただし，$|u_1\rangle, \cdots, |u_n\rangle$ は完全正規直交系を構成する
1組のベクトル，A, B はこれらによって張られるベクトル空間の線形演算
子である.

(a)　$\sum_{j=1}^{n} |u_j\rangle\langle u_j| = 1$　（完全性関係）

(b)　$A = \sum_{i=1}^{n}\sum_{j=1}^{n} |u_i\rangle\langle u_i|A|u_j\rangle\langle u_j|$

(c)　$\langle u_i|AB|u_k\rangle = \sum_{j=1}^{n} \langle u_i|A|u_j\rangle\langle u_j|B|u_k\rangle$

[**4.2**]　前問の $|u_1\rangle, \cdots, |u_n\rangle$ を線形演算子 A の固有ベクトル，$a_1, \cdots, a_n$
を対応する固有値とすると，つぎの関係が成立することを示せ.

(a)　$A = \sum_{j=1}^{n} |u_j\rangle a_j \langle u_j|$

(b)　$A^2 = \sum\limits_{j=1}^{n} |u_j\rangle a_j{}^2 \langle u_j|$

(c)　$f(x)$ を x の多項式とすると

$$f(A) = \sum_{j=1}^{n} |u_j\rangle f(a_j) \langle u_j|$$

【注】　公式 (c) は演算子 $f(A)$ の固有値が $f(a_1), \cdots$,　固有ベクトルが $|u_1\rangle, \cdots$ であることを意味する．$f(x)$ が x の多項式とは限らない一般の場合の $f(A)$ は逆に公式 (c) の右辺で定義される．この意味で公式 (c) は一般の f に対して成立するとみてよい．

　　[**4.3**]　任意のベクトル $|f\rangle$ と $|g\rangle$ に対して 2 つの線形演算子 A と $A^\dagger$ が

$$\langle f|A|g\rangle^* = \langle g|A^\dagger|f\rangle$$

ならば，それらは互いにエルミート共役であるという．次の関係を証明せよ．

(a)　A が数 a を掛けるという演算ならば，$A^\dagger$ は a^* を掛けるという演算である．

(b)　$A|f\rangle = |g\rangle$ ならば $\langle f|A^\dagger = \langle g|$

(c)　$\langle f|A^\dagger A|f\rangle \geqq 0$

(d)　$(AB)^\dagger = B^\dagger A^\dagger$,　$(ABC)^\dagger = C^\dagger B^\dagger A^\dagger$

【注】　$A^\dagger$ は A の転置（行と列を入れかえる）共役行列で表わされる．

　　[**4.4**]　$A = A^\dagger$ なら演算子 A はエルミート，$UU^\dagger = U^\dagger U = 1$ なら演算子 U はユニタリーであるという．

(a)　2 つのエルミート演算子の積はやはりエルミート演算子になるか．

(b)　ユニタリー演算子の積のときはどうか．

　　[**4.5**]　量子力学では最初の状態を指定すれば，その後の状態はシュレーディンガー方程式 $i\hbar\,\partial|t\rangle/\partial t = H|t\rangle$ で一義的に定まってしまう．そこで時刻 $t = 0$ の状態ベクトル $|0\rangle$ を時刻 t のもの $|t\rangle$ へ変換する演算子 $S(t)$ を導入すると便利である．S は次の性質をもつことを証明せよ．

(a)　$i\hbar \dfrac{dS}{dt} = HS$,　ただし $|t\rangle \equiv S(t)|0\rangle$

(b)　H が t によらない場合には，

$$S(t) = \mathrm{e}^{-iHt/\hbar} \equiv \sum_{n=0}^{\infty} \frac{(-iHt/\hbar)^n}{n!}$$

は上の方程式の初期条件 $S(0) = 1$ を満たす解である.

(c)　H は一般にエルミートであるから，上の S はユニタリーである.

(d)　状態ベクトル $|t\rangle$，演算子 A の代りに，

$$|t\rangle \equiv S^\dagger(t)|t\rangle, \qquad \mathcal{A}(t) \equiv S^\dagger(t)AS(t)$$

を導入すると，

$$\langle t|A|t\rangle = (t|\mathcal{A}(t)|t) = \langle 0|\mathcal{A}(t)|0\rangle$$

(e)　A が t によらない場合には

$$i\hbar \frac{\partial |t\rangle}{\partial t} = 0, \qquad i\hbar \frac{d\mathcal{A}}{dt} = \mathcal{A}\mathcal{H} - \mathcal{H}\mathcal{A}$$

ただし $\mathcal{H} = \mathcal{H}(t) = S^\dagger(t)HS(t)$ である.

【注】　$|t\rangle$ と A を用いる従来の方式をシュレーディンガー表示，$|t\rangle$ と $\mathcal{A}(t)$ を用いる方式をハイゼンベルク表示と呼ぶ. 後者では，状態ベクトルは不変で，物理量を表わす演算子のほうが古典論のように時間変化する. 定理 (d) から予想されるように，両者は全く同等である.

[**4.6**]　A をあるオブザーバブルを表わす演算子，a_n をその n 番目の固有値，$|nr\rangle$ をこの固有値をもつ規格化された r 番目の固有ベクトル（縮退がなければ $r = 1$ だけ）とすると，次の性質があることを示せ.

(a)　a_n はすべて実数である.

(b)　$\langle nr|n'r'\rangle = \delta_{nn'}\delta_{rr'}$ となるように固有ベクトルを選びうる.

(c)　$\sum_{n,r} |nr\rangle\langle nr| = 1$

(d)　$A = \sum_{n,r} |nr\rangle a_n \langle nr|$

(e)　系がベクトル $|\varphi\rangle$ で記述される状態にあるとき，この系について問題のオブザーバブルを測定した場合に得られる結果の平均値は，$\langle\varphi|A|\varphi\rangle$ で与えられる. ただし，$\langle\varphi|\varphi\rangle = 1$ とする（これが成り立たない例として問題 [2.13] (b)（47 ページ）がある）.

【注】　A がオブザーバブルを表わすためには，A の線形エルミート性のほかに，その固有ベクトルの集合が状態ベクトルの全空間を張ること（完全性）が要求される.

[**4.7**]　U をユニタリー演算子，$|n\rangle$ をその n 番目の固有ベクトル，u_n を対応する固有値とする.

(a)　定義式 $U^\dagger U = 1$ から $(u_n{}^* u_{n'} - 1)\langle n | n' \rangle = 0$ を導け.

(b)　上の結果から, ユニタリー演算子の固有値, 固有ベクトルについて, どんなことを結論できるか.

　　[**4.8**]　ユニタリー演算子 U によるベクトル $|f\rangle$, 演算子 A の変換を
$$|f'\rangle \equiv U|f\rangle, \quad A' \equiv UAU^\dagger$$
によって定義する. 次の関係を証明せよ.

(a)　$\langle f' | A' | g' \rangle = \langle f | A | g \rangle$, $\quad \langle f' | g' \rangle = \langle f | g \rangle$

(b)　$|u_1\rangle, \cdots, |u_n\rangle$ が完全正規直交系なら $|u_1'\rangle, \cdots, |u_n'\rangle$ もそうであり, これらを用いて
$$U = \sum_{j=1}^{n} |u_j'\rangle\langle u_j|, \qquad U^\dagger = \sum_{j=1}^{n} |u_j\rangle\langle u_j'|$$
と表わしうる.

(c)　$AB + CDE = F$ なら $A'B' + C'D'E' = F'$

【注】　一般に演算子方程式の形はユニタリー変換によって変わらない.

　　[**4.9**]　正方行列 $A = (A_{ik})$ があるとき, その対角成分の総和を A の**ト レース**（**跡**, **対角和**などともいう）と呼び $\mathrm{Tr}A$ などと表わす.
$$\mathrm{Tr}A \equiv \sum_i A_{ii}$$

　いま A, B, C をある行列, U をユニタリー行列とするとき, 次の関係を証明せよ.

(a)　$\mathrm{Tr}(AB) = \mathrm{Tr}(BA)$, $\quad \mathrm{Tr}(ABC) = \mathrm{Tr}(CAB) = \mathrm{Tr}(BCA)$

(b)　$\mathrm{Tr}(UAU^\dagger) = \mathrm{Tr}A$

【注】　行列 A と $A' \equiv UAU^\dagger$ は同じ演算子の異なる行列表現とみることができる. ゆえに上の関係はトレースが基底ベクトルのとり方によらないことを意味する.

　　[**4.10**]　エルミート行列 $A = \begin{pmatrix} 0 & -i \\ i & 0 \end{pmatrix}$ がある.

(a)　A の固有値, 固有ベクトルを定めよ.

(b)　異なる固有値に属する固有ベクトルの直交性を確かめよ.

(c)　A を対角化するユニタリー変換 U を定めよ.

(d)　その U を用いて次の行列を変換し, トレースの不変性を確かめよ.

$$B = \begin{pmatrix} 0 & 1 \\ 1 & 0 \end{pmatrix}, \quad C = \begin{pmatrix} 1 & 0 \\ 0 & -1 \end{pmatrix}$$

(e)　行列 $\exp\left(\dfrac{\pi}{2}iA\right)$ を求めよ.

【ヒント】　A の任意の関数に対して $f(A) = U^\dagger U f(A) U^\dagger U = U^\dagger f(A') U$ である ($A' = UAU^\dagger$).

[**4.11**]　波動関数 $\varphi(q)$ に作用してその複素共役 $\varphi^*(q)$ をつくる演算子を K とする：$K\varphi(q) = \varphi^*(q)$. K は線形でも，エルミートでも，ユニタリーでもないことを示せ.

[**4.12**]　微分演算子 $p = -i\hbar\,d/dx$ は微分可能な x の任意の関数に作用できる. しかし，p や p^2 をエルミート演算子として扱いうるためには，考える関数の性質にもっと制限を加える必要がある. ここでは有限区間 (a, b) で定義された微分可能な関数だけを考える. もし，これらの関数 $\varphi(x)$ がさらに次の (i) または (ii) の境界条件をも満たしていれば，p も p^2 もともにエルミートになることを示せ.

(i)　$\varphi(a) = \varphi(b) = 0$

(ii)　$\varphi(a) = \varphi(b), \ (d\varphi/dx)_a = (d\varphi/dx)_b$

【注】　境界条件 (ii) を**周期性境界条件**という. $\varphi(a) = \varphi(b)$ だけでも p はエルミートになるが，p^2 のほうは駄目である.

[**4.13**]　2つの演算子 F, G があるとき，

$$[F, G] \equiv FG - GF$$

を F と G の**交換子**と呼ぶ. 交換子に関する次の等式を証明せよ.

(a)　　　　　　　$[A, BC] = [A, B]C + B[A, C]$

【注】　関数の積の微分の公式と酷似している.

(b)　　　　　　　$\left[\sum_i A_i, \sum_k B_k\right] = \sum_i \sum_k [A_i, B_k]$

[**4.14**]　粒子の座標 x と運動量演算子 $p \equiv -i\hbar\,d/dx$ の間の交換関係を調べる.

(a)　帰納法を用いて次の等式を証明せよ.

$$[x, p^n] = ni\hbar p^{n-1}, \quad [p, x^n] = -ni\hbar x^{n-1}$$

ただし，n は正の整数である.

(b)　関数 $f(x), g(p)$ をそれぞれ x, p でテイラー展開したものに，上の結果を借用することにより

$$[x, g(p)] = i\hbar \frac{dg}{dp}, \qquad [p, f(x)] = -i\hbar \frac{df}{dx}$$

を証明せよ．

　[**4.15**]　質量 m，角振動数 ω の 1 次元調和振動子を考える．$\hbar = m = \omega \equiv 1$ となる単位系を用いれば，ハミルトニアンは非常に簡単になる：

$$H = \frac{1}{2}(p^2 + x^2), \qquad ただし \quad p \equiv \frac{1}{i}\frac{d}{dx}$$

ここでさらに，新しい演算子 $a, a^\dagger$ を導入する．

$$a \equiv \frac{1}{\sqrt{2}}(x + ip), \qquad a^\dagger \equiv \frac{1}{\sqrt{2}}(x - ip)$$

明らかに両者はエルミート共役の関係にある．

(a)　この単位系では時間，エネルギー，運動量，長さの単位はそれぞれ $\omega^{-1}, \hbar\omega, \sqrt{m\hbar\omega}, \sqrt{\hbar/m\omega}$ であることを示せ．

(b)　つぎの一連の関係式を証明せよ．

$$H = aa^\dagger - \frac{1}{2} = a^\dagger a + \frac{1}{2}$$

$$[a, a^\dagger] = 1$$

$$[H, a^\dagger] = a^\dagger, \qquad [H, a] = -a$$

(c)　H の任意の固有値を λ，対応する固有関数を $u_\lambda(x)$ とすると，$a^\dagger u_\lambda$，au_λ も H の固有関数で，固有値はそれぞれ $\lambda + 1, \lambda - 1$ であることを示せ．

(d)　u_λ に a をくり返し作用させることにより，固有値をどんどん小さくできる．しかし，H の固有値は明らかに負にはなりえないから，いつか

$$u_{\lambda_0}(x) \not\equiv 0, \qquad au_{\lambda_0}(x) \equiv 0$$

を満たす λ_0 に到達する．λ_0 と $u_{\lambda_0}(x)$ を求めよ．

(e)　以上の結果を用いて，H の固有値は $\frac{1}{2}, \frac{3}{2}, \cdots, \left(n + \frac{1}{2}\right), \cdots$ 以外にないことを示せ．

(f)　演算子 $a^\dagger a$ の固有値はいくらか．

[**4.16**]　前問の 1 次元調和振動子の固有値 $n + \dfrac{1}{2}$ に対する規格化され

た固有関数を $u_n(x)$ と表わすことにする.

(a)　$u_0, u_1, \cdots$ の位相を適当にとれば

$$a^\dagger u_n = \sqrt{n+1}\, u_{n+1}, \qquad a u_n = \sqrt{n}\, u_{n-1}$$

が成立することを示せ.

(b)　$u_0, u_1, \cdots$ を基底にとって, $a^\dagger, a, a^\dagger a, x, p$ を表わす行列を求めよ.

(c)　さきに求めた $u_0(x)$ から出発して, $u_1(x), u_2(x), u_3(x)$ を具体的に求

め, その大体のグラフを図示せよ.

【注】　エネルギー固有値が $\left(n + \dfrac{1}{2}\right)\hbar\omega$ である状態は, アインシュタインの光量子説に

ならって, 基底状態に n 個のエネルギー量子ができた状態とみることもできる. したが

って, n を 1 だけ増減させる働きをもっている $a^\dagger, a$ のことを, しばしば（エネルギー量

子）の **生成**, **消滅演算子**と呼ぶ. 場合によっては**昇降演算子**ともいう.

[**4.17**]※　1 次元調和振動子の波束の運動を調べる. 記号は前々問と同

じである.

(a)　非エルミート演算子 a の固有値 α と, これに対する規格化された固

有関数 $v_\alpha(x)$ を求め, $v_\alpha(x)$ は常にガウス型の波束であることを確かめよ.

(b)　$v_\alpha(x)$ で表わされる状態における x と p の期待値を求めよ.

(c)　つぎの関係を証明せよ. ただし, t は時刻を表わすパラメーターであ

る.

$$a(t) \equiv \mathrm{e}^{iHt} a \mathrm{e}^{-iHt} = a\mathrm{e}^{-it}$$

$$a^\dagger(t) \equiv \mathrm{e}^{iHt} a^\dagger \mathrm{e}^{-iHt} = a^\dagger \mathrm{e}^{it}$$

(d)　時刻 $t = 0$ のとき系が $v_\alpha(x)$ で表わされる状態にあったとする. 問

題 [4.5] の結果によれば, この系の時刻 t の波動関数は $\mathrm{e}^{-iHt} v_\alpha(x)$ で与え

られる. (c) の結果を利用して時刻 t における x と p の期待値を求めよ.

(e)　(a)～(d) の計算を前問の (b) で求めた行列を用いてやり直せ.

[**4.18**]※　ポテンシャル $V(x)$ のなかを動く質量 m の粒子に対するハ

ミルトニアンは $(p^2/2m) + V(x) \equiv H$ で与えられる.

(a)　交換子を具体的に計算することにより

$$[[H, e^{ikx}], e^{-ikx}] = -\frac{\hbar^2 k^2}{m}$$

を証明せよ．ここで k は定数である．

(b)　恒等式 $\sum_n |n\rangle\langle n| = 1$ を利用して，上式から

$$\sum_n (E_n - E_s)|\langle n|e^{ikx}|s\rangle|^2 = \frac{\hbar^2 k^2}{2m}$$

を導け．ただし，$(H - E_n)|n\rangle = 0,\ (H - E_s)|s\rangle = 0.$

(c)　上式で $k \to 0$ の極限を考えて

$$\sum_n (E_n - E_s)|\langle n|x|s\rangle|^2 = \frac{\hbar^2}{2m}$$

を導け．

ただし固有関数はすべて実数であるとしてよい．

【注】　この種の関係式をふつう**総和則**という．

[**4.19**]　次の関係をパラメーター λ の2乗の項まで確かめよ．ただし，A, B は線形演算子である．

(a)　$e^{\lambda A} B e^{-\lambda A} = B + \lambda[A, B] + \dfrac{\lambda^2}{2!}[A, [A, B]] + \dfrac{\lambda^3}{3!}[A, [A, [A, B]]] + \cdots$

(b)　$[A, B] = C = $ 数　のとき

$$e^{\lambda(A+B)} = e^{\lambda A} e^{\lambda B} e^{-C\lambda^2/2}$$

(c)　A の逆演算子 A^{-1}（以下 $1/A$ と記す）が存在するとき

$$\frac{1}{A - \lambda B} = \frac{1}{A} + \lambda \frac{1}{A} B \frac{1}{A} + \lambda^2 \frac{1}{A} B \frac{1}{A} B \frac{1}{A} + \cdots$$

[**4.20**]　オブザーバブル A の各固有関数が同時にオブザーバブル B の固有関数にもなっているならば，A と B は交換することを示せ．

【注】　この逆も証明できる．つまり，オブザーバブル A, B が交換可能であれば，両者の同時固有関数になっているような関数系が存在する．

[**4.21**]　2つのエルミート演算子 A と B がある．

(a)　$[A, B] = iC$ とすると，C はエルミートになることを示せ．

(b)　$\langle\psi|A|\psi\rangle \equiv \overline{A},\ \langle\psi|B|\psi\rangle \equiv \overline{B},\ A - \overline{A} \equiv a,\ B - \overline{B} \equiv b$ とかくと，$[a, b] = iC$ が成立することを示せ．

(c)　任意の実数 λ に対して

$$J(\lambda) \equiv \langle \psi | (a - i\lambda b)(a + i\lambda b) | \psi \rangle \geqq 0$$

が成立することを証明せよ.

(d) λ の2次式 $J(\lambda)$ の判別式をつくることにより

$$\sqrt{\overline{a^2}}\sqrt{\overline{b^2}} \geqq \frac{|\overline{C}|}{2}$$

を導け.

(e) 上の結果から位置と運動量のあいだの不確定性関係を導け.

[**4.22**]※ 平行移動を表わす演算子 $T(a)$ を

$$T(a)f(x) = f(x + a) \qquad (a \text{ は定数})$$

によって定義する.

(a) $f(x + a)$ を a のべき級数にテイラー展開し,微分演算を $p = -i\hbar d/dx$ を用いてかき表わすことにより,$T(a) = \exp(iap/\hbar)$ とかけることを示せ.

(b) $T(a)$ の固有値,固有関数を求めよ.縮退に注意せよ.

(c) ポテンシャル $V(x)$ が周期 a の周期関数ならば,そのなかを運動する質点のハミルトニアン H は $T(a)$ と交換することを示せ.

(d) したがって,H の各固有関数を H と同時に $T(a)$ の固有関数にもなっているようにとることができる.このような固有関数の一つを $\varphi(x)$ とすると,$\varphi(x) = \mathrm{e}^{ikx}u(x)$ と表わしうることを示せ.ここで k は適当な実数,u は周期 a の適当な周期関数である.

【注】 最後の関係を固体論の分野ではブロッホの定理と呼ぶ.$a \to 0$ の極限では $V(x) \to$ 一定,$u(x) \to$ 一定 となり,当然のことながら φ は自由電子のものに帰着する.

[**4.23**] 粒子の状態はそのままにしておいて座標軸だけを z 軸のまわりに微小角 α 回転させる.

(a) これに応じて,この粒子の状態を記述する波動関数はその関数形が

$$f(x, y, z) \to f'(x, y, z) \equiv Rf(x, y, z) = f(x - \alpha y, y + \alpha x, z)$$

と変化することを示せ.

(b) 上式の右辺を α のべき級数に展開することにより

$$R \cong 1 + \alpha \frac{i}{\hbar} l_z$$

となることを示せ．l_z は軌道角運動量演算子の z 成分である．

(c)　新旧座標系における対応する演算子 —— たとえば位置ベクトルの新 x 軸方向の成分と旧 x 軸方向の成分 —— を A', A とすると，一般に $\langle f|A'|g\rangle = \langle f'|A|g'\rangle$ が成立する．これより

$$A' = R^\dagger A R \cong A - \alpha \frac{i}{\hbar}[l_z, A]$$

を導け．

(d)　上式を利用して位置ベクトルの直交成分 x, y, z と l_z の交換関係を求めよ．これと，l_z の具体的な表式 $-i\hbar(x\partial/\partial y - y\partial/\partial x)$ を用いて直接に計算した結果とを比較せよ．

(e)　同様にしてスカラー量 $x^2 + y^2 + z^2$ と l_z の交換関係を求めよ．

【注】　角運動量成分との交換関係は，問題にする量がスカラーか，ベクトルか，テンソルかできまってしまい，その細部にはよらない．

[**4.24**]　ベクトル $\boldsymbol{J}$ の3成分 J_x, J_y, J_z が交換則

$$[J_x, J_y] = i\hbar J_z, \qquad [J_y, J_z] = i\hbar J_x, \qquad [J_z, J_x] = i\hbar J_y$$

を満たすとき，$\boldsymbol{J}$ を一般に**角運動量演算子**という．以下 $\hbar \equiv 1$ とおく．

(a)　上の交換則から J_+, J_-, J_z のあいだの交換則を求めよ．ただし，$J_\pm \equiv J_x \pm iJ_y$ である．

(b)　$J_\mp J_\pm = \boldsymbol{J}^2 - J_z(J_z \pm 1)$ を説明せよ．

(c)　$\boldsymbol{J}^2$ と J_z は交換するから両者の同時固有ベクトル $|a, b\rangle$ が存在する：ただし $\boldsymbol{J}^2|a, b\rangle = a|a, b\rangle$，$J_z|a, b\rangle = b|a, b\rangle$．固有値 a, b のあいだには不等式 $a \geqq b^2$ が成立することを示せ．

(d)　$J_+|a, b\rangle$ も $J_-|a, b\rangle$ もやはり $\boldsymbol{J}^2$ と J_z の同時固有ベクトルであることを示し，その固有値を求めよ．

(e)　$J_+|a, b_{\max}\rangle = 0$，$J_-|a, b_{\min}\rangle = 0$ となる状態が存在することを示せ．

(f)　$b_{\max} \equiv j$ とおくと，$a = j(j + 1)$，$b_{\min} = -j$，$b = j, j - 1, \cdots, -j$，したがって $j =$ 整数もしくは半整数となることを示せ．以下 $b \equiv m$ とかき，$|a, b\rangle$ の代りに $|j, m\rangle$ とかく．

【注】　同様にして，ある状態ベクトル $|\varphi\rangle$ が $J_z|\varphi\rangle = j|\varphi\rangle$，$J_+|\varphi\rangle = 0$ を満たしておれば，$\boldsymbol{J}^2|\varphi\rangle = j(j + 1)|\varphi\rangle$，つまり $\boldsymbol{J}^2$ の固有ベクトルであることを示しうる．

(g)　$|j,m\rangle$ 表示で J_+, J_-, J_z の行列要素を求めよ.

(h)　この表示では J_x, J_y の対角行列要素は消えることを示せ.

【注】 このため, J_z が確定した値をもっている状態では角運動量ベクトルは z 軸のまわりを歳差運動しているという像をえがくと便利である.

　[4.25]　$\boldsymbol{s} \equiv (s_x, s_y, s_z)$ をスピン 1/2 の粒子のスピン角運動量演算子とする（ただし $\hbar \equiv 1$ になる単位系を用いている）.

(a)　前問の結果を用いて, s_x, s_y, s_z に対応する行列を求めよ. ただし, s_z が対角型になる表示を用いよ.

(b)　原点 O から O を中心にもつ単位球上の任意の点 P へ至る方向を ζ 方向とすると, $\boldsymbol{s}$ の ζ 方向の成分は点 P の直交座標 (l, m, n) を用いて

$$s_\zeta \equiv \overrightarrow{\mathrm{OP}} \cdot \boldsymbol{s} = ls_x + ms_y + ns_z$$

とかける. s_ζ に対する行列を求めよ. 点 P の直交座標の代りに極座標 $(1, \theta, \phi)$ を用いるとどうなるか.

(c)　s_ζ の固有値, 固有ベクトルを求めよ. また, その状態における s_x, s_y, s_z の期待値はいくらか.

　[4.26]　1 個の電子のスピンと同様に, 2 つしか固有状態の存在しない場合を考えると, すべての演算子は 2 行 2 列の行列で表わされることになる.

(a)　この場合, 任意の演算子は, 単位行列および 3 つのパウリ行列

$$\mathbf{1} = \begin{pmatrix} 1 & 0 \\ 0 & 1 \end{pmatrix}, \quad \sigma_x = \begin{pmatrix} 0 & 1 \\ 1 & 0 \end{pmatrix}, \quad \sigma_y = \begin{pmatrix} 0 & -i \\ i & 0 \end{pmatrix}, \quad \sigma_z = \begin{pmatrix} 1 & 0 \\ 0 & -1 \end{pmatrix}$$

を用いて表わされることを示せ.

(b)　演算子 $a^\dagger, a$ を行列で

$$a^\dagger = \begin{pmatrix} 0 & 1 \\ 0 & 0 \end{pmatrix}, \quad a = \begin{pmatrix} 0 & 0 \\ 1 & 0 \end{pmatrix}$$

のように定義するとき, これらは反交換関係

$$aa^\dagger + a^\dagger a = \mathbf{1}$$

および

$$aa = a^\dagger a^\dagger = \mathbf{0}$$

を満足することを示せ.

(c) $n \equiv a^\dagger a$ の固有値と固有ベクトルを求めよ.

[**4.27**] 平面 $x = 0$ を境にして, $x < 0$ の領域には一様な静磁場が面 $x = 0$ と平行にかけられている. 他方, $x > 0$ の領域には磁場はない. いま単色の中性子線が $x > 0$ の領域から面 $x = 0$ に垂直に入射した.

(a) 上の中性子に対する (時間によらない) シュレーディンガー方程式をたてよ.

【注】 中性子は中性ではあるが, スピン磁気モーメントをもっている. その方向はスピンと反平行である.

(b) 上の方程式の散乱解を求めることにより, 以下の中性子線の反射率を求めよ.

　　イ) 入射中性子のスピンが磁場に平行なとき,

　　ロ) 反平行なとき,

　　ハ) 一般の方向を向いているとき.

ただし, 磁場は十分に弱いとして, 磁場の最低次の寄与だけを調べよ.

(c) 上の結果を用いて, 入射中性子のスピンが進行方向を向いていると, 反射中性子のスピンの方向がどうなるか調べよ.

[**4.28**] 磁気モーメント μ をもったスピン 1/2 の粒子に, 強さが $B = B(t)$ に従って刻々変化する z 方向を向いた一様な磁場が作用している. 最初, スピンが勝手な方向を向いていたとして, その後のスピンの方向を求めよ.

[**4.29**] 2 電子系の任意のスピン関数 $f(\sigma_1, \sigma_2)$ に演算子

$$P \equiv \frac{1}{2} + 2\boldsymbol{s}_1 \cdot \boldsymbol{s}_2 \qquad (\hbar \equiv 1)$$

を作用させると, 電子 1 と 2 のスピン座標が交換することを示せ. つまり

$$f(\sigma_1, \sigma_2) \xrightarrow{\ P\ } g(\sigma_1, \sigma_2) \equiv P f(\sigma_1, \sigma_2) = f(\sigma_2, \sigma_1)$$

[**4.30**] 中心力場のなかをスピン 1/2 の粒子が運動している. この粒子のハミルトニアン, 軌道角運動量, スピン角運動量, 合成角運動量の演算子をそれぞれ $H_0, \hbar\boldsymbol{l}, \hbar\boldsymbol{s}, \hbar\boldsymbol{j}$ とかく. ただし $\boldsymbol{j} \equiv \boldsymbol{l} + \boldsymbol{s}$.

(a)　$H_0, \boldsymbol{l}^2, \boldsymbol{s}^2, \boldsymbol{j}^2, j_z$ は互いに交換することを示せ.

(b)　これら 5 個の演算子の同時固有関数 $|\tau, l, s, j, m_j\rangle$ を，$H_0, \boldsymbol{l}^2, \boldsymbol{s}^2, l_z, s_z$ の同時固有関数 $|\tau, l, s, m_l, m_s\rangle$ を用いて表わせ.

(c)　中心力のほかにスピン軌道相互作用 $V \equiv \lambda \boldsymbol{l} \cdot \boldsymbol{s}$ （λ は定数）をも考慮すると，粒子のエネルギー準位はどう変化するか.

(d)　考えている粒子を電子とすると，この系の磁気モーメントの演算子 $\boldsymbol{\mu}$ は $\boldsymbol{l} + 2\boldsymbol{s}$ に比例する. $\boldsymbol{\mu}$ と $\boldsymbol{j}$ の行列要素のあいだにつぎの比例関係があることを確かめよ.

$$\langle \tau lsjm_{j'}|\boldsymbol{\mu}|\tau lsjm_j\rangle = \rho(\tau lsj)\langle \tau lsjm_{j'}|\boldsymbol{j}|\tau lsjm_j\rangle$$

【注】　上の関係式はウィグナー-エッカルトの定理と呼ばれるものの一例である.

[**4.31**]　前問の結果を利用して電子スピンを 1 個ずつ合成していくことにより，次のものを求めよ.

(a)　2 電子系の合成スピン角運動量の 2 乗とその z 成分の同時固有ベクトル.

(b)　3 電子系についての同様のもの,

(c)　4 電子系の合成スピンの可能な S（合成スピン量子数）の値，ならびに同じ S をもつ 1 次独立な固有ベクトルの個数,

(d)　n 電子系の最大の S（$= n/2$）に対応する固有ベクトル.

[**4.32**]　電子と陽電子が水素原子のように結合したものをポジトロニウムという. その最低準位 1S は両粒子のスピンのために $2 \times 2 = 4$ 重に縮退している. しかし，スピン間の弱い磁気的相互作用や外部磁場との相互作用を考えると，この縮退は解ける. この様子はつぎの有効ハミルトニアン

$$H = A\boldsymbol{\sigma}_1 \cdot \boldsymbol{\sigma}_2 + \mu_{\mathrm{B}}B(\sigma_{1z} - \sigma_{2z})$$

を用いて議論できる. ここで A はある定数，μ_{B} はボーア磁子，B は外部磁場である. また，$\boldsymbol{\sigma}_1, \boldsymbol{\sigma}_2$ はそれぞれ電子，陽電子のスピン演算子の $2/\hbar$ 倍である.

(a)　$B = 0$ の場合，1S 準位は 3 重項 1^3S と 1 重項 1^1S の 2 本に分裂し，前者のほうが高いエネルギーをもつ. 分裂の大きさを 2×10^5 Mc/s とし

て A を求めよ.

(b)　水素原子とちがい，ポジトロニウムは光子を放出して自然に消滅してしまう．エネルギー保存則と運動量保存則を用いて，消滅のためには光子 2 個以上の放出が必要であることを示せ.

【注】　さらに角運動量保存則を用いると，3 重項状態では少なくとも 3 個の光子の放出が必要であることを示しうる.

(c)　$B \neq 0$ のときのエネルギー固有値，固有関数を求めよ.

(d)　ポジトロニウムの寿命 τ は

$$\frac{1}{\tau} = \frac{P_1}{\tau_1} + \frac{P_3}{\tau_3}$$

で与えられる．P_1, P_3 はポジトロニウムの波動関数を 1 重項状態と 3 重項状態に分解したときのそれぞれの重率である．（c）で求めた各状態の寿命を求めよ．ただし $\tau_1 = 10^{-10}$ s, $\tau_3 = 10^{-7}$ s, $B = 0.2$ T（$= 2000$ G）とする.

解　　答

[**4.1**]　(a)　任意のケットベクトル $|f\rangle$ を

$$|f\rangle = \sum_i |u_i\rangle f_i$$

のように展開すると，係数 f_i は内積 $\langle u_i|f\rangle$ で与えられるから，上に代入して

$$|f\rangle = \sum_i |u_i\rangle \langle u_i|f\rangle = \left(\sum_i |u_i\rangle \langle u_i|\right)|f\rangle$$

$$\therefore \quad \sum_i |u_i\rangle \langle u_i| = 1$$

(b)　$|f\rangle = \sum_i |u_i\rangle f_i$ とすると $f_i = \langle u_i|f\rangle$ であり，$\langle g| = \sum_j g_j \langle u_j|$ とすると $g_j = \langle g|u_j\rangle$ であるから，

$$\langle g|A|f\rangle = \sum_i \sum_j g_j \langle u_j|A|u_i\rangle f_i$$

$$= \sum_i \sum_j \langle g|u_j\rangle \langle u_j|A|u_i\rangle \langle u_i|f\rangle$$

$$= \langle g|\left(\sum_i \sum_j |u_j\rangle \langle u_j|A|u_i\rangle \langle u_i|\right)|f\rangle$$

(c)　行列の掛け算の規則

$$(AB)_{ik} = \sum_j A_{ij} B_{jk}$$

にほかならないが，右辺に（a）を機械的に適用すれば左辺になる．

[**4.2**]　（a）　固有ベクトルだと $\langle u_i | A | u_j \rangle = a_j \delta_{ij}$ となるから，これを前問（b）の結果に入れればよい．

（b）　$A^2 | u_j \rangle = AA | u_j \rangle = Aa_j | u_j \rangle = a_j A | u_j \rangle = a_j^2 | u_j \rangle$ であるから，$| u_j \rangle$ は A^2 の固有ベクトルにもなっており，その固有値は a_j^2 である．したがって（a）によって与式が得られる．

（c）　$f(A)$ は A の多項式で定義され，$A^p | u_j \rangle = a_j^p | u_j \rangle$ であるから

$$f(A) | u_j \rangle = \sum_p c_p A^p | u_j \rangle$$

$$= \sum_p c_p a_j^p | u_j \rangle = f(a_j) | u_j \rangle$$

となり，（a），（b）と同じ論法で与式を得る．

[**4.3**]　（a）　$\langle f | A | g \rangle^* = \langle f | a | g \rangle^* = a^* \langle f | g \rangle^* = a^* \langle g | f \rangle = \langle g | a^* | f \rangle$ となるが，これが $\langle g | A^\dagger | f \rangle$ に等しいというのであるから $A^\dagger = a^*$.

（b）　$| g \rangle = \sum_i g_i | u_i \rangle$ とすると係数は $g_i = \langle u_i | g \rangle$ であるから，これを $| g \rangle = A | f \rangle$ に適用すると，係数は $\langle u_i | A | f \rangle$ である．したがって

$$| g \rangle = \sum_i | u_i \rangle \langle u_i | A | f \rangle$$

また $| g \rangle = \sum_i g_i | u_i \rangle$ ならば $\langle g | = \sum_i g_i^* \langle u_i |$ であるから

$$\langle g | = \sum_i \langle u_i | A | f \rangle^* \langle u_i |$$

これに $\langle f | A | g \rangle^* = \langle g | A^\dagger | f \rangle$ を適用すれば

$$\langle g | = \sum_i \langle f | A^\dagger | u_i \rangle \langle u_i | = \langle f | A^\dagger \qquad (\because \quad \sum_i | u_i \rangle \langle u_i | = 1)$$

（c）　$\langle f | A^\dagger A | f \rangle = (\langle f | A^\dagger)(A | f \rangle) = \langle g | g \rangle \geqq 0.$

（d）　任意の $| f \rangle$ に対し，$B | f \rangle = | h \rangle$, $AB | f \rangle = A | h \rangle = | g \rangle$ とおくと，（b）により

$$\langle g | = \langle h | A^\dagger, \qquad \langle h | = \langle f | B^\dagger$$

であるから，第1式の $\langle h |$ に第2式を入れて

$$\langle g | = \langle f | B^\dagger A^\dagger$$

これと $AB | f \rangle = | g \rangle$ とをくらべ，（b）を用いれば

$$(AB)^\dagger = B^\dagger A^\dagger$$

[**4.4**]　(a)　A と B がエルミートなら $A^\dagger = A$, $B^\dagger = B$ である．ところが前問 (d) にこれを入れると

$$(AB)^\dagger = B^\dagger A^\dagger = BA$$

となるが，BA と AB は等しいとは限らないから，A と B が非可換なら

$$(AB)^\dagger \neq AB$$

となって，AB はエルミートでなくなる．

(b)　ユニタリー演算子の積はユニタリーである．

$$\therefore \quad (UV)^\dagger (UV) = V^\dagger U^\dagger UV = V^\dagger V = 1$$

[**4.5**]　(a)　$|t\rangle = S(t)|0\rangle$ をシュレーディンガー方程式

$$i\hbar \frac{\partial}{\partial t}|t\rangle = H|t\rangle$$

に代入すると，$|0\rangle$ は t によらないから，

$$i\hbar \frac{\partial S(t)}{\partial t}|0\rangle = HS(t)|0\rangle$$

したがって

$$i\hbar \frac{\partial S(t)}{\partial t} = HS(t)$$

(b)　H の固有ベクトル $|u_1\rangle, |u_2\rangle, \cdots$（固有値 $E_1, E_2, \cdots$）による行列表示で

$$S_{ij}(t) = \langle u_i|S(t)|u_j\rangle$$
$$H_{ij} = \langle u_i|H|u_j\rangle = E_j \delta_{ij}$$

となるから

$$i\hbar \frac{\partial S}{\partial t} = HS \quad は \quad i\hbar \frac{\partial S_{ij}}{\partial t} = E_i S_{ij}(t)$$

となる．これを積分して得られる

$$S_{ij}(t) = \mathrm{e}^{-iE_i t/\hbar} S_{ij}(0)$$

に初期条件 $S_{ij}(0) = \delta_{ij}$ を入れれば

$$S_{ij}(t) = \delta_{ij}\mathrm{e}^{-iE_i t/\hbar}$$

となるが，これは同じ表示における

$$S(t) = \mathrm{e}^{-iHt/\hbar}$$

の行列要素になっている．

(c)
$$S = \sum_n \frac{(-it/\hbar)^n H^n}{n!}$$

に問題 ［4.3］ の （d） を拡張した $(ABC\cdots M)^\dagger = M^\dagger \cdots C^\dagger B^\dagger A^\dagger$ を適用し，同 （a）
を使うと，$H^\dagger = H$ なので

$$S^\dagger = \sum_n \frac{(+it/\hbar)^n H^{\dagger n}}{n!} = \sum_n \frac{(iHt/\hbar)^n}{n!} = \mathrm{e}^{iHt/\hbar}$$

となる．A と B が交換可能な演算子ならば，ふつうの数の場合と全く同様にして

$$\mathrm{e}^A \mathrm{e}^B = \sum_n \sum_m \frac{1}{n!} \frac{1}{m!} A^n B^m = \sum_l \frac{1}{l!} (A+B)^l = \mathrm{e}^{A+B}$$

が証明できる．$iHt/\hbar$ と $-iHt/\hbar$ は交換するから

$$SS^\dagger = S^\dagger S = \mathrm{e}^{\pm iHt/\hbar} \mathrm{e}^{\mp iHt/\hbar} = \mathrm{e}^0 = 1$$

がわかる．

　もっと一般的には，（a） の結果 $i\hbar\, dS/dt = HS$ のエルミート共役をとり，$H^\dagger =$
H を使うと

$$-i\hbar \frac{dS^\dagger}{dt} = S^\dagger H^\dagger = S^\dagger H$$

したがって

$$i\hbar \frac{d}{dt}(S^\dagger S) = i\hbar \frac{dS^\dagger}{dt} S + i\hbar S^\dagger \frac{dS}{dt} = -S^\dagger H S + S^\dagger H S = 0$$

ところが $t = 0$ では $S(0) = 1$，したがって $S^\dagger(0) = 1$ であるから

$$S^\dagger(t) S(t) = S^\dagger(0) S(0) = 1$$

$S(t) S^\dagger(t)$ についても同様にして $= 1$ が示される．

(d)　$|t\rangle = S(t)|0\rangle$ であるから $\langle t| = \langle 0|S^\dagger(t)$．したがって

$$\langle t|A|t\rangle = \langle 0|S^\dagger(t) A S(t)|0\rangle = \langle 0|\mathscr{A}(t)|0\rangle$$

また，$S^\dagger S = SS^\dagger = 1$ であるから，これらを中間にはさめば

$$\langle t|A|t\rangle = \langle t|S(t)S^\dagger(t) A S(t)S^\dagger(t)|t\rangle$$
$$= (t|\mathscr{A}(t)|t) \qquad \because \quad (t| = \langle t|S(t)$$

(e)　$|t) = S^\dagger(t)|t\rangle = S^\dagger(t)S(t)|0\rangle = |0\rangle$ は t によらないから

$$i\hbar \frac{\partial}{\partial t}|t) = 0$$

また，$\mathscr{A}(t) = S^\dagger(t) A S(t)$ を t で微分し （a） の結果（とそのエルミート共役）を用

いると

$$ i\hbar \frac{d}{dt}\mathcal{A}(t) = i\hbar \frac{dS^\dagger}{dt}AS(t) + i\hbar S^\dagger(t)A\frac{dS}{dt} $$

$$ = -S^\dagger(t)HAS(t) + S^\dagger(t)AHS(t) $$

$$ = S^\dagger(t)AS(t)S^\dagger(t)HS(t) - S^\dagger(t)HS(t)S^\dagger(t)AS(t) $$

$$ = \mathcal{A}(t)\mathcal{H}(t) - \mathcal{H}(t)\mathcal{A}(t) $$

これを, **ハイゼンベルクの運動方程式**という.

[**4. 6**]　(a)　オブザーバブルはエルミート演算子で表わされるから $A^\dagger = A$ である. 問題 [4.3] により一般に $\langle f|A|g\rangle^* = \langle g|A^\dagger|f\rangle$ であるから, $A = A^\dagger$ とすれば

$$ \langle f|A|g\rangle^* = \langle g|A|f\rangle $$

であるが, 特に $|g\rangle = |f\rangle = |nr\rangle$ のときを考えれば $A|nr\rangle = a_n|nr\rangle$ なので, $a_n{}^* = a_n$ がわかる.

(b)　上の式で $\langle f| = \langle n'r'|$, $|g\rangle = |nr\rangle$ とすると

$$ a_n{}^*\langle n'r'|nr\rangle^* = a_{n'}\langle nr|n'r'\rangle $$

であるが a_n は実数であり, $\langle n'r'|nr\rangle^* = \langle nr|n'r'\rangle$ であるから

$$ (a_n - a_{n'})\langle nr|n'r'\rangle = 0 $$

が得られる. したがって, $n \neq n'$ ならば $a_n \neq a_{n'}$ であるから

$$ \langle nr|n'r'\rangle = 0 $$

つまり, 異なる固有値に属する固有ベクトルの直交性は (A のエルミート性により) 自動的に保証されている.

同じ n で r の異なるものがいくつか存在するときには, それらのどんな線形結合をとっても, 固有値 a_n をもつ A の固有ベクトルになる. したがって, その係数を適当に選んで互いに直交するようなものをつくることができる (たとえばシュミットの直交化法を使うなど).

(c)　$|nr\rangle$ の集合は完全系をつくるから, かってなベクトル $|\varphi\rangle$ をこれで展開できる. $|nr\rangle$ の係数 c_{nr} は $\langle nr|\varphi\rangle$ で与えられるから

$$ |\varphi\rangle = \sum_{n,r} c_{nr}|nr\rangle = \sum_{n,r}|nr\rangle\langle nr|\varphi\rangle $$

(d)　問題 [4.2] (a) と同じ.

(e)　$|\varphi\rangle = \sum_{n,r} c_{nr}|nr\rangle$ とすると, A を測って a_n を得るような状態 $|n1\rangle, |n2\rangle, \cdots$ の

どれかに見出される確率は $\sum_r |c_{nr}|^2$ で与えられる. したがって平均値は

$$\overline{A} = \sum_n a_n \sum_r |c_{nr}|^2 \qquad (\sum_n \sum_r |c_{nr}|^2 = 1)$$

で求めればよい. ところが

$$\langle \varphi | A | \varphi \rangle = \sum_{n,r} \sum_{n',r'} c_{n'r'}^* c_{nr} \langle n'r' | A | nr \rangle$$

$$= \sum_{n,r} \sum_{n',r'} c_{n'r'}^* c_{nr} a_n \langle n'r' | nr \rangle$$

$$= \sum_{n,r} \sum_{n',r'} c_{n'r'}^* c_{nr} a_n \delta_{nn'} \delta_{rr'}$$

$$= \sum_{n,r} |c_{nr}|^2 a_n$$

であるから, $\overline{A} = \langle \varphi | A | \varphi \rangle$.

[**4.7**] (a) $|n\rangle$ と u_n の定義から

$$U|n'\rangle = u_{n'}|n'\rangle, \qquad \langle n| U^\dagger = \langle n| u_n^*$$

したがって

$$\langle n| U^\dagger U |n'\rangle = u_n^* u_{n'} \langle n|n'\rangle$$

ところが $U^\dagger U = 1$ であるから $\langle n| U^\dagger U |n'\rangle = \langle n|n'\rangle$.

$$\therefore \quad (u_n^* u_{n'} - 1)\langle n|n'\rangle = 0$$

(b) $n = n'$ のときには $u_n^* u_n = 1$. つまり α_n を実数として, 固有値 u_n は

$$u_n = \exp(i\alpha_n) \qquad (|u_n| = 1)$$

とかけることがわかる.

$u_n \neq u_{n'}$ ならば $\langle n|n'\rangle = 0$, つまり異なる固有値に属する固有ベクトルは直交する.

【注】 一般にユニタリー演算子 U は, 適当なエルミート演算子 A を用いて $U = e^{iA}$ とかかれることが証明できる.

[**4.8**] (a) $|g'\rangle = U|g\rangle$, $\langle f'| = \langle f| U^\dagger$ であるから

$$\langle f' | A' | g' \rangle = \langle f| U^\dagger U A U^\dagger U |g\rangle = \langle f| A |g\rangle$$

$$\therefore \quad U^\dagger U = U U^\dagger = 1$$

(b) $\sum_j |u_j\rangle\langle u_j| = 1$ を用いると

$$U = U \cdot 1 = \sum_j U|u_j\rangle\langle u_j| = \sum_j |u_j'\rangle\langle u_j|$$

$$U^\dagger = 1 \cdot U^\dagger = \sum_j |u_j\rangle\langle u_j| U^\dagger = \sum_j |u_j\rangle\langle u_j'|$$

(c)　$AB + CDE = F$ の全部の項に左から U, 右から $U^\dagger$ を掛け, さらに $U^\dagger U = 1$ を中間に

$$UCDEU^\dagger = UCU^\dagger UDU^\dagger UEU^\dagger$$

のようにはさめば, $A, B, \cdots, F$ はすべて $A', B', \cdots, F'$ に変換されるから, 与式が得られる.

[4.9]　(a)　$\mathrm{Tr}(AB) = \sum_i (AB)_{ii} = \sum_i \sum_k A_{ik} B_{ki} = \sum_k \left(\sum_i B_{ki} A_{ik}\right) = \sum_k (BA)_{kk}$

$\qquad\qquad\qquad = \mathrm{Tr}\, BA$

$\quad \mathrm{Tr}(ABC) = \mathrm{Tr}(AB)C = \mathrm{Tr}\, C(AB) = \mathrm{Tr}\, CAB = \mathrm{Tr}(CA)B = \mathrm{Tr}\, B(CA)$

$\qquad\qquad = \mathrm{Tr}\, BCA$

(b)　上の結果を使えば, $\mathrm{Tr}(UAU^\dagger) = \mathrm{Tr}(U^\dagger UA) = \mathrm{Tr}(1 \cdot A) = \mathrm{Tr}\, A$.

[4.10]　(a)　固有値は永年方程式

$$\begin{vmatrix} -\alpha & -i \\ i & -\alpha \end{vmatrix} = 0$$

の根として

$$\alpha = \pm 1$$

と求められる. 固有ベクトルは

$$\begin{pmatrix} 0 & -i \\ i & 0 \end{pmatrix}\begin{pmatrix} c_1 \\ c_2 \end{pmatrix} = \pm \begin{pmatrix} c_1 \\ c_2 \end{pmatrix}, \quad |c_1|^2 + |c_2|^2 = 1$$

より

$$\alpha = 1 \text{ に対し } |u_+\rangle = \begin{pmatrix} 1/\sqrt{2} \\ i/\sqrt{2} \end{pmatrix}, \quad \alpha = -1 \text{ に対し } |u_-\rangle = \begin{pmatrix} 1/\sqrt{2} \\ -i/\sqrt{2} \end{pmatrix}$$

となることがわかる.

(b)　$\qquad \langle u_+ | u_- \rangle = \begin{pmatrix} \dfrac{1}{\sqrt{2}} & -\dfrac{i}{\sqrt{2}} \end{pmatrix}\begin{pmatrix} 1/\sqrt{2} \\ -i/\sqrt{2} \end{pmatrix} = \dfrac{1}{2} - \dfrac{1}{2} = 0$

(c)　式 (14) を用いれば

$$U_{11} = \langle u_+ | u_1 \rangle = 1/\sqrt{2}, \qquad U_{12} = \langle u_+ | u_2 \rangle = -i/\sqrt{2}$$

$$U_{21} = \langle u_- | u_1 \rangle = 1/\sqrt{2}, \qquad U_{22} = \langle u_- | u_2 \rangle = i/\sqrt{2}$$

であるから

$$U = \begin{pmatrix} \dfrac{1}{\sqrt{2}} & -\dfrac{i}{\sqrt{2}} \\ \dfrac{1}{\sqrt{2}} & \dfrac{i}{\sqrt{2}} \end{pmatrix}, \quad U^\dagger = \begin{pmatrix} \dfrac{1}{\sqrt{2}} & \dfrac{1}{\sqrt{2}} \\ \dfrac{i}{\sqrt{2}} & -\dfrac{i}{\sqrt{2}} \end{pmatrix}$$

(d) $\qquad\qquad UBU^\dagger = \begin{pmatrix} 0 & -i \\ i & 0 \end{pmatrix}, \quad UCU^\dagger = \begin{pmatrix} 0 & 1 \\ 1 & 0 \end{pmatrix}$

であり，トレースはすべて 0 である．

(e)　$A' = \begin{pmatrix} 1 & 0 \\ 0 & -1 \end{pmatrix}$ であるから

$$A'^{2n} = \begin{pmatrix} 1 & 0 \\ 0 & 1 \end{pmatrix}, \quad A'^{2n+1} = \begin{pmatrix} 1 & 0 \\ 0 & -1 \end{pmatrix}$$

がすぐわかる．したがって

$$
\begin{aligned}
\exp\left(\frac{\pi}{2}iA'\right) &= \sum_{n=0}^{\infty} \frac{1}{n!}\left(\frac{\pi}{2}iA'\right)^n \\
&= \sum_{n=0}^{\infty} \frac{1}{(2n)!}\left(-\frac{\pi^2}{4}\right)^n \begin{pmatrix} 1 & 0 \\ 0 & 1 \end{pmatrix} + \sum_{n=0}^{\infty} \frac{\pi i/2}{(2n+1)!}\left(-\frac{\pi^2}{4}\right)^n \begin{pmatrix} 1 & 0 \\ 0 & -1 \end{pmatrix} \\
&= \cos\frac{\pi}{2}\begin{pmatrix} 1 & 0 \\ 0 & 1 \end{pmatrix} + i\sin\frac{\pi}{2}\begin{pmatrix} 1 & 0 \\ 0 & -1 \end{pmatrix} \\
&= \begin{pmatrix} e^{\pi i/2} & 0 \\ 0 & e^{-\pi i/2} \end{pmatrix} = \begin{pmatrix} i & 0 \\ 0 & -i \end{pmatrix}
\end{aligned}
$$

ゆえに

$$\exp\left(\frac{\pi}{2}iA\right) = U^\dagger \begin{pmatrix} i & 0 \\ 0 & -i \end{pmatrix} U = \begin{pmatrix} 0 & 1 \\ -1 & 0 \end{pmatrix}$$

[**4.11**]　非線形性

$$
\begin{aligned}
K\{a\varphi_1(q) + b\varphi_2(q)\} &= a^*\varphi_1{}^*(q) + b^*\varphi_2{}^*(q) \\
&= a^* K\varphi_1(q) + b^* K\varphi_2(q) \\
&\neq a K\varphi_1(q) + b K\varphi_2(q)
\end{aligned}
$$

非エルミート性

$$\int \varphi_1{}^* K\varphi_2 \, dq = \int \varphi_1{}^* \varphi_2{}^* \, dq = \int \varphi_2{}^* \varphi_1{}^* \, dq = \int \varphi_2{}^* K\varphi_1 \, dq \neq \left(\int \varphi_2{}^* K\varphi_1 \, dq\right)^*$$

非ユニタリー性

$$\int \varphi_1{}^* K^\dagger K \varphi_2 \, dq = \int \varphi_1{}^* K^\dagger \varphi_2{}^* dq = \left(\int \varphi_2 K \varphi_1 \, dq\right)^* = \left(\int \varphi_2 \varphi_1{}^* dq\right)^* \neq \int \varphi_1{}^* \varphi_2 \, dq$$

[**4.12**] $\displaystyle\int_a^b f^*(x)\left(-i\hbar \frac{d}{dx}\right)g(x)\,dx$

$$= -i\hbar\Big[f^*(x)g(x)\Big]_a^b + i\hbar \int_a^b g(x)\frac{d}{dx}f^*(x)\,dx$$

$$= -i\hbar\Big[f^*(x)g(x)\Big]_a^b + \left(\int_a^b g^*(x)\left(-i\hbar\frac{d}{dx}\right)f(x)\,dx\right)^*$$

$$\int_a^b f^*(x)\left(-i\hbar\frac{d}{dx}\right)^2 g(x)\,dx$$

$$= -\hbar^2\left[f^*\frac{dg}{dx} - \frac{df^*}{dx}g\right]_a^b + \left(\int_a^b g^*(x)\left(-i\hbar\frac{d}{dx}\right)^2 f(x)\,dx\right)^*$$

であるから，（i）または（ii）を満足していれば右辺の第 1 項が消えて

$$\int_a^b f^* p^n g \, dx = \left(\int_a^b g^* p^n f \, dx\right)^* \qquad (n=1,2)$$

すなわち

$$(f, p^n g) = (g, p^n f)^* = (p^n f, g)$$

が成り立つ．

[**4.13**] （a） $[A, BC] = ABC - BCA = ABC - BAC + BAC - BCA$

$$= [A, B]C + B[A, C]$$

（b） $\displaystyle\left[\sum_i A_i, \sum_k B_k\right] = \sum_i \sum_k A_i B_k - \sum_i \sum_k B_k A_i = \sum_i \sum_k (A_i B_k - B_k A_i)$

$$= \sum_i \sum_k [A_i, B_k]$$

[**4.14**] （a） $[x, p] = -i\hbar\left(x\dfrac{d}{dx} - \dfrac{d}{dx}x\right) = -i\hbar\left(x\dfrac{d}{dx} - 1 - x\dfrac{d}{dx}\right) = i\hbar$ で

あるから $n=1$ のとき与式は正しい．n のときに成り立つとすると，

$$[x, p^{n+1}] = xp^{n+1} - p^{n+1}x$$

$$= xp^n p - p^n px$$

$$= xp^n p - p^n xp + p^n xp - p^n px$$

$$= [x, p^n]p + p^n[x, p]$$

$$= ni\hbar p^{n-1}p + p^n(i\hbar p^0)$$

$$= (n+1)i\hbar p^n$$

$$[p, x^{n+1}] = px^n x - x^n xp$$
$$= px^n x - x^n px + x^n px - x^n xp$$
$$= [p, x^n]x + x^n[p, x]$$
$$= -ni\hbar x^{n-1}x + x^n(-i\hbar x^0)$$
$$= -(n+1)i\hbar x^n$$

であるから，$n+1$ のときにも成り立つ．したがって，帰納法により，与式はすべ
ての正整数について正しい．

(b)
$$f(x) = \sum_n a_n x^n, \qquad g(p) = \sum_n b_n p^n$$

とすると

$$[x, g(p)] = \sum_n b_n[x, p^n] = \sum_n b_n ni\hbar p^{n-1} = i\hbar \frac{d}{dp}\sum_n b_n p^n$$

$$[p, f(x)] = \sum_n a_n[p, x^n] = -\sum_n a_n ni\hbar x^{n-1} = -i\hbar \frac{d}{dx}\sum_n a_n x^n$$

[**4.15**]　(a)　$\hbar, m, \omega$ の元（ディメンジョン）はそれぞれ，
$$[\hbar] = ML^2/T, \qquad [m] = M, \qquad [\omega] = T^{-1}$$

であるから，

$$
\begin{aligned}
[\omega^{-1}] &= T &&\text{(時間)} \\
[\hbar\omega] &= ML^2/T^2 &&\text{(エネルギー)} \\
[\sqrt{m\hbar\omega}] &= ML/T &&\text{(運動量)} \\
[\sqrt{\hbar/m\omega}] &= L &&\text{(長さ)}
\end{aligned}
$$

になっていることがわかる．$\hbar = m = \omega = 1$ の単位系では，$\omega^{-1}, \hbar\omega, \sqrt{m\hbar\omega}$，
$\sqrt{\hbar/m\omega}$ がすべて 1 になるから，これらがそれぞれの量の単位になっている．

(b)　$[x, p] = i$ を用いれば

$$aa^\dagger = \frac{1}{2}(x + ip)(x - ip) = \frac{1}{2}(x^2 - ixp + ipx + p^2) = \frac{1}{2}(p^2 + x^2 + 1)$$

$$a^\dagger a = \frac{1}{2}(x - ip)(x + ip) = \frac{1}{2}(x^2 + ixp - ipx + p^2) = \frac{1}{2}(p^2 + x^2 - 1)$$

であるから

$$H = \frac{1}{2}(p^2 + x^2) = aa^\dagger - \frac{1}{2} = a^\dagger a + \frac{1}{2}$$

$$[a, a^\dagger] = aa^\dagger - a^\dagger a = 1$$

また，これを使えば

$$[H, a^\dagger] = [a^\dagger a, a^\dagger] = a^\dagger a a^\dagger - a^\dagger a^\dagger a$$
$$= a^\dagger(aa^\dagger - a^\dagger a) = a^\dagger[a, a^\dagger] = a^\dagger$$
$$[H, a] = [a^\dagger a, a] = a^\dagger aa - aa^\dagger a$$
$$= (a^\dagger a - aa^\dagger)a = -[a, a^\dagger]a = -a$$

(c)
$$Hu_\lambda = \left(a^\dagger a + \frac{1}{2}\right)u_\lambda = \left(aa^\dagger - \frac{1}{2}\right)u_\lambda = \lambda u_\lambda$$

であるから

$$Ha^\dagger u_\lambda = \left(a^\dagger aa^\dagger + \frac{1}{2}a^\dagger\right)u_\lambda$$
$$= \left(a^\dagger aa^\dagger - \frac{1}{2}a^\dagger + a^\dagger\right)u_\lambda$$
$$= \left\{a^\dagger\left(aa^\dagger - \frac{1}{2}\right) + a^\dagger\right\}u_\lambda$$
$$= a^\dagger Hu_\lambda + a^\dagger u_\lambda$$
$$= a^\dagger \lambda u_\lambda + a^\dagger u_\lambda$$
$$= (\lambda + 1)a^\dagger u_\lambda$$

同様にして

$$Hau_\lambda = (\lambda - 1)au_\lambda$$

(d) $au_{\lambda_0}(x) = 0$ を微分演算子で正しくかけば

$$\left(x + \frac{d}{dx}\right)u_{\lambda_0}(x) = 0$$

これを積分すれば*

$$u_{\lambda_0}(x) = (定数)\exp\left(-\frac{x^2}{2}\right)$$

が求まる．λ_0 は

$$Hu_{\lambda_0} = \left(a^\dagger a + \frac{1}{2}\right)u_{\lambda_0} = \frac{1}{2}u_{\lambda_0} \qquad (\because \quad au_{\lambda_0} = 0)$$

---

* $\dfrac{dy}{dx} = -xy$ より $\dfrac{dy}{y} = -x\,dx$. これを積分すれば $\log y = -\dfrac{x^2}{2} + C$ となるから，

$y = (定数)\exp\left(-\dfrac{x^2}{2}\right)$.

より 1/2 であることがわかる.

(e)　$\lambda_0 = 1/2$ はどの u_λ から出発して到達したかに無関係である（つまり λ によらない）から，これが唯一の最低固有値である．この u_{λ_0} に $a^\dagger$ をつぎつぎに作用させれば，それらの固有値は 1 ずつ増していくから，H の固有値は $\dfrac{1}{2}, \dfrac{3}{2}, \cdots, \left(n + \dfrac{1}{2}\right),$ … だけである.

(f)　$\lambda = n + \dfrac{1}{2}$ $(n = 0, 1, 2, \cdots)$ とおけば

$$Hu_\lambda = \left(a^\dagger a + \frac{1}{2}\right)u_\lambda = \left(n + \frac{1}{2}\right)u_\lambda \quad \therefore \quad a^\dagger a u_\lambda = n u_\lambda$$

であるから，$a^\dagger a$ の固有値は $0, 1, 2, \cdots$.

[**4.16**]　(a)　$a^\dagger u_n$ は規格化されているわけでないから u_{n+1} そのものでなく，その定数倍である．そこで

$$a^\dagger u_n = C u_{n+1}$$

とおく．ブラケット記号でかくと

$$a^\dagger |u_n\rangle = C |u_{n+1}\rangle$$

これのエルミート共役をとると（$x^\dagger = x$, $p^\dagger = p$ なので a と $a^\dagger$ は互いにエルミート共役であるから）

$$\langle u_n | a = \langle u_{n+1} | C^*$$

内積にすると

$$\langle u_n | a a^\dagger | u_n \rangle = |C|^2 \langle u_{n+1} | u_{n+1} \rangle$$

$aa^\dagger = a^\dagger a + 1$ の固有値は $n + 1$ であり，u_n, u_{n+1} は規格化されているから

$$n + 1 = |C|^2$$

したがって，$C = \sqrt{n+1}$ と選ぶことができる．u_{n-1} についても同様である.

(b)

$$a^\dagger \longrightarrow \begin{pmatrix} 0 & 0 & 0 & 0 & \cdots \\ \sqrt{1} & 0 & 0 & 0 & \cdots \\ 0 & \sqrt{2} & 0 & 0 & \cdots \\ 0 & 0 & \sqrt{3} & 0 & \cdots \\ \multicolumn{5}{c}{\dotfill} \end{pmatrix}$$

$$a \quad \longrightarrow \quad \begin{pmatrix} 0 & \sqrt{1} & 0 & 0 & \cdots \\ 0 & 0 & \sqrt{2} & 0 & \cdots \\ 0 & 0 & 0 & \sqrt{3} & \cdots \\ 0 & 0 & 0 & 0 & \cdots \\ \cdots\cdots\cdots\cdots\cdots\cdots \end{pmatrix}$$

$$a^\dagger a \quad \longrightarrow \quad \begin{pmatrix} 0 & 0 & 0 & 0 & \cdots \\ 0 & 1 & 0 & 0 & \cdots \\ 0 & 0 & 2 & 0 & \cdots \\ 0 & 0 & 0 & 3 & \cdots \\ \cdots\cdots\cdots\cdots\cdots\cdots \end{pmatrix}$$

$$x = \frac{a + a^\dagger}{\sqrt{2}} \quad \longrightarrow \quad \begin{pmatrix} 0 & \sqrt{1/2} & 0 & 0 & \cdots \\ \sqrt{1/2} & 0 & \sqrt{2/2} & 0 & \cdots \\ 0 & \sqrt{2/2} & 0 & \sqrt{3/2} & \cdots \\ 0 & 0 & \sqrt{3/2} & 0 & \cdots \\ \cdots\cdots\cdots\cdots\cdots\cdots\cdots \end{pmatrix}$$

$$p = \frac{a - a^\dagger}{\sqrt{2}i} \quad \longrightarrow \quad \begin{pmatrix} 0 & -i\sqrt{1/2} & 0 & 0 & \cdots \\ i\sqrt{1/2} & 0 & -i\sqrt{2/2} & 0 & \cdots \\ 0 & i\sqrt{2/2} & 0 & -i\sqrt{3/2} & \cdots \\ 0 & 0 & i\sqrt{3/2} & 0 & \cdots \\ \cdots\cdots\cdots\cdots\cdots\cdots\cdots\cdots \end{pmatrix}$$

(c)　$u_0(x) \propto \exp\left(-\dfrac{x^2}{2}\right)$ を規格化すると

$$u_0(x) = \pi^{-1/4} \exp\left(-\frac{x^2}{2}\right) \qquad \left(\because \ \int_{-\infty}^{\infty} \exp(-x^2)dx = \sqrt{\pi}\right)$$

これに $a^\dagger = \left(x - \dfrac{d}{dx}\right)\bigg/ \sqrt{2}$ を作用させると,

$$u_1(x) = a^\dagger u_0(x) = (2\sqrt{\pi})^{-1/2} 2x \exp\left(-\frac{x^2}{2}\right)$$

$$u_2(x) = \frac{1}{\sqrt{2}} a^\dagger u_1(x) = (8\sqrt{\pi})^{-1/2}(4x^2 - 2)\exp\left(-\frac{x^2}{2}\right)$$

$$u_3(x) = \frac{1}{\sqrt{3}} a^\dagger u_2(x) = (48\sqrt{\pi})^{-1/2}(8x^3 - 12x)\exp\left(-\frac{x^2}{2}\right)$$

が得られる．グラフは 4-2 図に示す．

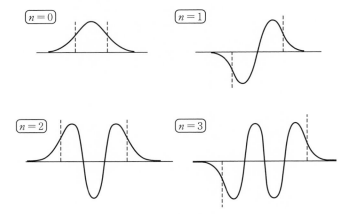

4-2 図

[**4.17**] (a) $a = \left(x + \dfrac{d}{dx}\right)\Big/\sqrt{2}$ であるから，

$$\left(x + \frac{d}{dx}\right)v_\alpha(x) = \sqrt{2}\,\alpha v_\alpha(x)$$

を解けばよい．

$$\frac{dv_\alpha}{v_\alpha} = (\sqrt{2}\alpha - x)dx$$

と変形して積分すれば

$$\log v_\alpha = \sqrt{2}\alpha x - \frac{x^2}{2} + C'$$

$$= -\frac{1}{2}(x - \sqrt{2}\alpha)^2 + C$$

$$\therefore \quad v_\alpha = (\text{定数})\exp\left\{-\frac{1}{2}(x - \sqrt{2}\alpha)^2\right\}$$

規格化すれば

$$v_\alpha(x) = \pi^{-1/4}\exp\left\{-\frac{1}{2}(x - \sqrt{2}\alpha)^2\right\}$$

となる．α は任意の複素数でよい．

$$|v_\alpha(x)|^2 = \pi^{-1/2}\exp\{-x^2 + (2\sqrt{2}\,\mathrm{Re}\,\alpha)x - \alpha^2 - \alpha^{*2}\}$$
$$= \pi^{-1/2}\exp\{-(x - \sqrt{2}\,\mathrm{Re}\,\alpha)^2 + 2(\mathrm{Im}\,\alpha)^2\}$$

これは $x = \sqrt{2}\,\mathrm{Re}\,\alpha$ に極大をもつガウス型の波束である.

(b)　上のことから

$$\langle x \rangle = \int_{-\infty}^{\infty} |v_\alpha(x)|^2 x\,dx = \sqrt{2}\,\mathrm{Re}\,\alpha$$

がすぐに求められる. $p = ix - i\sqrt{2}\,a$ であるから

$$\langle p \rangle = i\langle x \rangle - i\sqrt{2}\,\langle a \rangle = i\sqrt{2}\,\mathrm{Re}\,\alpha - i\sqrt{2}\,\alpha = \sqrt{2}\,\mathrm{Im}\,\alpha$$

(c)　問題 [4.15] (b) の結果 $[H, a] = -a$ を用いると, $Ha = aH - a = a(H-1)$ であるから, H を a の右に入れかえると $H-1$ に変わることがわかる. この手続きをくり返せば, 一般に $H^n a = a(H-1)^n$ となることがわかるから, べき級数に展開した各項ごとにこれをすることにより

$$\mathrm{e}^{iHt}a = a\mathrm{e}^{i(H-1)t}$$

が得られる. したがって

$$a(t) = \mathrm{e}^{iHt}a\mathrm{e}^{-iHt} = a\mathrm{e}^{i(H-1)t}\mathrm{e}^{-iHt} = a\mathrm{e}^{-it} \qquad (120 \text{ページ参照})$$

$a^\dagger(t)$ についても同様にすればよい.

(d)　
$$x = \frac{1}{\sqrt{2}}(a + a^\dagger), \qquad p = \frac{1}{\sqrt{2}\,i}(a - a^\dagger)$$

の t における期待値は

$$\langle x \rangle_t = \int v_\alpha^*(x)\mathrm{e}^{iHt}x\mathrm{e}^{-iHt}v_\alpha(x)dx$$

$$= \frac{1}{\sqrt{2}}\int v_\alpha^*(x)\mathrm{e}^{iHt}(a + a^\dagger)\mathrm{e}^{-iHt}v_\alpha(x)dx$$

$$= \frac{1}{\sqrt{2}}\{\mathrm{e}^{-it}\langle a \rangle_0 + \mathrm{e}^{it}\langle a^\dagger \rangle_0\}$$

$$\langle p \rangle_t = \frac{1}{\sqrt{2}\,i}\{\mathrm{e}^{-it}\langle a \rangle_0 - \mathrm{e}^{it}\langle a^\dagger \rangle_0\}$$

これと (b) の結果 $\langle x \rangle_0 = \sqrt{2}\,\mathrm{Re}\,\alpha$, $\langle p \rangle_0 = \sqrt{2}\,\mathrm{Im}\,\alpha$ (したがって $\langle a \rangle_0 = \alpha$, $\langle a^\dagger \rangle_0 = \alpha^*$) から, $\alpha = |\alpha|\mathrm{e}^{i\chi}$ とおくと

$$\langle x \rangle_t = \frac{1}{\sqrt{2}}(\alpha\mathrm{e}^{-it} + \alpha^*\mathrm{e}^{+it}) = \sqrt{2}\,|\alpha|\cos(\chi - t)$$

$$\langle p \rangle_t = \frac{1}{\sqrt{2}\,i}(\alpha e^{-it} - \alpha^* e^{it}) = \sqrt{2}\,|\alpha|\sin(\chi - t)$$

(e) $v_\alpha(x) = \sum\limits_{n=0}^{\infty} c_n u_n(x)$ とおくと, $av_\alpha(x) = \alpha v_\alpha(x)$ は

$$\begin{pmatrix} 0 & \sqrt{1} & 0 & \cdots \\ 0 & 0 & \sqrt{2} & \cdots \\ 0 & 0 & 0 & \cdots \\ \multicolumn{4}{c}{\cdots\cdots\cdots\cdots\cdots\cdots\cdots} \end{pmatrix} \begin{pmatrix} c_0 \\ c_1 \\ c_2 \\ \vdots \end{pmatrix} = \alpha \begin{pmatrix} c_0 \\ c_1 \\ c_2 \\ \vdots \end{pmatrix}$$

とかけるから,

$$\sqrt{1}\,c_1 = \alpha c_0, \qquad \sqrt{2}\,c_2 = \alpha c_1, \qquad \cdots, \qquad \sqrt{n}\,c_n = \alpha c_{n-1}, \qquad \cdots$$

これから

$$c_n = \frac{\alpha^n}{\sqrt{n!}}\,c_0$$

が得られる. 規格化は

$$1 = \sum_{n=0}^{\infty}|c_n|^2 = |c_0|^2 \sum_{n=0}^{\infty}\frac{|\alpha|^{2n}}{n!} = |c_0|^2 \exp|\alpha|^2$$

より,

$$c_0 = \exp\left(-\frac{|\alpha|^2}{2}\right)$$

$$\therefore \quad c_n = \frac{\alpha^n}{\sqrt{n!}}\exp\left(-\frac{|\alpha|^2}{2}\right)$$

以下の行列計算は読者自ら験証していただきたい.

[**4.18**] (a) $\qquad\qquad [p, e^{ikx}] = \hbar k e^{ikx}$

$$[p^2, e^{ikx}] = p[p, e^{ikx}] + [p, e^{ikx}]p = \hbar k(e^{ikx}p + pe^{ikx})$$

ゆえに

$$[H, e^{ikx}] = \frac{1}{2m}[p^2, e^{ikx}] = \frac{\hbar k}{2m}(e^{ikx}p + pe^{ikx})$$

$$[[H, e^{ikx}], e^{-ikx}] = \frac{\hbar k}{2m}([e^{ikx}p, e^{-ikx}] + [pe^{ikx}, e^{-ikx}])$$

$$= -\frac{\hbar^2 k^2}{m}$$

(b) $\quad [[H, e^{ikx}], e^{-ikx}] = He^{ikx}e^{-ikx} + e^{-ikx}e^{ikx}H - e^{ikx}He^{-ikx} - e^{-ikx}He^{ikx}$

において，第1項と第2項では2つの指数関数のあいだ，第3項と第4項では H のあとに $1 = \sum_n |n\rangle\langle n|$ をはさみ，$H|n\rangle = E_n|n\rangle$ であることを用いると

$$同上 = \sum_n [He^{ikx}|n\rangle\langle n|e^{-ikx} + e^{-ikx}|n\rangle\langle n|e^{ikx}H$$

$$- E_n\{e^{ikx}|n\rangle\langle n|e^{-ikx} + e^{-ikx}|n\rangle\langle n|e^{ikx}\}]$$

これの両側を $\langle s|$ と $|s\rangle$ ではさむと，$H|s\rangle = E_s|s\rangle$，$\langle s|H = \langle s|E_s$ であるから

$$\langle s|[[H, e^{ikx}], e^{-ikx}]|s\rangle = \sum_n [(E_s - E_n)\{\langle s|e^{ikx}|n\rangle\langle n|e^{-ikx}|s\rangle$$

$$+ \langle s|e^{-ikx}|n\rangle\langle n|e^{ikx}|s\rangle\}]$$

$$= \sum_n (E_s - E_n)\{|\langle s|e^{ikx}|n\rangle|^2 + |\langle n|e^{ikx}|s\rangle|^2\}$$

$$= \sum_n 2(E_s - E_n)|\langle n|e^{ikx}|s\rangle|^2$$

これと（a）の結果から与式が求められる．

（c）　k が小さいとき $e^{ikx} = 1 + ikx + \cdots$ と展開すれば

$$\langle n|e^{ikx}|s\rangle = \langle n|s\rangle + ik\langle n|x|s\rangle + \cdots$$

となるが，$\langle n|s\rangle = \delta_{ns}$ であり，$n = s$ のときには $E_n - E_s = 0$ になるので

$$\sum_n (E_n - E_s)|\langle n|e^{ikx}|s\rangle|^2 = k^2\sum_n (E_n - E_s)|\langle n|x|s\rangle|^2 + (k について高次の項)$$

これと（b）から与式が得られる．

[4.19]　（a）　$e^{\lambda A}Be^{-\lambda A} = \left(1 + \lambda A + \frac{1}{2}\lambda^2 A^2 + \cdots\right)B\left(1 - \lambda A + \frac{1}{2}\lambda^2 A^2 + \cdots\right)$

$$= B + \lambda AB - B\lambda A + \frac{1}{2}\lambda^2 A^2 B - \lambda AB\lambda A$$

$$+ \frac{1}{2}B\lambda^2 A^2 + \cdots$$

$$= B + \lambda(AB - BA) + \frac{1}{2}\lambda^2(A^2 B - ABA - ABA$$

$$+ BA^2) + \cdots$$

$$= B + \lambda[A, B] + \frac{1}{2}\lambda^2(A[A, B] - [A, B]A) + \cdots$$

$$= B + \lambda[A, B] + \frac{1}{2}\lambda^2[A, [A, B]] + \cdots$$

（b）　$e^{\lambda(A+B)} = 1 + \lambda(A + B) + \frac{1}{2}\lambda^2(A^2 + AB + BA + B^2) + \cdots$

$$e^{\lambda A}e^{\lambda B}e^{-C\lambda^2/2} = \left(1 + \lambda A + \frac{1}{2}\lambda^2 A^2 + \cdots\right)\left(1 + \lambda B + \frac{1}{2}\lambda^2 B^2 + \cdots\right)\left(1 - \frac{1}{2}\lambda^2 C + \cdots\right)$$

$$= 1 + \lambda(A + B) + \frac{1}{2}\lambda^2(A^2 + B^2 + 2AB - C) + \cdots$$

$$= 1 + \lambda(A + B) + \frac{1}{2}\lambda^2(A^2 + B^2 + AB + BA) + \cdots$$

$$(\because \quad AB = BA + C)$$

(c) $\quad (A - \lambda B)\left(\dfrac{1}{A} + \lambda\dfrac{1}{A}B\dfrac{1}{A} + \lambda^2\dfrac{1}{A}B\dfrac{1}{A}B\dfrac{1}{A} + \cdots\right)$

$$= 1 + \lambda B\frac{1}{A} + \lambda^2 B\frac{1}{A}B\frac{1}{A} + \cdots - \lambda B\frac{1}{A} - \lambda^2\frac{1}{A}B\frac{1}{A}B\frac{1}{A} - \cdots$$

$$= 1 + (\lambda \text{ の 3 次以上の項})$$

[**4.20**]　$A|n\rangle = a_n|n\rangle,\ B|n\rangle = b_n|n\rangle$ であるから，任意の関数 $|f\rangle$ を

$$|f\rangle = \sum_n f_n|n\rangle$$

と展開して考えると，

$$AB|f\rangle = \sum_n f_n AB|n\rangle = \sum_n f_n a_n b_n|n\rangle$$

$$BA|f\rangle = \sum_n f_n BA|n\rangle = \sum_n f_n b_n a_n|n\rangle$$

であるから，$AB|f\rangle = BA|f\rangle$．ゆえに $[A, B]|f\rangle = 0$.

[**4.21**]　(a)　$C = iBA - iAB$ であるから，これのエルミート共役をとると

$$C^\dagger = -iA^\dagger B^\dagger + iB^\dagger A^\dagger$$

となるが，$A^\dagger = A,\ B^\dagger = B$ であるから

$$C^\dagger = -iAB + iBA = iBA - iAB = C$$

(b)　$[a, b] = [A - \overline{A}, B - \overline{B}] = [A, B] - [A, \overline{B}] - [\overline{A}, B] + [\overline{A}, \overline{B}]$

$$= [A, B] \quad (\because \quad \overline{A}, \overline{B} \text{ はふつうの数})$$

(c)　A, B がエルミートなので $\overline{A}, \overline{B}$ は実数である．したがって

$$a^\dagger = A^\dagger - \overline{A}^* = A - \overline{A} = a, \quad b^\dagger = B^\dagger - \overline{B}^* = B - \overline{B} = b$$

であり，

$$(a + i\lambda b)^\dagger = a^\dagger - i\lambda b^\dagger = a - i\lambda b$$

であることがわかる．ゆえに

$$(a + i\lambda b)|\psi\rangle = |f\rangle$$

とおけば

$$\langle\psi|(a - i\lambda b) = \langle f|$$

とかけるから

$$J(\lambda) = \langle f|f\rangle \geqq 0$$

(d)　　　$$J(\lambda) = \langle\psi|a^2|\psi\rangle + i\lambda\langle\psi|(ab - ba)|\psi\rangle + \lambda^2\langle\psi|b^2|\psi\rangle$$
$$= \overline{a^2} - \lambda\overline{C} + \lambda^2\overline{b^2}$$

これが λ の如何によらず $\geqq 0$ なのであるから，判別式は正にはなりえない．したがって $\overline{C}^2 - 4\overline{a^2}\,\overline{b^2} \leqq 0$ となって，与式が得られる．

(e)　$A = x,\ B = p_x = -i\hbar\,\partial/\partial x$ とすれば

$$[x, p_x] = i\hbar \qquad \therefore \quad C = \hbar$$

不確定性 $\Delta x, \Delta p_x$ は

$$\Delta x = \sqrt{\overline{a^2}}, \qquad \Delta p_x = \sqrt{\overline{b^2}}$$

と定めればよいであろう．したがって，(d) を適用すれば

$$\Delta x \cdot \Delta p_x \geqq \frac{\hbar}{2}$$

[4.22]　(a)　$$f(x + a) = f(x) + a\frac{d}{dx}f(x) + \frac{1}{2!}a^2\frac{d^2}{dx^2}f(x) + \cdots$$
$$= \sum_{n=0}^{\infty}\frac{a^n}{n!}\frac{d^n}{dx^n}f(x)$$
$$= \exp\left(a\frac{d}{dx}\right)f(x) = \exp\left(\frac{iap}{\hbar}\right)f(x)$$

(b)　p の固有関数 e^{ikx} が同時に $T(a)$ の固有関数になっていることはすぐわかる．

$$T(a)e^{ikx} = e^{ika}e^{ikx}$$

であるから，固有値は e^{ika} になっている．$k_n = k_0 + 2n\pi/a$ とおくと

$$e^{ik_n a} = e^{ik_0 a}e^{2n\pi i} = e^{ik_0 a}$$

であるから，$e^{ik_n x}$（$n = 0, \pm 1, \pm 2, \cdots$）はすべて固有値 $e^{ik_0 a}$ が共通である（無限重に縮退）．k_0 としては，$k_0 a$ の値が 0 と 2π（または $-\pi$ から π）に入るように

$$0 \leqq k_0 < \frac{2\pi}{a} \quad \text{または} \quad -\frac{\pi}{a} \leqq k_0 < \frac{\pi}{a} \tag{i}$$

ととればよい．縮退しているときには，それらの任意の線形結合も，同じ固有値をもつ固有関数になる．それは一般に

$$\varphi_{k_0}(x) = \sum_{n=-\infty}^{\infty} w_n \mathrm{e}^{ik_n x} = \mathrm{e}^{ik_0 x} \sum_n w_n \mathrm{e}^{2n\pi ix/a}$$

とかけるが，これを

$$\varphi_{k_0}(x) = \mathrm{e}^{ik_0 x} u(x) \qquad\qquad\qquad\text{(ii)}$$

とおけば，$u(x)$ は a を周期とする x の周期関数である．w_n はかってにとってよいから，$u(x)$ は a を周期とする関数であれば何でもよいことになる．結局，固有関数の一般的な形は（ii）で与えられ（ただし k_0 は（i）），その固有値は $\exp(ik_0 a)$ である，ということになる．

(c) $$T(a)V(x)\varphi(x) = V(x+a)\varphi(x+a) = V(x)T(a)\varphi(x)$$

$$T(a)\frac{d}{dx}\varphi(x) = \frac{d}{d(x+a)}\varphi(x+a)$$

$$= \frac{dx}{d(x+a)}\frac{d}{dx}\varphi(x+a) = \frac{d}{dx}\varphi(x+a) = \frac{d}{dx}T(a)\varphi(x)$$

同じ手続きを 2 度くり返せば

$$T(a)\frac{d^2}{dx^2}\varphi(x) = T(a)\frac{d}{dx}\frac{d\varphi}{dx} = \frac{d}{dx}T(a)\frac{d\varphi}{dx} = \frac{d}{dx}\frac{d}{dx}T(a)\varphi(x)$$

$$\therefore \quad T(a)H\varphi(x) = HT(a)\varphi(x)$$

したがって，一般に $T(a)H = HT(a)$ であるといえる．

(d) （b）の k_0 を単に k とかくことにすれば，$\varphi(x)$ が $T(a)$ の固有関数なら

$$T(a)\varphi(x) = \mathrm{e}^{ika}\varphi(x)$$

であるが，$\varphi(x) = \mathrm{e}^{ikx}u(x)$ とすると

$$左辺 = \varphi(x+a) = \mathrm{e}^{ik(x+a)}u(x+a) = \mathrm{e}^{ika}\mathrm{e}^{ikx}u(x)$$

となって右辺と一致する．

[**4.23**] (a) 変数が 1 個の場合に，$f(x)$ のグラフを（座標軸をそのままにしておいて）a だけ $+x$ 方向に平行移動したものは $f(x-a)$ になる．逆に，グラフはそのままで座標軸を $+x$ 方向に a だけ動かすと，新しい座標によるもとのグラフの式は $f(x'+a)$ となる（4-3 図）．

いまの場合，回転後の座標軸を x', y' とすると（4-4 図）

$$x = x'\cos\alpha - y'\sin\alpha, \qquad y = x'\sin\alpha + y'\cos\alpha$$

であるが，α が小さいので $\cos\alpha = 1$，$\sin\alpha = \alpha$ とおくと

$$x = x' - \alpha y', \qquad y = y' + \alpha x'$$

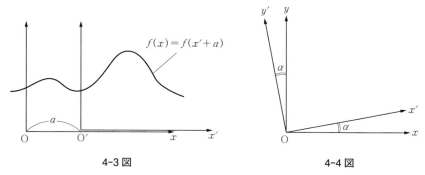

4-3図　　　　　　　　　　　　　4-4図

となる．これを $f(x, y, z)$ の x と y のところに代入した $f(x' - \alpha y', y' + \alpha x', z)$ が回転後の座標系による波動関数である．以上では混同を避けるために x', y' とかいたが，これを x, y とすれば与式になる．

(b) $\qquad f(x + a, y + b, z) = f(x, y, z) + a\left(\dfrac{\partial f}{\partial x}\right)_{x,y,z} + b\left(\dfrac{\partial f}{\partial y}\right)_{x,y,z} + \cdots$

を適用すると

$$Rf(x, y, z) = f(x, y, z) - \alpha y \frac{\partial}{\partial x} f(x, y, z) + \alpha x \frac{\partial}{\partial y} f(x, y, z)$$

$$= \left\{1 + \alpha\left(x\frac{\partial}{\partial y} - y\frac{\partial}{\partial x}\right)\right\} f(x, y, z)$$

を得るが，$l_z = -i\hbar\left(x\dfrac{\partial}{\partial y} - y\dfrac{\partial}{\partial x}\right)$ であることを使えば，$R = \{\ \ \}$ 内は

$$R = 1 + \alpha\frac{i}{\hbar}l_z$$

となることがわかる．

(c) $|g'\rangle = R|g\rangle$，$|f'\rangle = R|f\rangle$ でそのエルミート共役は $\langle f|R^\dagger$ であるから

$$\langle f'|A|g'\rangle = \langle f|R^\dagger A R|g\rangle$$

$$= \langle f|A'|g\rangle$$

より

$$A' = R^\dagger A R$$

が得られる．l_z はエルミートなので，$R^\dagger = 1 - (\alpha i/\hbar)l_z$ となり，これは R と逆の回転(α の代りに $-\alpha$)を表わす．したがって $R^\dagger R = R R^\dagger = 1$ となり，R はユニタ

リーであることがわかる. α^2 の項を省略して

$$A' = R^\dagger A R = \left(1 - \alpha \frac{i}{\hbar} l_z\right) A \left(1 + \alpha \frac{i}{\hbar} l_z\right)$$

$$= A - \alpha \frac{i}{\hbar}(l_z A - A l_z)$$

(d) A として x をとれば

$$x' = x - \alpha \frac{i}{\hbar}[l_z, x]$$

より

$$[l_z, x] = \frac{i\hbar}{\alpha}(x' - x)$$

であるが, $x' = x + \alpha y$ であるから,

$$[l_z, x] = i\hbar y$$

同様にして, $[l_z, y] = -i\hbar x$, $[l_z, z] = 0$ が得られる.

(e) $x'^2 + y'^2 + z'^2 = x^2 + y^2 + z^2$ であるから, A として $x^2 + y^2 + z^2$ をとると $A = A'$. ゆえに

$$[l_z, x^2 + y^2 + z^2] = 0$$

[4.24] (a) $[J_+, J_-] = 2J_z,$ $[J_\pm, J_z] = \mp J_\pm$

(b) $J_\mp J_\pm = (J_x \mp iJ_y)(J_x \pm iJ_y) = J_x{}^2 + J_y{}^2 \pm i[J_x, J_y]$

$$= J_x{}^2 + J_y{}^2 \mp J_z = J_x{}^2 + J_y{}^2 + J_z{}^2 - J_z{}^2 \mp J_z = \boldsymbol{J}^2 - J_z(J_z \pm 1)$$

(c) 上の結果を利用すると,

$$\boldsymbol{J}^2 - J_z{}^2 = \frac{1}{2}(J_+ J_- + J_- J_+)$$

とかけるから

$$\langle a, b|(\boldsymbol{J}^2 - J_z{}^2)|a, b\rangle = (a - b^2)\langle a, b|a, b\rangle = a - b^2$$

$$= \frac{1}{2}\langle a, b|J_+ J_-|a, b\rangle + \frac{1}{2}\langle a, b|J_- J_+|a, b\rangle$$

となるが, J_+ と J_- は互いにエルミート共役 $(J_+{}^\dagger = J_-,\ J_-{}^\dagger = J_+)$ であるから

$$J_-|a, b\rangle = |f\rangle \quad \text{とすれば} \quad \langle a, b|J_+ = \langle f|$$

$$J_+|a, b\rangle = |g\rangle \quad \text{とすれば} \quad \langle a, b|J_- = \langle g|$$

となるから

$$\frac{1}{2}\langle a,b|(J_+J_- + J_-J_+)|a,b\rangle = \frac{1}{2}(\langle f|f\rangle + \langle g|g\rangle) \geqq 0$$

したがって

$$a - b^2 \geqq 0, \quad a \geqq b^2$$

(d)　$\boldsymbol{J}^2$ と $J_\pm$ も交換することは容易に確かめられるから

$$\boldsymbol{J}^2 J_\pm|a,b\rangle = J_\pm \boldsymbol{J}^2|a,b\rangle = J_\pm a|a,b\rangle = a J_\pm|a,b\rangle$$

また，$[J_\pm, J_z] = \mp J_\pm$ より $J_z J_\pm = J_\pm J_z \pm J_\pm$ が得られるから

$$J_z J_\pm|a,b\rangle = J_\pm(J_z \pm 1)|a,b\rangle = J_\pm(b \pm 1)|a,b\rangle$$

がわかる．すなわち $\boldsymbol{J}^2, J_z$ の固有値はそれぞれ $a, b \pm 1$ である．

(e)　J_z の一つの固有値を b_0 とする．もし $|a, b_{\max}\rangle, |a, b_{\min}\rangle$ がないとすると，$|a, b_0\rangle$ に $J_\pm$ をつぎつぎと作用させることにより，$b_0 \pm 1, b_0 \pm 2, \cdots$ といくらでも絶対値の大きい固有値をもつ状態が無限にできることになってしまい $b^2 \leqq a$ に反する．

(f)　$J_-J_+ = \boldsymbol{J}^2 - J_z(J_z + 1)$ を $|a, b_{\max}\rangle$ に作用させると左辺は

$$J_-J_+|a, b_{\max}\rangle = J_- 0 = 0$$

を与えるから右辺も 0 を与える．したがって

$$\boldsymbol{J}^2|a, b_{\max}\rangle = J_z(J_z + 1)|a, b_{\max}\rangle = j(j + 1)|a, b_{\max}\rangle$$

ゆえに $\boldsymbol{J}^2$ の固有値 a は，$a = j(j + 1)$ である．

　また，$J_+J_- = \boldsymbol{J}^2 - J_z(J_z - 1)$ を $|a, b_{\min}\rangle$ に作用させると，左辺は 0 を与えるから

$$\boldsymbol{J}^2|a, b_{\min}\rangle = J_z(J_z - 1)|a, b_{\min}\rangle$$

したがって

$$j(j + 1) = b_{\min}(b_{\min} - 1)$$

これを $b_{\min}$ について解けば $b_{\min} = j + 1$ または $-j$ を得るが，$j + 1$ は $b_{\max} = j$ より大きいから捨てなくてはならないので

$$b_{\min} = -j$$

j から 1 ずつ減らしていって $-j$ に達するには，j は整数または半整数（奇数の $1/2$）でなければならない．

(g)　$J_+|j, m\rangle = c|j, m + 1\rangle$ とすると，これのエルミート共役は $\langle j, m|J_- = \langle j, m + 1|c^*$ であるから

$$\langle j, m | J_- J_+ | j, m \rangle = |c|^2 \langle j, m+1 | j, m+1 \rangle = |c|^2$$

ところが (b) により $J_- J_+ = \boldsymbol{J}^2 - J_z(J_z + 1)$ なので, 左辺は $j(j+1) - m(m+1)$ になるから

$$|c| = \sqrt{j(j+1) - m(m+1)} = \sqrt{(j-m)(j+m+1)}$$

位相を適当に選べば

$$J_+ | j, m \rangle = \sqrt{(j-m)(j+m+1)} \, | j, m+1 \rangle$$

同様にして

$$J_- | j, m \rangle = \sqrt{(j+m)(j-m+1)} \, | j, m-1 \rangle$$

が得られる. したがって

$$\langle j', m' | J_+ | j, m \rangle = \sqrt{(j-m)(j+m+1)} \, \delta_{j', j} \delta_{m', m+1}$$
$$\langle j', m' | J_- | j, m \rangle = \sqrt{(j+m)(j-m+1)} \, \delta_{j', j} \delta_{m', m-1}$$

また,

$$\langle j', m' | J_z | j, m \rangle = m \, \delta_{j', j} \delta_{m', m}$$

(h)　$J_x = \dfrac{1}{2}(J_+ + J_-)$, $J_y = \dfrac{1}{2i}(J_+ - J_-)$ であるが, 上に見るように, J_+ も J_- も対角要素をもたないから, J_x, J_y もそうなる.

[4.25]　(a)　$s_x = \begin{pmatrix} 0 & \dfrac{1}{2} \\ \dfrac{1}{2} & 0 \end{pmatrix}$, 　$s_y = \begin{pmatrix} 0 & -\dfrac{i}{2} \\ \dfrac{i}{2} & 0 \end{pmatrix}$, 　$s_z = \begin{pmatrix} \dfrac{1}{2} & 0 \\ 0 & -\dfrac{1}{2} \end{pmatrix}$

【注】　これらの 2 倍を $\sigma_x, \sigma_y, \sigma_z$ と表わし, パウリ行列という (次問参照).

(b)　$s_\zeta = \dfrac{1}{2} \begin{pmatrix} n & l-im \\ l+im & -n \end{pmatrix} = \dfrac{1}{2} \begin{pmatrix} \cos\theta & \sin\theta \, \mathrm{e}^{-i\phi} \\ \sin\theta \, \mathrm{e}^{i\phi} & -\cos\theta \end{pmatrix}$

(c)　永年方程式をつくり, $l^2 + m^2 + n^2 = 1$ を用いて解けば固有値が $\pm 1/2$ であることはすぐわかる.

$$\begin{pmatrix} U_{11} & U_{12} \\ U_{21} & U_{22} \end{pmatrix} \begin{pmatrix} \dfrac{1}{2}\cos\theta & \dfrac{1}{2}\sin\theta \, \mathrm{e}^{-i\phi} \\ \dfrac{1}{2}\sin\theta \, \mathrm{e}^{i\phi} & -\dfrac{1}{2}\cos\theta \end{pmatrix} = \begin{pmatrix} \dfrac{1}{2} & 0 \\ 0 & -\dfrac{1}{2} \end{pmatrix} \begin{pmatrix} U_{11} & U_{12} \\ U_{21} & U_{22} \end{pmatrix}$$

から

$$U = \begin{pmatrix} \cos\dfrac{\theta}{2} & \sin\dfrac{\theta}{2}\,e^{-i\phi} \\[2mm] \sin\dfrac{\theta}{2}\,e^{i\phi} & -\cos\dfrac{\theta}{2} \end{pmatrix}$$

s_z の固有値 $+\dfrac{1}{2}$, $-\dfrac{1}{2}$ に対する固有関数をそれぞれ α,β として，s_ζ の固有値 $+\dfrac{1}{2}$，$-\dfrac{1}{2}$ に対する固有関数は，それぞれ

$$|\alpha'\rangle = \cos\frac{\theta}{2}|\alpha\rangle + \sin\frac{\theta}{2}\,e^{-i\phi}|\beta\rangle$$

$$|\beta'\rangle = \sin\frac{\theta}{2}\,e^{i\phi}|\alpha\rangle - \cos\frac{\theta}{2}|\beta\rangle$$

$s_+|\alpha\rangle = s_-|\beta\rangle = 0$, $s_+|\beta\rangle = |\alpha\rangle$, $s_-|\alpha\rangle = |\beta\rangle$ を用いると，これらから

$$\langle\alpha'|s_x|\alpha'\rangle = -\langle\beta'|s_x|\beta'\rangle = \frac{1}{2}\sin\theta\cos\phi = \frac{l}{2}$$

$$\langle\alpha'|s_y|\alpha'\rangle = -\langle\beta'|s_y|\beta'\rangle = \frac{1}{2}\sin\theta\sin\phi = \frac{m}{2}$$

$$\langle\alpha'|s_z|\alpha'\rangle = -\langle\beta'|s_z|\beta'\rangle = \frac{1}{2}\cos\theta = \frac{n}{2}$$

[4.26] (a)
$$\begin{pmatrix} r & s \\ u & v \end{pmatrix} = \begin{pmatrix} \dfrac{r+v}{2} & 0 \\[2mm] 0 & \dfrac{r+v}{2} \end{pmatrix} + \begin{pmatrix} 0 & \dfrac{s+u}{2} \\[2mm] \dfrac{s+u}{2} & 0 \end{pmatrix}$$

$$+ \begin{pmatrix} 0 & \dfrac{s-u}{2} \\[2mm] -\dfrac{s-u}{2} & 0 \end{pmatrix} + \begin{pmatrix} \dfrac{r-v}{2} & 0 \\[2mm] 0 & -\dfrac{r-v}{2} \end{pmatrix}$$

$$= \frac{r+v}{2}\,\mathbf{1} + \frac{s+u}{2}\,\sigma_x + i\,\frac{s-u}{2}\,\sigma_y + \frac{r-v}{2}\,\sigma_z$$

(b)
$$aa^\dagger = \begin{pmatrix} 0 & 0 \\ 0 & 1 \end{pmatrix}, \quad a^\dagger a = \begin{pmatrix} 1 & 0 \\ 0 & 0 \end{pmatrix}$$

$$\therefore\quad aa^\dagger + a^\dagger a = \begin{pmatrix} 1 & 0 \\ 0 & 1 \end{pmatrix}, \quad aa = a^\dagger a^\dagger = \begin{pmatrix} 0 & 0 \\ 0 & 0 \end{pmatrix}$$

(c) $n = a^\dagger a = \begin{pmatrix} 1 & 0 \\ 0 & 0 \end{pmatrix}$ であるから，固有値は 1, 0 であり，その固有ベクトルはそ

れぞれ $\begin{pmatrix} 1 \\ 0 \end{pmatrix}, \begin{pmatrix} 0 \\ 1 \end{pmatrix}$ である.

[**4.27**]　(a)　磁場の方向を z 軸にとり (4-5 図)，中性子のスピンを $\boldsymbol{s}$ とすると，磁気モーメントは $-\gamma \boldsymbol{s}$ とかけるから，磁場によるエネルギーは $\gamma B s_z$ $(x < 0)$ となる．ただし B は磁束密度である．シュレーディンガー方程式は

$$x > 0 \qquad -\frac{\hbar^2}{2m}\frac{d^2}{dx^2}\phi \qquad\qquad = \varepsilon\phi$$

$$x < 0 \qquad \left(-\frac{\hbar^2}{2m}\frac{d^2}{dx^2} + \gamma B s_z\right)\phi = \varepsilon\phi$$

と表わされる．ϕ はスピン関数をも含むものとする．これを

$$\phi = \varphi_+(x)\alpha + \varphi_-(x)\beta$$

とかくことにすると，上の方程式は

$$x > 0 \qquad -\frac{\hbar^2}{2m}\frac{d^2}{dx^2}\varphi_\pm(x) \qquad\qquad = \varepsilon\varphi_\pm(x)$$

$$x < 0 \qquad \left(-\frac{\hbar^2}{2m}\frac{d^2}{dx^2} \pm \frac{1}{2}\hbar\gamma B\right)\varphi_\pm(x) = \varepsilon\varphi_\pm(x)$$

となる．φ_+ と φ_- を混ぜ合わせるような力（s_+, s_- で表わされる）は作用していないから，すべて φ_+ と φ_- に分けて別々に扱えばよい.

(b)　イ）$\varphi_-(x) = 0$ の場合である．問題 [3.3] によって計算すれば，$\varepsilon = \hbar^2 k^2 / 2m$，$\varepsilon' = \hbar^2 k'^2 / 2m = \varepsilon - \hbar\gamma B/2$ として

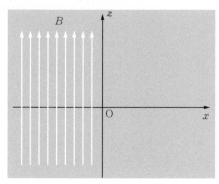

4-5 図

$$\frac{\text{反射波の振幅}}{\text{入射波の振幅}} = \frac{k-k'}{k+k'} = \frac{\sqrt{\varepsilon}-\sqrt{\varepsilon'}}{\sqrt{\varepsilon}+\sqrt{\varepsilon'}} \cong \frac{\hbar\gamma B}{8\varepsilon}$$

ただし

$$\sqrt{\varepsilon'} = \sqrt{\varepsilon}\left(1-\frac{\hbar\gamma B}{2\varepsilon}\right)^{1/2} \cong \sqrt{\varepsilon}\left(1-\frac{\hbar\gamma B}{4\varepsilon}\right)$$

を用いた. 反射率は, 上を2乗して

$$\text{反射率} = \left(\frac{\hbar\gamma B}{8\varepsilon}\right)^2$$

ロ)　$\varphi_+(x)=0$ の場合である. 反射波の位相が逆になるが, 反射率は B^2 に比例するので上記イ) の場合と同じである.

ハ)　$|\phi|^2$ をスピン座標について積分（和）すると

$$|\varphi_+(x)|^2 + |\varphi_-(x)|^2$$

が得られるから, 反射率は各スピンごとに別々に計算すればよい. ところが, 反射率はスピンによらないから, 結果はイ), ロ) と同じである.

(c)　スピン部分だけに着目すると $s_x = \frac{1}{2}(s_+ + s_-)$ の固有状態は,

$$\frac{1}{\sqrt{2}}(\alpha+\beta) \qquad \text{固有値} \frac{1}{2}\hbar$$

$$\frac{1}{\sqrt{2}}(\alpha-\beta) \qquad \text{固有値} -\frac{1}{2}\hbar$$

である. したがって, スピンが進行方向（$-x$ 方向）を向いている入射波のスピン関数は $(\alpha-\beta)/\sqrt{2}$ になっている. 並進運動といっしょにすると

$$\text{入射波} = \frac{1}{\sqrt{2}}\mathrm{e}^{-ikx}(\alpha-\beta)$$

$\varphi_+(x)$ の $x>0$ の部分（入射波と反射波）は

$$\frac{1}{\sqrt{2}}(\mathrm{e}^{-ikx} + R\mathrm{e}^{ikx}), \qquad R = \frac{\hbar\gamma B}{8\varepsilon}$$

$\varphi_-(x)$ の $x>0$ の部分は

$$\frac{1}{\sqrt{2}}(\mathrm{e}^{-ikx} - R\mathrm{e}^{ikx}) \qquad \text{（位相逆転）}$$

となるから, 合わせたものは $x>0$ で

$$\phi = \frac{1}{\sqrt{2}}e^{-ikx}(\alpha - \beta) + \frac{R}{\sqrt{2}}e^{ikx}(\alpha + \beta)$$

で与えられる.右辺第2項は反射波を表わすが,そのスピン部分は s_x の固有値 $+\hbar/2$ の状態になっている.したがって,反射中性子のスピンは入射中性子のそれとちょうど逆向きである.

[**4.28**] $\mu = \gamma s$ とすると,この系のハミルトニアンは

$$H = -\gamma B(t)s_z$$

となるが,これはスピンのみを含むから軌道部分は変化を受けない.したがってこの粒子の波動関数を

$$\psi = \varphi(\boldsymbol{r})\{C_+(t)|\alpha\rangle + C_-(t)|\beta\rangle\}$$

とおいて $C_\pm(t)$ を求めればよい.最初のスピンの方向を角 θ, ϕ で表わすと,問題 [4.25] により

$$C_+(0) = \cos\frac{\theta}{2}, \quad C_-(0) = \sin\frac{\theta}{2}\,e^{-i\phi}$$

であるから,これを初期条件とすればよい.時間を含むシュレーディンガー方程式

$$i\hbar\frac{\partial\psi}{\partial t} = -\gamma B(t)s_z\psi$$

に上の ψ を代入し,$\langle\alpha|$ および $\langle\beta|$ を掛けて内積をとればそれぞれ

$$i\hbar\frac{dC_+}{dt} = -\gamma B(t)\frac{\hbar}{2}\,C_+$$

$$i\hbar\frac{dC_-}{dt} = +\gamma B(t)\frac{\hbar}{2}\,C_-$$

が得られる.これを積分すれば

$$C_\pm(t) = \exp\left[\pm\int_0^t \frac{i\gamma}{2}B(t)dt\right]C_\pm(0)$$

となることがわかるが,いま

$$F(t) \equiv \int_0^t \gamma B(t)dt$$

とおけば

$$\psi = e^{iF(t)/2}\varphi(\boldsymbol{r})\left\{\cos\frac{\theta}{2}\,|\alpha\rangle + \sin\frac{\theta}{2}\,e^{-i(\phi+F(t))}|\beta\rangle\right\}$$

という結果が得られる.右辺の第1の因子は絶対値が1で,いまの場合には物理的

意味がないので無視してよい. 残りの部分は, スピンの方向が $(\theta, \phi) \to (\theta, \phi + F(t))$ のように変化することを示している. つまりスピンは, z 軸との角 θ を一定に保ったままで ϕ だけを変える 4-6 図のような歳差運動をする. $\dot{F}(t) = \gamma B(t)$ は各瞬間におけるその角速度になっている.

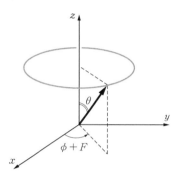

4-6 図

[**4.29**]　$f = a\alpha(\sigma_1)\alpha(\sigma_2) + b\alpha(\sigma_1)\beta(\sigma_2) + c\beta(\sigma_1)\alpha(\sigma_2) + d\beta(\sigma_1)\beta(\sigma_2)$
$$\equiv a\alpha_1\alpha_2 + b\alpha_1\beta_2 + c\beta_1\alpha_2 + d\beta_1\beta_2$$

とする.

$$P = \frac{1}{2} + s_{1+}s_{2-} + s_{1-}s_{2+} + 2s_{1z}s_{2z}$$

であるから

$$P\alpha_1\alpha_2 = \frac{1}{2}\alpha_1\alpha_2 + 2 \times \frac{1}{2} \times \frac{1}{2}\alpha_1\alpha_2 = \alpha_1\alpha_2$$

$$P\alpha_1\beta_2 = \frac{1}{2}\alpha_1\beta_2 + \beta_1\alpha_2 + 2 \times \frac{1}{2} \times \left(-\frac{1}{2}\right)\alpha_1\beta_2 = \beta_1\alpha_2$$

$$P\beta_1\alpha_2 = \frac{1}{2}\beta_1\alpha_2 + \alpha_1\beta_2 + 2 \times \left(-\frac{1}{2}\right) \times \frac{1}{2}\beta_1\alpha_2 = \alpha_1\beta_2$$

$$P\beta_1\beta_2 = \frac{1}{2}\beta_1\beta_2 + 2 \times \left(-\frac{1}{2}\right) \times \left(-\frac{1}{2}\right)\beta_1\beta_2 = \beta_1\beta_2$$

したがって

$$Pf = a\alpha_1\alpha_2 + b\beta_1\alpha_2 + c\alpha_1\beta_2 + d\beta_1\beta_2$$
$$= a\alpha_2\alpha_1 + b\alpha_2\beta_1 + c\beta_2\alpha_1 + d\beta_2\beta_1$$

となり，これは最初の f で番号 1 と 2 をつけかえたものになっている.

　[**4.30**]　(a)　中心力場を運動する粒子のハミルトニアンは

$$H_0 = -\frac{\hbar^2}{2m}\left(\frac{\partial^2}{\partial r^2} + \frac{2}{r}\frac{\partial}{\partial r} - \frac{1}{\hbar^2 r^2}\boldsymbol{l}^2\right)$$

とかけるが，$\boldsymbol{l}$ は θ と ϕ だけに関係する演算子で r には無関係であるから，$[H_0, \boldsymbol{l}^2] = 0$. また $\boldsymbol{s}$ は r, θ, ϕ とは独立なので，$[H_0, \boldsymbol{s}^2] = 0$, $[\boldsymbol{l}^2, \boldsymbol{s}^2] = 0$ がわかる. l_z は $\boldsymbol{l}^2$ と交換し，s_z も $\boldsymbol{s}^2$ と交換するから $[H_0, j_z] = [\boldsymbol{l}^2, j_z] = [\boldsymbol{s}^2, j_z] = 0$ である.

$$\boldsymbol{j}^2 = \boldsymbol{l}^2 + \boldsymbol{s}^2 + 2\boldsymbol{l}\cdot\boldsymbol{s}$$

であるが

$$[\boldsymbol{l}^2, \boldsymbol{l}\cdot\boldsymbol{s}] = s_x[\boldsymbol{l}^2, l_x] + s_y[\boldsymbol{l}^2, l_y] + s_z[\boldsymbol{l}^2, l_z] = 0$$
$$[\boldsymbol{s}^2, \boldsymbol{l}\cdot\boldsymbol{s}] = l_x[\boldsymbol{s}^2, s_x] + l_y[\boldsymbol{s}^2, s_y] + l_z[\boldsymbol{s}^2, s_z] = 0$$

であるから，$[H_0, \boldsymbol{j}^2] = [\boldsymbol{l}^2, \boldsymbol{j}^2] = [\boldsymbol{s}^2, \boldsymbol{j}^2] = 0$.
　また

$$[\boldsymbol{l}\cdot\boldsymbol{s}, l_z] = [l_x, l_z]s_x + [l_y, l_z]s_y + [l_z, l_z]s_z$$
$$= -i\hbar l_y s_x + i\hbar l_x s_y$$
$$[\boldsymbol{l}\cdot\boldsymbol{s}, s_z] = l_x[s_x, s_z] + l_y[s_y, s_z] + l_z[s_z, s_z]$$
$$= -i\hbar l_x s_y + i\hbar l_y s_x$$

から $[\boldsymbol{l}\cdot\boldsymbol{s}, j_z] = 0$ がわかるから $[\boldsymbol{j}^2, j_z] = 0$.

(b)　以下 τ, l, s を略して，$|\tau, l, s, j, m_j\rangle$ を $\|j, m_j)$，$|\tau, l, s, m_l, m_s\rangle$ を $|m_l, m_s\rangle$ と記す.[*]　j_z の固有値 m_j が $m_l + m_s$ に等しいことは

$$j_z|m_l, m_s\rangle = (l_z + s_z)|m_l, m_s\rangle = \hbar(m_l + m_s)|m_l, m_s\rangle$$

からすぐわかる.

　j_x, j_y, j_z は問題 [4.24] の関係をすべて満たすから，$\boldsymbol{j}^2$ の固有値は $j(j+1)\hbar^2$，j_z の固有値 m_j は $j, j-1, \cdots, -j$ である. また $\|j, m_j)$ は $j_\pm = j_x \pm ij_y$ によって m_j が ± 1 だけ変化する.

$$\boldsymbol{j}^2\|j, m_j) = j(j+1)\hbar^2\|j, m_j)$$
$$j_\pm\|j, m_j) = \hbar\sqrt{(j \mp m_j)(j \pm m_j + 1)}\,\|j, m_j \pm 1)$$

以上を念頭において，$(2l+1) \times (2s+1) = 4l+2$ 個の $|m_l, m_s\rangle$ を用いて $\|j, m_j)$ を表わすことを考える.

---

　*　混同を避けるため $|j, m_j\rangle$ を $\|j, m_j)$ としたが，ここだけの記号である.

まず，これらを $m_l + m_s$ で分類すると

$m_l + m_s$	$\lvert m_l, m_s \rangle$
$l + \dfrac{1}{2}$	$\left\lvert l, \dfrac{1}{2} \right\rangle$
$l - \dfrac{1}{2}$	$\left\lvert l-1, \dfrac{1}{2} \right\rangle,\ \left\lvert l, -\dfrac{1}{2} \right\rangle$
$l - \dfrac{3}{2}$	$\left\lvert l-2, \dfrac{1}{2} \right\rangle,\ \left\lvert l-1, -\dfrac{1}{2} \right\rangle$
$\vdots$	$\vdots$
$-l + \dfrac{1}{2}$	$\left\lvert -l, \dfrac{1}{2} \right\rangle,\ \left\lvert -l+1, -\dfrac{1}{2} \right\rangle$
$-l - \dfrac{1}{2}$	$\left\lvert -l, -\dfrac{1}{2} \right\rangle$

となり，m_j の最大値は $l + \dfrac{1}{2}$ である．このときの m_j は j に等しい（問題 [4.24]

(f) の注を参照）から，$\left\lvert l, \dfrac{1}{2} \right\rangle$ は $j = m_j = l + \dfrac{1}{2}$ の状態であることがわかる．

$$\left\lVert l+\frac{1}{2}, l+\frac{1}{2} \right\rangle = \left\lvert l, \frac{1}{2} \right\rangle$$

これに $j_- = l_- + s_-$ を作用させる（左辺に j_-，右辺に $l_- + s_-$）．

$$\hbar\sqrt{2l+1}\left\lVert l+\frac{1}{2}, l-\frac{1}{2} \right\rangle = \hbar\sqrt{2l}\left\lvert l-1, \frac{1}{2} \right\rangle + \hbar\left\lvert l, -\frac{1}{2} \right\rangle$$

ゆえに

$$\left\lVert l+\frac{1}{2}, l-\frac{1}{2} \right\rangle = \sqrt{\frac{2l}{2l+1}}\left\lvert l-1, \frac{1}{2} \right\rangle + \sqrt{\frac{1}{2l+1}}\left\lvert l, -\frac{1}{2} \right\rangle$$

が得られる．以下同様に順次 j_- を作用させていけば，$j = l + \dfrac{1}{2}$ の状態 $2l + 2$ 個

がすべて求められる．これらのうち $m_l + m_s = \pm\left(l + \dfrac{1}{2}\right)$ 以外はすべて 2 つの

$\lvert m_l, m_s \rangle$ の線形結合になるが，2 つの直交するベクトルの線形結合で，互いに独立

で直交するものは 2 つ存在するから，上に用いたものと直交するものが，$m_l + m_s$

$= l - \dfrac{1}{2}, l - \dfrac{3}{2}, \cdots, -l + \dfrac{1}{2}$ にそれぞれ 1 個ずつ（合計 $2l$ 個）残っている．これ

らは $j = l - \dfrac{1}{2}$ の状態である．たとえば $j = l - \dfrac{1}{2}$ で $m_j = l - \dfrac{1}{2}$ の状態は，上記の $\left\| l + \dfrac{1}{2}, l - \dfrac{1}{2} \right\rangle$ に直交するものとして

$$\left\| l - \frac{1}{2}, l - \frac{1}{2} \right\rangle = \sqrt{\frac{2l}{2l+1}} \left| l, -\frac{1}{2} \right\rangle - \sqrt{\frac{1}{2l+1}} \left| l-1, \frac{1}{2} \right\rangle$$

である．これに j_- を順次作用させれば $j = l - \dfrac{1}{2}$ の状態はすべて求められる．それぞれの m_j に対する $\left\| l + \dfrac{1}{2}, m_j \right\rangle$ と直交することはすぐわかる（符号のとり方に注意しないと，$j_\pm$ の行列要素の符号が逆になる）．

m_j	$\left\| l+\dfrac{1}{2}, m_j \right\rangle$	$\left\| l-\dfrac{1}{2}, m_j \right\rangle$
$l+\dfrac{1}{2}$	$\left\| l, \dfrac{1}{2} \right\rangle$	
$l-\dfrac{1}{2}$	$\sqrt{\dfrac{2l}{2l+1}} \left\| l-1, \dfrac{1}{2} \right\rangle + \sqrt{\dfrac{1}{2l+1}} \left\| l, -\dfrac{1}{2} \right\rangle$	$\sqrt{\dfrac{2l}{2l+1}} \left\| l, -\dfrac{1}{2} \right\rangle - \sqrt{\dfrac{1}{2l+1}} \left\| l-1, \dfrac{1}{2} \right\rangle$
$l-\dfrac{3}{2}$	$\sqrt{\dfrac{2l-1}{2l+1}} \left\| l-2, \dfrac{1}{2} \right\rangle + \sqrt{\dfrac{2}{2l+1}} \left\| l-1, -\dfrac{1}{2} \right\rangle$	$\sqrt{\dfrac{2l-1}{2l+1}} \left\| l-1, -\dfrac{1}{2} \right\rangle - \sqrt{\dfrac{2}{2l+1}} \left\| l-2, \dfrac{1}{2} \right\rangle$
$\vdots$	$\vdots$	$\vdots$
$-l+\dfrac{1}{2}$	$\sqrt{\dfrac{1}{2l+1}} \left\| -l, \dfrac{1}{2} \right\rangle + \sqrt{\dfrac{2l}{2l+1}} \left\| -l+1, -\dfrac{1}{2} \right\rangle$	$\sqrt{\dfrac{1}{2l+1}} \left\| -l+1, -\dfrac{1}{2} \right\rangle - \sqrt{\dfrac{2l}{2l+1}} \left\| -l, \dfrac{1}{2} \right\rangle$
$-l-\dfrac{1}{2}$	$\left\| -l, -\dfrac{1}{2} \right\rangle$	

(c)　$V = \lambda \boldsymbol{l} \cdot \boldsymbol{s} = \dfrac{1}{2} \lambda (\boldsymbol{j}^2 - \boldsymbol{l}^2 - \boldsymbol{s}^2)$ であるが，上記の状態はすべて $\boldsymbol{l}^2$ と $\boldsymbol{s}^2$ の固有状態であって，固有値はそれぞれ $l(l+1)\hbar^2, s(s+1)\hbar^2 = 3\hbar^2/4$ に等しい．$\boldsymbol{j}^2$ については $j = l \pm \dfrac{1}{2}$ の2通りがあるから

$$j = l + \frac{1}{2} \text{ に対しては } \boldsymbol{j}^2 \text{ の固有値は } \left(l + \frac{1}{2} \right)\left(l + \frac{3}{2} \right)\hbar^2$$

$$j = l - \frac{1}{2} \text{ に対しては } \boldsymbol{j}^2 \text{ の固有値は } \left(l - \frac{1}{2} \right)\left(l + \frac{1}{2} \right)\hbar^2$$

である．したがって

$$\lambda \boldsymbol{l}\cdot\boldsymbol{s}\left\| l+\frac{1}{2},m_j\right) = \frac{1}{2}\lambda l\hbar^2 \qquad (2l+2\,\text{重に縮退})$$

$$\lambda \boldsymbol{l}\cdot\boldsymbol{s}\left\| l-\frac{1}{2},m_j\right) = -\frac{1}{2}\lambda(l+1)\hbar^2 \qquad (2l\,\text{重に縮退})$$

となって，エネルギー準位は j の異なる $\left(j=l+\dfrac{1}{2},\,l-\dfrac{1}{2}\right)$ 2つに分裂する.

(d)　すぐわかるように

$$\langle \tau lsjm_{j'}|j_x|\tau lsjm_j\rangle = \quad \frac{\hbar}{2}\sqrt{(j-m_j)(j+m_j+1)}\,\delta_{m_{j'},m_{j+1}}$$
$$+ \frac{\hbar}{2}\sqrt{(j+m_j)(j-m_j+1)}\,\delta_{m_{j'},m_{j-1}}$$

$$\langle \tau lsjm_{j'}|j_y|\tau lsjm_j\rangle = \quad \frac{\hbar}{2i}\sqrt{(j-m_j)(j+m_j+1)}\,\delta_{m_{j'},m_{j+1}}$$
$$- \frac{\hbar}{2i}\sqrt{(j+m_j)(j-m_j+1)}\,\delta_{m_{j'},m_{j-1}}$$

$$\langle \tau lsjm_{j'}|j_z|\tau lsjm_j\rangle = \quad m_j\hbar\,\delta_{m_{j'},m_j}$$

である．他方 (b) の表を使って計算すると，

$j=l+\dfrac{1}{2}$ のとき：s_x, s_y, s_z の行列要素は上記 j_x, j_y, j_z の行列要素の

$$1/(2l+1)\,\text{倍}$$

$j=l-\dfrac{1}{2}$ のとき：s_x, s_y, s_z の行列要素は上記 j_x, j_y, j_z の行列要素の

$$-1/(2l+1)\,\text{倍}$$

になっていることがわかる．したがって $\boldsymbol{l}+2\boldsymbol{s}=\boldsymbol{j}+\boldsymbol{s}$ の行列要素は

$j=l+\dfrac{1}{2}$ のとき：$\boldsymbol{j}$ の行列要素の $1+\dfrac{1}{2l+1}=\dfrac{2(l+1)}{2l+1}$ 倍

$j=l-\dfrac{1}{2}$ のとき：$\boldsymbol{j}$ の行列要素の $1-\dfrac{1}{2l+1}=\dfrac{2l}{2l+1}$ 倍

[**4.31**]　(a)　$\boldsymbol{S}_{12}=\boldsymbol{s}_1+\boldsymbol{s}_2$ において，$\boldsymbol{s}_1$ が前問の $\boldsymbol{l}$，$\boldsymbol{s}_2$ が前問の $\boldsymbol{s}$ に対応すると考えればよい.

$$S_{12}=\frac{1}{2}+\frac{1}{2}=1: \quad \boldsymbol{S}_{12}^2\,\text{の固有値}=2\hbar^2 \qquad (3\text{重項状態という})$$

$$\| 1, 1) \ = \left| \frac{1}{2}, \frac{1}{2} \right\rangle$$

$$\| 1, 0) \ = \sqrt{\frac{1}{2}} \left| \frac{1}{2}, -\frac{1}{2} \right\rangle + \sqrt{\frac{1}{2}} \left| -\frac{1}{2}, \frac{1}{2} \right\rangle$$

$$\| 1, -1) = \left| -\frac{1}{2}, -\frac{1}{2} \right\rangle$$

ふつうこれらをそれぞれ，$\alpha_1 \alpha_2$，$(\alpha_1 \beta_2 + \beta_1 \alpha_2)/\sqrt{2}$，$\beta_1 \beta_2$ で表わすことが多い.

$$S_{12} = \frac{1}{2} - \frac{1}{2} = 0 : \quad \boldsymbol{S}_{12}^2 \text{ の固有値} = 0 \quad (1 \text{ 重項状態という})$$

$$\| 0, 0) = \sqrt{\frac{1}{2}} \left| \frac{1}{2}, -\frac{1}{2} \right\rangle - \sqrt{\frac{1}{2}} \left| -\frac{1}{2}, \frac{1}{2} \right\rangle$$

これは $(\alpha_1 \beta_2 - \beta_1 \alpha_2)/\sqrt{2}$ などと表わされる.

(b)　まず2つの電子のスピンを合成して上記3重項状態と1重項状態をつくり，それにさらに第3のスピンを同じ手続きで合成する.

　イ）　2電子の3重項 $(S = 1)$ と第3のスピン $\left(s = \dfrac{1}{2} \right)$ から

$$S_{123} = 1 + \frac{1}{2} = \frac{3}{2} : \quad \boldsymbol{S}_{123}^2 \text{ の固有値} = 15 \hbar^2/4$$

$$\left\| \frac{3}{2}, \frac{3}{2} \right) \ = \alpha_1 \alpha_2 \alpha_3$$

$$\left\| \frac{3}{2}, \frac{1}{2} \right) \ = \frac{1}{\sqrt{3}} (\beta_1 \alpha_2 \alpha_3 + \alpha_1 \beta_2 \alpha_3 + \alpha_1 \alpha_2 \beta_3)$$

$$\left\| \frac{3}{2}, -\frac{1}{2} \right) = \frac{1}{\sqrt{3}} (\alpha_1 \beta_2 \beta_3 + \beta_1 \alpha_2 \beta_3 + \beta_1 \beta_2 \alpha_3)$$

$$\left\| \frac{3}{2}, -\frac{3}{2} \right) = \beta_1 \beta_2 \beta_3$$

$$S_{123} = 1 - \frac{1}{2} = \frac{1}{2} : \quad \boldsymbol{S}_{123}^2 \text{ の固有値} = 3 \hbar^2/4$$

$$\left\| \frac{1}{2}, \frac{1}{2} \right) \ = \sqrt{\frac{2}{3}} \, \alpha_1 \alpha_2 \beta_3 - \sqrt{\frac{1}{6}} \, (\alpha_1 \beta_2 \alpha_3 + \beta_1 \alpha_2 \alpha_3)$$

$$\left\| \frac{1}{2}, -\frac{1}{2} \right) = \sqrt{\frac{1}{6}} \, (\alpha_1 \beta_2 \beta_3 + \beta_1 \alpha_2 \beta_3) - \sqrt{\frac{2}{3}} \, \beta_1 \beta_2 \alpha_3$$

　ロ）　2電子の1重項 $(S = 0)$ と第3のスピン $\left(s = \dfrac{1}{2} \right)$ から，$S_{123} = 0 + \dfrac{1}{2} = \dfrac{1}{2}$

で $\boldsymbol{S}_{123}^2$ の固有値が $3\hbar^2/4$ のものがもう 1 組できる（′ をつけて区別する）.

$$\left\| \frac{1}{2}, \frac{1}{2} \right)' = \frac{1}{\sqrt{2}}(\alpha_1\beta_2\alpha_3 - \beta_1\alpha_2\alpha_3)$$

$$\left\| \frac{1}{2}, -\frac{1}{2} \right)' = \frac{1}{\sqrt{2}}(\alpha_1\beta_2\beta_3 - \beta_1\alpha_2\beta_3)$$

(c)　電子が 1 個なら $S = s = \dfrac{1}{2}$ の 2 重項状態 $\left(m_s = \pm\dfrac{1}{2},\ 2\,重縮退\right)$ が 1 組存在

する.

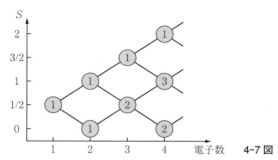

4-7 図

2 個では $S_{12} = \dfrac{1}{2} \pm \dfrac{1}{2} = 1, 0$ で 3 重項（$S_{12} = 1$）と 1 重項（$S_{12} = 0$）がそれぞれ 1 組ずつできる.

3 個のときには（b）でみたように，2 個の $S_{12} = 1$ に第 3 のスピンを $1 \pm \dfrac{1}{2} = \dfrac{3}{2}, \dfrac{1}{2}$ のように合成して，4 重項（$S_{123} = 3/2$）と 2 重項（$S_{123} = 1/2$）が各 1 組，$S_{12} = 0$ に第 3 のスピンを合成して 2 重項（$S_{123} = 1/2$）がもう 1 組できる.

4 個の場合も同様に，3 個のときのそれぞれの多重項と第 4 のスピンを合成する. その結果

$$S_{1234} = 2 \quad （5 重項状態）\quad 1 組$$
$$S_{1234} = 1 \quad （3 重項状態）\quad 3 組$$
$$S_{1234} = 0 \quad （1 重項状態）\quad 2 組$$

ができる. 独立なベクトル（固有関数）の数は

$$S_{1234} = 2 \quad 5 \times 1 = 5 個$$

$$S_{1234} = 1 \qquad 3 \times 3 = 9 \text{個}$$
$$S_{1234} = 0 \qquad 1 \times 2 = 2 \text{個}$$

総計 16 である．これは，1 個の電子が 2 つの状態をとりうるので，4 個では 2^4 の独立な状態があることによる．

(d)　今までの計算で明らかなように，$S = n/2$, $M_s = n/2$ の状態ではすべての電子のスピンが α になっている．

$$\left\| \frac{n}{2}, \frac{n}{2} \right\rangle = \alpha_1 \alpha_2 \alpha_3 \cdots \alpha_n$$

これに S_- をつぎつぎと作用させれば，$S = n/2$ で M_s の小さい状態が求められる（$S_- = s_{1-} + s_{2-} + \cdots + s_{n-}$）．

$$\left\| \frac{n}{2}, \frac{n}{2} - 1 \right\rangle = \frac{1}{\sqrt{n}} \{ (\beta_1 \alpha_2 \alpha_3 \cdots \alpha_n) + (\alpha_1 \beta_2 \alpha_3 \cdots \alpha_n) + \cdots + (\alpha_1 \alpha_2 \alpha_3 \cdots \beta_n) \}$$

$$\left\| \frac{n}{2}, \frac{n}{2} - 2 \right\rangle = \sqrt{\frac{2}{n(n-1)}} \Big\{ (\alpha_1 \alpha_2 \cdots \alpha_n) \text{ のうちの 2 つを } \beta \text{ に変えたもの}$$
$$\frac{n(n-1)}{2} \text{ の項の和} \Big\}$$

$$\vdots$$

$$\left\| \frac{n}{2}, -\frac{n}{2} \right\rangle = \beta_1 \beta_2 \beta_3 \cdots \beta_n$$

[**4. 32**]　(a)　$\boldsymbol{\sigma}_1 \cdot \boldsymbol{\sigma}_2 = \dfrac{4}{\hbar^2} \Big\{ \dfrac{1}{2} (s_{1+} s_{2-} + s_{1-} s_{2+}) + s_{1z} s_{2z} \Big\}$ であるから

$$\boldsymbol{\sigma}_1 \cdot \boldsymbol{\sigma}_2 \alpha_1 \alpha_2 = \alpha_1 \alpha_2$$
$$\boldsymbol{\sigma}_1 \cdot \boldsymbol{\sigma}_2 \alpha_1 \beta_2 = 2\beta_1 \alpha_2 - \alpha_1 \beta_2$$
$$\boldsymbol{\sigma}_1 \cdot \boldsymbol{\sigma}_2 \beta_1 \alpha_2 = 2\alpha_1 \beta_2 - \beta_1 \alpha_2$$
$$\boldsymbol{\sigma}_1 \cdot \boldsymbol{\sigma}_2 \beta_1 \beta_2 = \beta_1 \beta_2$$

したがって

3 重項状態に対し　$\begin{cases} \boldsymbol{\sigma}_1 \cdot \boldsymbol{\sigma}_2 \alpha_1 \alpha_2 = \alpha_1 \alpha_2 \\ \boldsymbol{\sigma}_1 \cdot \boldsymbol{\sigma}_2 (\alpha_1 \beta_2 + \beta_1 \alpha_2)/\sqrt{2} = (\alpha_1 \beta_2 + \beta_1 \alpha_2)/\sqrt{2} \\ \boldsymbol{\sigma}_1 \cdot \boldsymbol{\sigma}_2 \beta_1 \beta_2 = \beta_1 \beta_2 \end{cases}$

1 重項状態に対し　$\boldsymbol{\sigma}_1 \cdot \boldsymbol{\sigma}_2 (\alpha_1 \beta_2 - \beta_1 \alpha_2)/\sqrt{2} = -3(\alpha_1 \beta_2 - \beta_1 \alpha_2)/\sqrt{2}$

となる．ゆえに，$B = 0$ のとき，これら 3 重項，1 重項は H の固有関数となっており，その固有値はそれぞれ A と $-3A$ である．分裂の大きさは $4A$ となるから

$$4A = 2 \times 10^5\,\mathrm{Mc/s} \quad \text{より} \quad A = 5 \times 10^4\,\mathrm{Mc/s}$$

(b)　相対論によると，静止質量が m の粒子のエネルギーと運動量の大きさのあいだには

$$\frac{\varepsilon}{c} = \sqrt{m^2 c^2 + p^2} > p$$

という関係がある．電子と陽電子が消滅して光子1個になったとすると，これらのエネルギーの和（$2mc^2$ より大）が光子の $h\nu$ になるが，その光子は大きさ $h\nu/c$ の運動量をもたねばならない．上式でわかるようにそれだけの運動量は電子と陽電子からは得られない．

(c)　上の (a) に記した4つの状態を基底にとって，ハミルトニアン H の行列をつくると，

$$H \longrightarrow \begin{pmatrix} A & 0 & 0 & 0 \\ 0 & A & 0 & 2\mu_\mathrm{B}B \\ 0 & 0 & A & 0 \\ 0 & 2\mu_\mathrm{B}B & 0 & -3A \end{pmatrix}$$

したがって，$\alpha_1\alpha_2$ と $\beta_1\beta_2$ はそのまま固有状態であり，固有値ももとのままどちらも A である．

残りの部分

$$\begin{pmatrix} A & 2\mu_\mathrm{B}B \\ 2\mu_\mathrm{B}B & -3A \end{pmatrix}$$

を対角化して

$$\left\{ \begin{aligned} &\text{固　有　値：} \quad -A + 2\sqrt{A^2 + \mu_\mathrm{B}{}^2 B^2} \\ &\text{固有関数：} \quad \frac{1}{\sqrt{2}}\{\cos\theta\,(\alpha_1\beta_2 + \beta_1\alpha_2) + \sin\theta\,(\alpha_1\beta_2 - \beta_1\alpha_2)\} \\ &\text{固　有　値：} \quad -A - 2\sqrt{A^2 + \mu_\mathrm{B}{}^2 B^2} \\ &\text{固有関数：} \quad \frac{1}{\sqrt{2}}\{\cos\theta\,(\alpha_1\beta_2 - \beta_1\alpha_2) - \sin\theta\,(\alpha_1\beta_2 + \beta_1\alpha_2)\} \end{aligned} \right.$$

を得る．ただし θ は

$$\tan 2\theta = \frac{\mu_\mathrm{B}B}{A}$$

(d)　$\mu_\mathrm{B} = 9.2732 \times 10^{-24}\,\mathrm{A \cdot m^2}$, $B = 2 \times 10^{-1}\,\mathrm{T}\,(= \mathrm{N/A \cdot m})$ であるから

$$\mu_B B = 1.9 \times 10^{-24}\,\text{N·m}\ (= \text{J})$$

一方

$$A = 5 \times 10^4\,\text{Mc/s}$$
$$= 5 \times 10^{10}\,\text{s}^{-1}$$
$$= 3.3 \times 10^{-23}\,\text{J} \qquad (h = 6.6 \times 10^{-34}\,\text{J·s})$$

であるから，

$$\tan 2\theta = \frac{\mu_B B}{A} \quad \text{より} \quad \theta = 2.9 \times 10^{-2}$$

この θ に対して $\cos^2\theta \fallingdotseq 1$, $\sin^2\theta \fallingdotseq 8 \times 10^{-4}$. したがって 3 重項と 1 重項の混じりは極めて微小 ($\sim 10^{-3}$) である.

$$\tau = \frac{1}{1000P_1 + P_3} \times 10^{-7}\,\text{s}$$

であるが，3 重項が主なほうの状態では $P_1 \cong 10^{-3}$, $P_3 \cong 1$ であるから

$$\tau = \frac{1}{2} \times 10^{-7}\,\text{s} \qquad (P_1 = 0\ \text{のものの半分})$$

であり，1 重項に 3 重項が少し混じったほうの状態では，$P_1 \cong 1$, $P_3 \cong 10^{-3}$ であるから

$$\tau = 10^{-10}\,\text{s} \qquad (P_3 = 0\ \text{のものとほとんど同じ})$$

である.

5

近　似　法

§5.1　摂動論（定常状態）

　系の運動をきめるハミルトニアン H が２つの部分に

$$H = H_0 + \lambda H' \tag{1}$$

のように分けられ，運動は主として H_0 できめられ，$\lambda H'$ の影響が小さな補正とみなしうる場合を考える．$\lambda H'$ を**摂動**という．パラメーター λ は補正の程度をみるための目印で，外から磁場をかけてその影響をみる場合を例にとるなら磁場の強さ（磁束密度）をこれにとればよい．

　摂動論は，H_0 の固有値，固有関数（固有ベクトル）が既知で，$\lambda H'$ によるそれからのはずれが小さい場合の λ のべき級数展開による近似計算法である．

$$H_0 \varphi_n{}^{(0)} = \varepsilon_n{}^{(0)} \varphi_n{}^{(0)} \tag{2}$$

は解かれているとし，

$$H\varphi_n = \varepsilon_n \varphi_n$$

の固有値 ε_n と固有関数 φ_n を λ のべき級数に展開する．

$$\varepsilon_n = \varepsilon_n{}^{(0)} + \lambda \varepsilon_n{}^{(1)} + \lambda^2 \varepsilon_n{}^{(2)} + \cdots \tag{3a}$$

$$\varphi_n = \varphi_n{}^{(0)} + \lambda \varphi_n{}^{(1)} + \lambda^2 \varphi_n{}^{(2)} + \cdots \tag{3b}$$

これを

$$(H_0 + \lambda H')\varphi_n = \varepsilon_n \varphi_n \tag{4}$$

の両辺に代入し，両辺で λ の同じべきの項を等しいとおけば

$$H_0 \varphi_n^{(0)} = \varepsilon_n^{(0)} \varphi_n^{(0)} \tag{5a}$$

$$H_0 \varphi_n^{(1)} + H' \varphi_n^{(0)} = \varepsilon_n^{(0)} \varphi_n^{(1)} + \varepsilon_n^{(1)} \varphi_n^{(0)} \tag{5b}$$

$$H_0 \varphi_n^{(2)} + H' \varphi_n^{(1)} = \varepsilon_n^{(0)} \varphi_n^{(2)} + \varepsilon_n^{(1)} \varphi_n^{(1)} + \varepsilon_n^{(2)} \varphi_n^{(0)} \tag{5c}$$

$$\cdots\cdots\cdots$$

という一連の方程式が得られる．（5a）はすでに解かれているから（5b）以下を考える．$\varphi_1^{(0)}, \varphi_2^{(0)}, \cdots$ は完全正規直交系をつくるので，$\varphi_n^{(1)}, \varphi_n^{(2)}, \cdots$ をこれで展開できるはずである．そこで

$$\varphi_n^{(1)} = \sum_j c_{nj}^{(1)} \varphi_j^{(0)}$$

とおいて（5b）に代入し，左から $\varphi_i^{(0)*}$ を掛けて積分すると

$$c_{ni}^{(1)}(\varepsilon_n^{(0)} - \varepsilon_i^{(0)}) + \varepsilon_n^{(1)} \delta_{ni} = \langle i | H' | n \rangle$$

が得られる．ただし右辺は

$$\langle i | H' | n \rangle \equiv \langle \varphi_i^{(0)} | H' | \varphi_n^{(0)} \rangle = \int \varphi_i^{(0)*} H' \varphi_n^{(0)} dq$$

である．これから，固有値に縮退がないとして

$$i = n \quad \text{に対し} \quad \varepsilon_n^{(1)} = \langle n | H' | n \rangle \tag{6a}$$

$$i \neq n \quad \text{に対し} \quad c_{ni}^{(1)} = \frac{\langle i | H' | n \rangle}{\varepsilon_n^{(0)} - \varepsilon_i^{(0)}} \tag{6b}$$

が得られる．$c_{nn}^{(1)}$ は 0 としてよいことが証明される．

　2 次の摂動についても同様な計算をすると

$$\varepsilon_n^{(2)} = \sum_i{}' \frac{|\langle n | H' | i \rangle|^2}{\varepsilon_n^{(0)} - \varepsilon_i^{(0)}} \tag{7a}$$

$$c_{ni}^{(2)} = \sum_j{}' \frac{\langle i | H' | j \rangle \langle j | H' | n \rangle}{(\varepsilon_n^{(0)} - \varepsilon_i^{(0)})(\varepsilon_n^{(0)} - \varepsilon_j^{(0)})} - \frac{\langle i | H' | n \rangle \langle n | H' | n \rangle}{(\varepsilon_n^{(0)} - \varepsilon_i^{(0)})^2} \tag{7b}$$

$$c_{nn}^{(2)} = -\frac{1}{2} \sum_i |c_{ni}^{(1)}|^2 \tag{7c}$$

が得られる．ただし $\sum_i{}'$ は，$i = n$ を除いた i に関する和を表わす．高次の摂動も同様にして計算できる．

　（6b）は，摂動によって $\varphi_n^{(0)}$ に混じってくる $\varphi_i^{(0)}$ の係数であるが，1 次の

効果でのこのような混じりは $\varphi_n^{(0)}$ と $\varphi_i^{(0)}$ のあいだの H' の行列要素 $\langle i|H'|n\rangle$ に比例し，摂動がないときのエネルギー差* $\varepsilon_n^{(0)} - \varepsilon_i^{(0)}$ に逆比例することを示している.

　無摂動系のエネルギー固有値に縮退があると，上記の方法は役立たない．それは（6b）や（7b）などにおいて分子が有限なのに分母が0になる場合があるからである．これを解決するには，縮退した状態を $\varphi_n^{(0)}, \varphi_{n+1}^{(0)}, \cdots,$ $\varphi_{n+g}^{(0)}$ とするとき，これらの1次結合で得られる g 個の正規直交ベクトル（関数）$\overline{\varphi}_n^{(0)}, \overline{\varphi}_{n+1}^{(0)}, \cdots, \overline{\varphi}_{n+g}^{(0)}$ を適当に選んで H' の非対角行列要素がすべて消えるようにすればよい.

$$
\begin{array}{c}
\begin{array}{cc} \varphi_n^{(0)} & \varphi_{n+1}^{(0)} \cdots \end{array} \\
\begin{array}{c} \varphi_n^{(0)} \\ \varphi_{n+1}^{(0)} \\ \vdots \end{array}
\left(\begin{array}{c} H' \end{array} \right)
\end{array}
\longrightarrow
\begin{array}{c}
\begin{array}{cc} \overline{\varphi}_n^{(0)} & \overline{\varphi}_{n+1}^{(0)} \cdots \end{array} \\
\begin{array}{c} \overline{\varphi}_n^{(0)} \\ \overline{\varphi}_{n+1}^{(0)} \\ \vdots \end{array}
\left(\begin{array}{ccc} \varepsilon_n^{(1)} & & 0 \\ & \varepsilon_{n+1}^{(1)} & \\ 0 & & \ddots \end{array} \right)
\end{array}
$$

これは，有限次元の行列の対角化で固有値と固有ベクトルを求める問題である（§4.4参照）．縮退があるときには $\varphi_n^{(0)}, \varphi_{n+1}^{(0)}, \cdots$ のどのような1次結合をとっても，同じ固有値をもつ H_0 の固有関数になるから，もともと g 個をどうとるべきか一意的には定まらない．したがって，H' を対角線的にするような $\overline{\varphi}_n^{(0)}, \overline{\varphi}_{n+1}^{(0)}, \cdots$ を出発点にすればよいわけである．そこでこれを**零次近似の固有関数**と呼ぶ．これから後の手続きは縮退のない場合と同じである.

§5.2　変 分 法

　ハミルトニアン H の固有値と固有関数が求められたとして，固有値の低いほうから順に番号づけしてそれらをそれぞれ $\varepsilon_1, \varepsilon_2, \varepsilon_3, \cdots$; $\varphi_1(q), \varphi_2(q),$ $\varphi_3(q), \cdots$ とする．同じ変数のかってな関数を $\xi(q)$ として，これを完全正規直交系 $\varphi_1(q), \varphi_2(q), \cdots$ で展開したとする.

---

*　分母に現われるので，**エネルギー分母**ということがある.

$$\zeta(q) = \sum_{n=1}^{\infty} c_n \varphi_n(q) \tag{8}$$

$\zeta(q)$ は規格化されているとすると

$$\int \zeta^*(q)\zeta(q)dq = \sum_n |c_n|^2 = 1$$

である. いまこの $\zeta(q)$ による H の期待値をとると

$$I[\zeta] \equiv \int \zeta^* H\zeta \, dq = \sum_{n=1}^{\infty} \varepsilon_n |c_n|^2$$

は ζ の形, つまり $c_1, c_2, \cdots$ の値のとり方によっていろいろな値をとるが, $\varepsilon_1 \leqq \varepsilon_2 \leqq \varepsilon_3 \leqq \cdots$ であるから

$$I[\zeta] = \sum_n \varepsilon_n |c_n|^2 \geqq \varepsilon_1 \sum_n |c_n|^2 = \varepsilon_1 \tag{9}$$

である. 特に $c_1 = 1$, $c_2 = c_3 = \cdots = 0$ としたとき, つまり $\zeta(q)$ として $\varphi_1(q)$ をとったときに $I[\zeta]$ は最小値 ε_1 をとる. 以上により, <u>基底状態に対する H の固有関数は $I[\zeta] = \langle \zeta | H | \zeta \rangle$ の値を最小にするような関数であり, その最小値が基底状態の固有値 ε_1 に等しい</u>ことがわかる.

　このエネルギー最小の原理を実際問題に適用するときには, 比較的扱いやすい関数形をもち, しかも真の固有関数に近いと思われる**試行関数**を選ぶ. その試行関数には変化しうるパラメーターを含ませるなどして, 変化させる余地を残しておき, その変化の範囲内で上記の積分（H の期待値）に最小値をとらせる. こうして, 試行関数の選び方が適切ならば, 真の固有関数にかなり近いものを求めることができ, 固有値もかなり真の値に近いものを得ることができる. 近似固有値は正しい値よりは上に出る.

§5.3　ハートレー近似

　一般の系は 2 個以上の粒子を含み, しかもそれらが相互作用をしている. 質量 $m_1, m_2, \cdots, m_N$ の粒子からできている系のハミルトニアンは

$$\mathcal{H} = -\frac{\hbar^2}{2m_1}\nabla_1{}^2 - \frac{\hbar^2}{2m_2}\nabla_2{}^2 - \cdots - \frac{\hbar^2}{2m_N}\nabla_N{}^2 + V(\boldsymbol{r}_1, \boldsymbol{r}_2, \cdots, \boldsymbol{r}_N)$$

$$(10)$$

とかかれるが，V には各粒子が外から受ける力のほかに，相互間の内力のポテンシャル（たとえば2電子間のクーロン斥力 $e^2/4\pi\epsilon_0|\boldsymbol{r}_i - \boldsymbol{r}_j|$）が含まれる．

系の状態を表わす波動関数（状態ベクトル）$\Psi(\boldsymbol{r}_1, \boldsymbol{r}_2, \cdots, \boldsymbol{r}_N ; t)$ がシュレーディンガー方程式

$$i\hbar\frac{\partial \Psi}{\partial t} = \mathcal{H}\Psi \qquad (11)$$

に従うこと，特に V が t を含まなければ

$$\Psi(\boldsymbol{r}_1, \boldsymbol{r}_2, \cdots, \boldsymbol{r}_N ; t) = \mathrm{e}^{-i\omega t}\,\Phi(\boldsymbol{r}_1, \boldsymbol{r}_2, \cdots, \boldsymbol{r}_N) \qquad (12)$$

とおいて時間を含まないシュレーディンガー方程式

$$\mathcal{H}\Phi = E\Phi, \qquad E = \hbar\omega \qquad (13)$$

を解いて，定常状態の波動関数とエネルギー固有値が求められること，などは1粒子のときと全く同じである．異なるのは自由度（変数）の数だけである．ただし，多粒子系では，次節（§5.4）で述べる粒子の交換の問題と，上記の相互作用による数学的な困難が付け加わる．

粒子間相互作用を近似的に扱う方法として最も重要なのはハートレー近似である．スピンを度外視し，粒子がすべて同種のときを考えよう．外力のポテンシャルを $V(\boldsymbol{r}_i)$，内力のそれを $g(\boldsymbol{r}_i, \boldsymbol{r}_j)$ とすると，

$$\mathcal{H} = \sum_i \left\{ -\frac{\hbar^2}{2m}\nabla_i{}^2 + V(\boldsymbol{r}_i) \right\} + \sum_{i<j} g(\boldsymbol{r}_i, \boldsymbol{r}_j) \qquad (14)$$

であるが，内力がない $(g = 0)$ 場合には，$\mathcal{H}\Phi = E\Phi$ は変数分離できて，

$$\Phi(\boldsymbol{r}_1, \boldsymbol{r}_2, \cdots, \boldsymbol{r}_N) = \varphi_a(\boldsymbol{r}_1)\varphi_b(\boldsymbol{r}_2)\cdots\varphi_n(\boldsymbol{r}_N) \qquad (15)$$

$$E = \varepsilon_a + \varepsilon_b + \cdots + \varepsilon_n$$

とすることができる．$\varphi_a, \varphi_b, \cdots, \varphi_n$ は

$$H = -\frac{\hbar^2}{2m}\nabla^2 + V(\boldsymbol{r})$$

の固有関数, $\varepsilon_a, \varepsilon_b, \cdots, \varepsilon_n$ は固有値である. $g \neq 0$ のときは (15) は正しくない
が, 前節の変分法の考えを適用し, (15) の形の Φ をその試行関数とみなすと,
$\langle \Phi | \mathcal{H} | \Phi \rangle$ をなるべく小さくするような $\varphi_a, \varphi_b, \cdots, \varphi_n$ を選ぶことによって, 多
粒子系の近似波動関数としてかなり良いものが得られる. これがハートレー
の方法である.

　電子系の場合でいうと, $\varphi_a(\boldsymbol{r}_1)$ をきめるのには, 核からの引力 $V(\boldsymbol{r}_1)$ のほ
かに, 他の電子を $|\varphi_i(\boldsymbol{r})|^2$ に比例する密度で空間にひろがって分布する**電荷
雲**で近似し, それらがつくる静電場を $V(\boldsymbol{r}_1)$ に加えたもので着目する電子が
受ける力（外力と内力の総和）を近似する, というのがこの方法の具体的な
手続きである（問題 [5.17]（174 ページ）参照）.

§5.4　スレイター行列式とパウリの原理

　スピンまで考えると, 1 個の粒子の状態は $\varphi_s(\boldsymbol{r})\alpha(\sigma), \varphi_t(\boldsymbol{r})\beta(\sigma)$ やそれらの
1 次結合で表わされる. $\boldsymbol{r}$ と σ をまとめて q とし, 1 粒子関数を $\phi(q)$ で表わ
すことになる. 同種多粒子系の場合, 粒子に番号をつけることは意味がない
ので, $q_1, q_2, \cdots$ の添字を交換した

$$\Phi(q_1, q_2, \cdots) \quad \text{と} \quad \Phi(q_i, q_j, \cdots) \quad \text{など}$$

は同じ状態を表わすと考えねばならない. 自然界に実在する粒子では, 多粒
子系の状態を表わす Φ は任意の 2 個の添字の交換によって何らの変化も受
けないか（**ボース粒子**の場合）, 符号が逆になるか（**フェルミ粒子**の場合）,
のどちらかでなければならないことが要請される.

$$\Phi(q_1, q_2, \cdots, q_i, \cdots, q_j, \cdots) = \pm \Phi(q_1, q_2, \cdots, q_j, \cdots, q_i, \cdots) \qquad (16)$$

　多粒子系の波動関数 Φ を, 1 粒子関数 $\phi(q)$ の積で近似する場合にも, この
要請を考慮せねばならない. 電子のようなフェルミ粒子の場合には, この要
請は

$$\Phi(q_1, q_2, \cdots) = \frac{1}{\sqrt{N!}} \begin{vmatrix} \phi_\xi(q_1) & \phi_\eta(q_1) & \phi_\zeta(q_1) & \cdots \\ \phi_\xi(q_2) & \phi_\eta(q_2) & \phi_\zeta(q_2) & \cdots \\ \phi_\xi(q_3) & \phi_\eta(q_3) & \phi_\zeta(q_3) & \cdots \\ \cdots\cdots\cdots\cdots\cdots\cdots \end{vmatrix} \qquad (17)$$

のような行列式（**スレイター行列式**という）をとることで満足される.
$1/\sqrt{N!}$ は規格化のためにつけた因子である.

同じ列（または行）が2つ以上あると0になってしまう，という行列式の性質により，$\phi_\xi, \phi_\eta, \cdots$ はすべて異なる（直交する）ものでなくてはならない. これからつぎの**パウリの原理**が得られる：1つの1粒子量子状態（スピンを含めて）を2つまたはそれ以上の電子が占めることはない.

ボース粒子の場合には，(17) の代りに，行列式を展開して得られる $N!$ 個の項の符号（半数は ＋，半数は －）をすべて ＋ にしたものを用ればよい. パウリの原理は成り立たず，同じ1粒子状態が何度現われてもよいが，その場合には規格化の定数は $1/\sqrt{N!}$ ではなくなる.

スレイター行列式を使ってエネルギーの期待値を求めると**交換エネルギー**という特殊なものが出てくる（問題 [5.14] 参照）.

§5.5 遷移確率

分子に光（振動電場）をあてるような場合には，摂動 $\mathcal{H}'$ が時間を含む演算子で与えられる. そうでなくても

$$\mathcal{H} = \mathcal{H}_0 + \mathcal{H}' \qquad (18)$$

によって運動のきまる系の非定常な状態を表わすときには，時間を含むシュレーディンガー方程式

$$\mathcal{H}\Psi = i\hbar\frac{\partial\Psi}{\partial t} \qquad (\Psi = \Psi(q_1, q_2, \cdots, t)) \qquad (19)$$

を解かねばならない.

$\mathcal{H}_0$ の固有関数と固有値はわかっているとする.

$$\mathcal{H}_0\Phi_n = E_n\Phi_n \qquad (\Phi_n = \Phi_n(q_1, q_2, \cdots)) \qquad (20)$$

(19) 式で $\mathcal{H} = \mathcal{H}_0$ （つまり $\mathcal{H}' = 0$）の場合の一般解は，$C_1, C_2, \cdots$ をかってな定数として

$$\Psi_0 = C_1 e^{-iE_1 t/\hbar} \Phi_1 + C_2 e^{-iE_2 t/\hbar} \Phi_2 + \cdots$$

で与えられる．摂動がある場合の Ψ はこの $C_1, C_2, \cdots$ が時間 t の関数になっていると考え，摂動が小さいとしてそれを近似的に求めることを考える．まず $\mathcal{H}'$ が t を含まない場合を考える．

$$\Psi(q_1, q_2, \cdots, t) = \sum_n C_n(t) e^{-iE_n t/\hbar} \Phi_n(q_1, q_2, \cdots) \tag{21}$$

を (19) に代入し，左から Φ_f^* を掛けて $q_1, q_2, \cdots$ で積分すると

$$i\hbar \frac{dC_f}{dt} = \sum_n e^{-i(E_n - E_f)t/\hbar} C_n \langle \Phi_f | \mathcal{H}' | \Phi_n \rangle$$

初期条件として，系は最初 $(t = 0)$ $\mathcal{H}_0$ の固有状態の一つ Φ_i にあったとする．つまり

$$C_i(0) = 1, \qquad C_n(0) = 0 \qquad (n \neq i) \tag{22}$$

とする．Φ_i を **始状態** と呼ぶ．$\mathcal{H}'$ の影響は小さく，$t > 0$ でも $C_i(t), C_n(t)$ は (22) とあまり違わないとして，上の式の右辺に (22) を代入してしまう．そうすると，$f \neq i$ に対して

$$i\hbar \frac{dC_f}{dt} = e^{i(E_f - E_i)t/\hbar} \langle \Phi_f | \mathcal{H}' | \Phi_i \rangle$$

を得る．積分し $C_f(0) = 0$ とすると

$$C_f(t) = \frac{1 - \exp\{i(E_f - E_i)t/\hbar\}}{E_f - E_i} \langle \Phi_f | \mathcal{H}' | \Phi_i \rangle \tag{23}$$

(21) 式は，Ψ で表わされる状態にある系で $\mathcal{H}_0$ を測定すると，系が $\mathcal{H}_0$ の固有状態 Φ_n に見出される確率が $|C_n(t)|^2$ で与えられることを示すから，

$$|C_f(t)|^2 = \left\{ \frac{2 \sin \dfrac{(E_f - E_i)t}{2\hbar}}{E_f - E_i} \right\}^2 |\langle \Phi_f | \mathcal{H}' | \Phi_i \rangle|^2 \tag{24}$$

は，t だけのあいだに系が状態 Φ_i から状態 Φ_f（**終状態** という）へ **遷移**（または **転移**）している確率である．

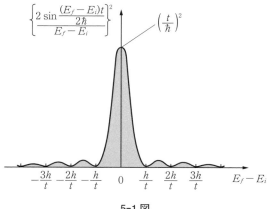

5-1 図

　光の放出吸収などに関連した実際の問題では，終状態の E_f が（ほとんど）連続的と考えられるように分布していて，そのなかの一群の状態に遷移する全確率を求める場合が多い．そこで（24）式の右辺の第1の因子を変数 E_f の連続関数とみると，5-1 図に示すようにこれは $E_f = E_i$ のところに鋭い極大をもち，図のグレー部分の面積が $2\pi t/\hbar$ に等しい関数になっていることがわかる．*　そこでこれを $(2\pi t/\hbar)\delta(E_f - E_i)$ で近似することができる．そうすると，（24）式は

$$|C_f(t)|^2 = \frac{2\pi}{\hbar} t \, |\langle \Phi_f | \mathcal{H}' | \Phi_i \rangle|^2 \delta(E_f - E_i) \qquad (25)$$

となる．$\delta(E_f - E_i)$ は，遷移が起こるのはエネルギーの等しい $(E_f = E_i)$ 状態間だけに限られる，というエネルギー保存則を表わすと解釈される．（25）式は，遷移確率が時間 t に比例し，

$$単位時間当りの遷移確率 = \frac{2\pi}{\hbar} |\langle \Phi_f | \mathcal{H}' | \Phi_i \rangle|^2 \delta(E_f - E_i) \qquad (26)$$

で与えられることを示している．この（26）式をすべての終状態，または，関心のある一群の終状態だけにわたって寄せ集めたものを，**フェルミの黄金**

---

*　t が極端に小さいときを除く．計算には公式 $\displaystyle\int_{-\infty}^{\infty}\left(\frac{\sin x}{x}\right)^2 dx = \pi$ を用いる．

律ということがある.

　なお，電磁波による振動電場のように，t に関して周期的な摂動のときには

$$\mathscr{H}' = V_+ \mathrm{e}^{+i\omega t} + V_- \mathrm{e}^{-i\omega t} \qquad (V_- = V_+^{\dagger}) \tag{27}$$

という形に表わされ，（26）式は

$$単位時間当りの遷移確率 = \frac{2\pi}{\hbar} |\langle \Phi_f | V_{\pm} | \Phi_i \rangle|^2 \delta(E_f - E_i \pm \hbar\omega)$$

$$\tag{28}$$

のようになる．最後のデルタ関数はボーアの振動数条件を与える.

§5.6　対称性の利用

　1次元調和振動子のハミルトニアンは

$$H = -\frac{\hbar^2}{2m}\frac{d^2}{dx^2} + \frac{1}{2}m\omega^2 x^2$$

で与えられるが，その固有値 $\left(n + \dfrac{1}{2}\right)\hbar\omega$ には縮退がなく，固有関数 $X(x)$

（§3.2 の（6）式，60ページ）は x の偶関数か奇関数かのどちらかであった．上記の H は x を $-x$ に変えても不変である．この操作を演算子 I で表わすと $IH = HI$ である.＊　シュレーディンガー方程式は

$$HX_n(x) = \varepsilon_n X_n(x)$$

であるが，ここで $x \to -x$ とすると，H は上記のように不変だから

$$HX_n(-x) = \varepsilon_n X_n(-x)$$

となる．これは，$X_n(-x)$ も同じ固有値 ε_n に属する H の固有関数になっていることを示す．縮退がないということは，$X_n(-x)$ は $X_n(x)$ と独立ではない，ということであるから，$X_n(-x)$ は $X_n(x)$ の定数（それを C とする）倍

　＊　　H は演算子なので，その右に x の関数がくることを前提としている．IH の I は H とその関数の両方について $x \to -x$ にすることを意味し，HI はその関数だけにこの操作を施すことを示す.

であるということになる. つまり, 操作 I を施すと $X_n(x)$ は C 倍になる：$IX_n(x) = X_n(-x) = CX_n(x)$. 同じことをもう一度やると $I^2X_n(x) = C^2X_n(x)$ となるが,

$$I^2X_n(x) = I\{IX_n(x)\} = I\{X_n(-x)\} = X_n(x)$$

であるから, $C^2 = 1$ でなければいけない. したがって

$$C = \pm 1$$

である. つまりポテンシャルが偶関数の場合に縮退のない固有関数は

$$IX_n(x) = X_n(-x) = \begin{cases} X_n(x) & \text{偶関数} \\ -X_n(x) & \text{奇関数} \end{cases}$$

のどちらかでなければならない.

　$IH = HI$ であるようなハミルトニアンの固有関数に, 偶関数でも奇関数でもないものがあったとして, それを $u(x)$ とすると,

$$Hu(x) = \varepsilon u(x) \quad \text{ならば} \quad Hu(-x) = \varepsilon u(-x)$$

であるから $u(-x)$ も同じ固有値 ε をもつ固有関数である. そうすると, $u(x)$ と $u(-x)$ のかってな 1 次結合も同じ固有値 ε の固有関数になるから,

$$u_+ = u(x) + u(-x) \quad x \text{ の偶関数}$$
$$u_- = u(x) - u(-x) \quad x \text{ の奇関数}$$

はどちらも $Hu_\pm(x) = \varepsilon u_\pm(x)$ を満足する. $u_+(x)$ と $u_-(x)$ は明らかに 1 次独立（一方が他方の定数倍で表わされない）であり, 直交する（内積が 0）から, 固有値 ε は 2 重（あるいはそれ以上）に縮退していることがわかる.

　どちらにしても, ポテンシャルが偶関数の場合の固有関数は, 必ず偶関数か奇関数で表わされることがわかる. したがって, 波動関数を規定する性質として**偶奇性**（パリティ）は重要なものの一つである.

　量子力学では, 行列要素として

$$\langle u_i | F | u_j \rangle = \int_{-\infty}^{\infty} u_i^*(x) F u_j(x) dx$$

といった形の積分を計算することが多い. このとき, 被積分関数が奇関数であると積分は消えて 0 になる. 演算子 F が調和振動子のハミルトニアンのように $x \to -x$ に対して不変ならば, 上記の行列要素が残るのは u_i と u_j が

どちらも偶またはどちらも奇のときに限られる．逆に F が $IF = -FI$ のような奇のパリティをもつときには，異なるパリティの状態間にのみ行列要素が存在することになる．このように，行列要素の計算（遷移確率の計算などで必要）では，対称性の考慮が重要である．

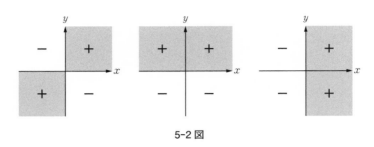

5-2 図

　2 次元以上になると，単に偶と奇だけでは話がすまなくなる．たとえば 2 次元では上図に示すようなどれも「奇」に相当している．1 次元の $x \to -x$ を一般化したものとしては

$$x \to -x,\ y \to -y,\ z \to -z \qquad \textbf{反転}$$

$$\begin{cases} x \to -x,\ y \to y,\quad z \to z & yz\,\text{面での\textbf{鏡映}} \\ x \to x,\quad y \to -y,\ z \to z & zx\,\text{面での\textbf{鏡映}} \\ x \to x,\quad y \to y,\quad z \to -z & xy\,\text{面での\textbf{鏡映}} \end{cases}$$

$$\begin{cases} x \to x,\quad y \to -y,\ z \to -z & x\,\text{軸のまわりの}\,\pi\,\text{だけの\textbf{回転}} \\ x \to -x,\ y \to y,\quad z \to -z & y\,\text{軸のまわりの}\,\pi\,\text{だけの\textbf{回転}} \\ x \to -x,\ y \to -y,\ z \to z & z\,\text{軸のまわりの}\,\pi\,\text{だけの\textbf{回転}} \end{cases}$$

があげられる．行列要素が 0 でないためには，その被積分関数は，これらのどれに対しても不変でなければならない．

　中心力場内の粒子のハミルトニアンは，中心のまわりの任意の回転に対して不変（球対称）である．これに z 方向の一様な磁場がかけられたとすると，z 軸のまわりの回転だけに限定されるようになるから，対称性は低下して軸対称ということになる．立方体の箱のなかに閉じこめられた粒子の場合は，

（箱の影響をポテンシャルで表わすと）ハミルトニアンは立方対称性と呼ばれる対称性をもつ．こういった対称性に応じて，ハミルトニアンを不変に保ついろいろな対称操作（反転，回転，鏡映など）が存在する．こういった対称操作とそれに対する波動関数の変換のしかた（1 次元で $x \rightarrow -x$ としたときの $f(-x) = \pm f(x)$ を一般化したもの）を研究することは，エネルギー準位の縮退のしかたや，行列要素の有無を調べるのに極めて重要である．

余 談　量子力学の創成時におけるその進歩の速さはすばらしいものであった．波動力学についていえば，"固有値問題としての量子化"と題するシュレーディンガーの 4 つの論文は 1926 年 1 月 〜 6 月のあいだに書き上げられた．当時は論文の出版も速かったようで，全部その年のうちに印刷になっている．その他に，"行列力学と波動力学の同等性"を明らかにした彼の論文も同じ年に出ている．ボルンは，「理論物理学で，波動力学における彼の最初の 6 つの論文以上に壮大なものがあるだろうか」と述べてその業績を称賛している．摂動論の方法もこのなかですでに展開されていたのである．

　さて，量子力学の誕生は古典物理学とは全く異なる考え方の出現として革命的なものであったが，前章までの内容でその基本的なところはつくされている．しかし，今まで実際に扱った系は，前期量子論でも何とかなる水素原子とか，調和振動子（というといかめしいが，単振動のこと）とか，等速往復運動といった模型的なものに限られていた．歴史的にも，まずこういった簡単な問題で，新しい方法の必要性，有効性が確認されたのである．

　しかし，もっと実際的なミクロの問題に量子力学を適用しようとすると，いろいろな道具だてがさらに必要になってくる．まず，摂動論などの近似法がいろいろ考察されたが，実際問題を扱うとなると，これが不可欠なのである．本章の題を"近似法"としたのも，この章で実用例のいくつかを学んでいただこうとしたからである．さらに，同種粒子の多体系では，フェルミ粒子とボース粒子を区別する**統計**の要請があらたに付加される．これらの装備を整えてはじめて，量子力学は実用化の段階に入ったともいえる．こういった進展のうちの基礎的なことの大部分は，わずか数年のうちに達成されたのであって，まるで堰を切った洪水のようなめざましさであった．こうして，原子や分子，それらの集合体としての固体などの示す諸物性はつぎつぎと明らかにされていった．最後まで残った難問"超伝導"も 1957 年に解明された．

　しかし対象を原子核のなかに求め，物質のさらに奥深い究極構造をきわめよ

うとすると，いろいろな問題が生じてきた．そもそも相手が電子，核子，光子
くらいですむと思ったら大間違いで，いろいろな"素粒子"が登場してきた．
量子論と相対論の結合も，ディラックの電子論あたりまでは大成功をおさめた
が，そのさきで種々の困難に遭遇した．そんなわけで非相対論的な質点系の量
子力学は一応完成したが，これで自然の究極がすべてわかったというのではな
いのである．

　最後に，量子力学史の参考書をいくつかあげておく．

　　　　　天野清著「量子力学史」(中央公論社).

　　　　　ヤンマー著（小出昭一郎訳)「量子力学史 1，2」(東京図書).

　　　　　高林武彦著「量子論の発展史」(中央公論社).

問　　題

　[**5.1**]　質量が m の同種粒子 N 個がポテンシャル $V = m\omega^2 x^2/2$ の作
用を受けて x 軸上で運動している．粒子間に相互作用はないとする．下
記の問に答えよ．粒子がスピン 0 のボース粒子の場合とスピン 1/2 のフェ
ルミ粒子の場合の両方を考えよ．

(a)　この粒子系のハミルトニアンを求めよ．

(b)　この系の基底状態の波動関数 Φ とエネルギー E を求めよ．

(c)　各点における粒子の密度（1 粒子分布関数ともいう）

$$\rho(x) \equiv \langle\Phi|\sum_{i=1}^{N}\delta(x_i - x)|\Phi\rangle$$

を計算し，図示せよ．簡単のため，$N = 4$ とせよ．

(d)　第 1，第 2 励起状態の縮退度を求めよ．ただし，N は 4 より大きい
偶数とする．

　[**5.2**]　1 次元調和振動子につぎの摂動ポテンシャルが加わったときの
エネルギー準位のずれを 1 次の摂動により求めよ．

(a)　λx^2　　　(b)　λx^4

ここで λ は定数である．

【注】　x の行列要素（問題 [4.16] 参照）を用いて x^2 の行列要素を，さらにそれを用い
て x^4 の行列要素を計算せよ．

[**5.3**]　原子核は有限の空間的な広がりをもっている．簡単のため，核は半径 R の球であるとし，その電荷 Ze はその表面上に一様に分布しているとする．

(a)　1次摂動を用いると，この広がりが原子のエネルギー準位に与える補正は

$$\Delta E^{(1)} = \frac{Ze^2}{4\pi\epsilon_0}\,\rho(0)\,\frac{2\pi}{3}R^2$$

とかけることを示せ．ただし，$\rho(0)$ は電子密度（問題 [5.1] 参照）の核の位置における値である．

(b)　水素様原子 H, He$^+$, Li^{++}, $\cdots$ の基底状態に対して，上の $\Delta E^{(1)}$ を計算せよ．

(c)　$Z = 100$ のとき，この補正は何 eV になるか．ただし，$R = 10^{-12}\,\mathrm{cm}$ とする．

【注】　核の大きさは Z のほかに質量数 A にもよる．このため，この補正のことを"同位元素補正"ということがある．

[**5.4**]　原子核内では核子間の距離は $10^{-13}\,\mathrm{cm}$ の桁である．このような距離では核力は陽子間のクーロン力よりずっと強い．

(a)　このクーロン相互作用が原子核のエネルギー準位に与える補正は，1次摂動の範囲では

$$\Delta E^{(1)} = \frac{e^2}{8\pi\epsilon_0}\iint \frac{g_{\mathrm{p-p}}(\boldsymbol{r},\boldsymbol{r}')}{|\boldsymbol{r}-\boldsymbol{r}'|}\,d\boldsymbol{r}d\boldsymbol{r}'$$

とかけることを示せ．ただし，

$$g_{\mathrm{p-p}}(\boldsymbol{r},\boldsymbol{r}') = \langle\varPhi|\sum_{\substack{i,j=1\\(i\neq j)}}^{Z}\delta(\boldsymbol{r}_i-\boldsymbol{r})\delta(\boldsymbol{r}_j-\boldsymbol{r}')|\varPhi\rangle$$

ここで，$\varPhi(\boldsymbol{r}_1,\sigma_1\,;\,\cdots\,;\,\boldsymbol{r}_Z,\sigma_Z\,;\,\cdots\,;\,\boldsymbol{r}_A,\sigma_A)$ は陽子間のクーロン相互作用を無視したときの核子系のエネルギー固有関数である．番号 $1,\cdots,Z$ は陽子を，$Z+1,\cdots,A$ は中性子を表わす．

(b)　関数 $g_{\mathrm{p-p}}(\boldsymbol{r},\boldsymbol{r}')$ の物理的意味を述べよ．

(c)　つぎの近似のもとに $\Delta E^{(1)}$ を計算せよ（付録6参照）．

（ⅰ）　原子核は半径 R の球である．

（ⅱ）　陽子はこの球内に密度 ρ_{p} で一様に分布している.

（ⅲ）　$g_{\mathrm{p-p}}(\boldsymbol{r}, \boldsymbol{r}') = \rho_{\mathrm{p}}(\boldsymbol{r})\rho_{\mathrm{p}}(\boldsymbol{r}')$

[**5.5**]　1 次元調和振動子につぎの摂動ポテンシャルが加わったときの最低状態のエネルギー準位のずれを 2 次の摂動により求めよ. また対応する波動関数のずれを 1 次の摂動により求め，形の変化がどのようになるかを述べよ.

（a）　λx　　（b）　λx^3

[**5.6**][※]　前問（b）の場合，粒子はポテンシャル $V(x) = m\omega^2 x^2/2 + \lambda x^3$ のなかを動く. $V(x)$ を図示することにより，この問題へ摂動論を適用することの是非について議論せよ.

[**5.7**][※]　ハミルトニアン $\mathcal{H}$ がパラメーター λ に依存するときは，その規格化された固有関数 $\varPhi_1, \varPhi_2, \cdots$，固有値 $E_1, E_2, \cdots$ も λ に依存する.

（a）　つぎの関係式を証明せよ.

$$\frac{dE_j}{d\lambda} = \int \varPhi_j{}^* \frac{\partial \mathcal{H}}{\partial \lambda} \varPhi_j dq$$

（b）　縮退のないときの摂動法を用いて求めた $\mathcal{H} \equiv \mathcal{H}_0 + \lambda \mathcal{H}'$ の固有値，固有関数が実際に上式を満たしていることを，最低次とそのつぎの項について確かめよ.

（c）　一様な静電場中の原子や分子のハミルトニアンは電場の強さ E をパラメーターとして含む. 固有状態 $\varPhi_j$ における電気双極子モーメントの期待値を $\langle P \rangle_j$ とかくと，

$$\langle P \rangle_j = -\frac{dE_j}{dE}$$

が成立することを示せ.

【注】 磁場 B と磁気モーメント $\langle \mu \rangle_j$ のあいだにも全く同型の関係が成立することを示しうる.

[**5.8**]　2 つの状態をもつ系（以後，分子と呼ぶ）がある. この分子に強さ B の磁場が作用しているときのハミルトニアンは

$$\mathcal{H} = \begin{pmatrix} 0 & \beta B \\ \beta B & \varDelta \end{pmatrix}$$

で与えられる．ここで β, Δ は B によらない正の定数である．

(a)　前問の注を参照して，分子が $\mathcal{H}$ の固有状態にあるときの磁気モーメントを求めよ．ただし，磁場は弱く，$\beta B \ll \Delta$ とする．

(b)　上の分子からできている温度 T の希薄な気体がある．単位体積当りに N 個の分子を含んでいる．つぎの2つの場合について，この気体の帯磁率を求めよ．

（ⅰ）　$k_\mathrm{B} T \gg \Delta$　　（キュリー常磁性）

（ⅱ）　$k_\mathrm{B} T \ll \Delta$　　（ヴァン・ブレック常磁性）

[**5.9**]※　2個の水素原子間の相互作用を考える．簡単のため，原子内で電子が核から受けている力を核からの距離に比例する引力で近似する．また，核は動かないとする．

(a)　核間距離 R が十分に大きいときには，原子間のクーロン相互作用を双極子-双極子相互作用

$$V = \left(\frac{e^2}{4\pi\epsilon_0}\right)\frac{x_1 x_2 + y_1 y_2 - 2z_1 z_2}{R^3}$$

で近似できることを示せ．ここで，$x_1, \cdots, z_2$ はそれぞれの電子のそれぞれの核からの変位の直交成分であり，z 軸は2個の核を結ぶ直線の方向である．

(b)　この系の基底状態のエネルギーを2次の摂動で計算することにより，遠距離で水素原子間に働く力を求めよ．この力をファン・デル・ワールス力または分散力という．

(c)　上のモデルは厳密に解くことができる（問題 [3.6] を参照）．その結果を用いて，無摂動系の第1励起準位の 3×2 重の縮退が双極子-双極子相互作用によりどのように解けるか調べよ．また，このときの原子間力はどうなるか．

【注】　この問題は縮退のあるときの1次摂動で扱うこともできる．

[**5.10**]※　周の長さ Na の円周上を走る1次元自由電子に次の周期ポテンシャルが働いている．

$$V(x) = \lambda \frac{\hbar^2}{2ma} \sum_{n=1}^{N} \delta(x - na) \qquad (\lambda は定数)$$

(a)　自由電子の2つの状態間に対する V の行列要素を求めよ.

(b)　$G \equiv \dfrac{\pi}{a}\nu$ $(\nu = \pm 1, \pm 2, \cdots)$ 付近の波数をもつ状態に対しては, $|\lambda|$ が小さくても縮退のないときの摂動法は使えないことを示せ.

(c)　上の波数 G をもったド・ブロイ波はブラッグ反射を受ける（各原子で反射された波がすべて干渉で強め合う）ことを示せ.

(d)　つぎの形の波動関数で, G 付近の波数 $G + q$ をもった状態が十分によく表わされると仮定して, この状態の近似的エネルギーと波動関数を定めよ.

$$\phi(x) = \frac{1}{\sqrt{Na}}[C_+\mathrm{e}^{i(G+q)x} + C_-\mathrm{e}^{-i(G-q)x}]$$

ここで, C_+ と C_- は未定のパラメーターである.

(e)　上の $\phi(x)$ はブロッホの定理（112 ページ）を満たしていることを確かめよ.

　[**5.11**]　水素原子に強さがそれぞれ E と B の一様な静電場と静磁場が働いている. 両者は互いに直交している. 1 次摂動を用いて, $n = 2$ のエネルギー準位の分裂を調べよ. 簡単のため, E も B も十分に強く, スピン軌道相互作用その他による微細な分裂は無視できるとする.

　[**5.12**]※　水素原子に摂動ポテンシャル

$$V = D\left(x^4 + y^4 + z^4 - \frac{3}{5}r^4\right) \qquad (D\text{ は定数})$$

が働いている.

(a)　上の V はラプラス方程式を満たしていることを確かめよ（問題 [3.15] 参照）.

(b)　上の V はどんな対称性をもっているか.

(c)　水素原子の $n = 3$ のエネルギー準位の縮退は, 上の V によってどう変化するか. 縮退がある場合の 1 次の摂動によって調べよ.

【ヒント】　V を r と $Y_l^{m*}(\theta, \phi)$ で表わしておき, ${\varphi_{3lm}}^*\varphi_{3l'm'}$ を $R_{3l}(r)R_{3l'}(r) \times {Y_{l''}}^{m'-m}$ の l'' に関する 1 次結合で表わせば, V の行列要素でどれが 0 でないかがわかる. 付録 3 を参照せよ.

[**5.13**]　質量 m の同種粒子が 2 個，ポテンシャル $V = \dfrac{1}{2}m\omega^2 x^2$ の作用を受けて x 軸上で運動している．両粒子間には接触型の相互作用 $V' = V_0(\hbar/m\omega)^{1/2}\delta(x_1 - x_2)$ が働いている．

(a)　V' を無視したときの，系の最低準位ならびに第 1 励起準位のエネルギーと波動関数を求めよ．特に縮退に注意せよ．本問（a）と次問（b）ではスピンを無視せよ．

(b)　上の結果に対する V' による補正を 1 次までの摂動で計算せよ．

(c)　上の粒子がスピン 0 のボース粒子であるとすると，上の結果をどう修正したらよいか．

(d)　上の粒子がスピン 1/2 のフェルミ粒子の場合はどうか．

[**5.14**]　前問の粒子をスピン 1/2 のフェルミ粒子に限定する．

(a)　スレイター行列式を使って前問の（a），（b）をやり直せ．

(b)　無摂動系の第 1 励起準位に対する一連のスレイター行列式はいずれも

$$\Phi_j = \frac{1}{\sqrt{2}}[\varphi_0(x_1)\varphi_1(x_2)\chi_j(\sigma_1, \sigma_2) - \varphi_0(x_2)\varphi_1(x_1)\chi_j(\sigma_2, \sigma_1)]$$

$$(j = 1, 2, \cdots)$$

という形に表わしうる．次式を証明せよ．

$$\langle \Phi_i | V' | \Phi_j \rangle = \langle \chi_i | K - JP | \chi_j \rangle$$

ここで，

$$K \equiv \iint \varphi_0{}^*(x_1)\varphi_1{}^*(x_2) V' \varphi_0(x_1)\varphi_1(x_2) dx_1 dx_2$$

$$J \equiv \iint \varphi_0{}^*(x_1)\varphi_1{}^*(x_2) V' \varphi_1(x_1)\varphi_0(x_2) dx_1 dx_2$$

で，それぞれ直接積分，交換積分と呼ばれる定数である．一方，P はスピン座標 σ_1 と σ_2 を交換する演算子である．

(c)　問題 [4.29] の結果を使って，演算子

$$\mathscr{H}_{\text{eff}} \equiv K - JP$$

をスピン演算子で表わせ．

【注】 第1励起準位のスピン縮退に関する問題はすべてこの $\mathcal{H}_{\text{eff}}$ を用いて議論できる. この種の $\mathcal{H}_{\text{eff}}$ のことを"有効スピンハミルトニアン"という.

[5.15] 摂動論は束縛状態ばかりでなく散乱状態にも用いられる. ここでは, 運動エネルギー $\hbar^2 k^2/2m$ をもって x 軸上を左から入射した質量 m の粒子がポテンシャル $V(x)$ によって散乱される場合を考える. k は正とし, 簡単のため, V は $|x| > a$ のとき 0, $|x| < a$ のとき有界とする.

(a) つぎの式を証明せよ.

$$-\frac{\hbar^2}{2m}\left(\frac{d^2}{dx^2} + k^2\right)G(x) = \delta(x) \quad \text{ただし} \quad G(x) \equiv -\frac{m}{ik\hbar^2}\,\mathrm{e}^{ik|x|}$$

【注】 $\dfrac{d|x|}{dx} = \begin{cases} 1 & (x > 0) \\ -1 & (x < 0), \end{cases} \quad \dfrac{d^2|x|}{dx^2} = 2\delta(x)$

(b) つぎの積分方程式の解 $\phi(x)$ は, シュレーディンガー方程式の上で述べた散乱に対応する解であることを確かめよ.

$$\phi(x) = \mathrm{e}^{ikx} + \frac{m}{ik\hbar^2}\int_{-a}^{a} \mathrm{e}^{ik|x-y|} V(y)\phi(y)dy$$

(c) 上の積分方程式の右辺の $\phi(y)$ に, 第 0 近似の解 e^{iky} を代入すれば, 第 1 近似の解が得られる. それを用いて反射率を計算せよ.

【注】 この近似を (第1) ボルン近似という. 第2近似を得るには, 第1近似の ϕ を再び右辺に代入すればよい (逐次近似法).

[5.16] つぎのハミルトニアンの最低固有値の上限を変分法で探し, 正確な結果もしくは1次摂動の結果と比較せよ. 試行関数はそこに付記したものを使え. α が変分パラメーターである.

(a) $H = -\dfrac{1}{2}\dfrac{d^2}{dx^2} + \dfrac{1}{2}x^2, \quad \varphi(x) = \exp(-\alpha x^2)$

(b) $\mathcal{H} = \sum\limits_{i=1}^{2}\left(-\dfrac{1}{2}\dfrac{d^2}{dx_i^2} + \dfrac{1}{2}x_i^2\right) + \sqrt{\pi}\,\delta(x_1 - x_2)$

$\Phi(x_1, x_2) = \exp(-\alpha x_1^2)\exp(-\alpha x_2^2)$

[5.17] 前問 (b) では2粒子系の基底状態の波動関数を, まず, それぞれの粒子の波動関数の単純な積

$$\Phi(x_1, x_2) = \varphi_1(x_1)\varphi_2(x_2)$$

で近似し, さらに

$$\varphi_1(x_1) = \varphi_2(x_2) = \exp(-\alpha x^2)$$

と近似した．この第2の制限をとりはずせば，明らかにもっと良い結果が得られるはずである．

(a)　こうした場合に，φ_1, φ_2 が満たすべき方程式を導け．また，その物理的意味を調べよ．ただし φ_1 も φ_2 も実数としてよい．

(b)　上の近似はハートレー近似（あるいは平均場近似）といわれ，粒子数がもっと多い場合にも使われる．また，粒子は音子のような準粒子のこともある．そのとき各粒子の波動関数が満たす方程式をハートレー方程式という．（a）の結果から類推して，原子や分子内を走る電子に対するハートレー方程式をかき下せ．

[**5.18**]　1次摂動を用いれば，摂動ポテンシャル V' が働いているときの基底状態の波動関数は

$$\varphi = \varphi_0 + \sum_{n \neq 0} \varphi_n \frac{\langle n | V' | 0 \rangle}{\varepsilon_0 - \varepsilon_n}$$

で与えられる．以下では，簡単のため $\langle 0 | V' | 0 \rangle = 0$ とする．

(a)　エネルギー分母 $(\varepsilon_0 - \varepsilon_n)$ をそれらの適当な平均値（それを $1/\lambda$ とかく）で置きかえれば，上式は

$$\varphi = (1 + \lambda V') \varphi_0$$

とかけることを示せ．

(b)　変分法を使ってもっとも好ましい λ の値を決定せよ．V' は十分に弱いとして近似計算を行え．

(c)　上の結果を使って，水素原子の分極率（問題 [3.8]（68 ページ），[5.7]（170 ページ）参照）の近似値を求めよ．必要ならば，つぎの総和則（問題 [4.18]（110 ページ）参照）を使え．

$$\langle 0 | z(H_0 - \varepsilon_0)z | 0 \rangle = \sum_n (\varepsilon_n - \varepsilon_0) | \langle n | z | 0 \rangle |^2 = \frac{\hbar^2}{2m}$$

[**5.19**]　レイリー-リッツの変分法ではハミルトニアン H の最低状態の固有関数を有限個の既知の関数の1次結合で近似する．関数の数をふやせば当然近似は良くなる．いま，$\varphi_1, \varphi_2, \cdots$ を1組の適当に選んだ完全規格

直交関数列であるとして，第 n 近似の試行関数を「はじめの」n 個の関数の 1 次結合

$$\varphi^{(n)} = c_1^{(n)}\varphi_1 + \cdots + c_n^{(n)}\varphi_n$$

にとる．係数は H の期待値が最小になるようにきめる．以後，結果は変わらないから，簡単のために係数も関数も H もすべて実数であるとする．

(a) 係数を決定する方程式を導け．

(b) この方程式を使って固有値をきめる方程式を出せ．

(c) 上記 (b) の方程式を解けば n 個の固有値 $\varepsilon_1^{(n)} \leqq \cdots \leqq \varepsilon_n^{(n)}$ が得られる．第 n 近似のこれら n 個の固有値と第 $(n+1)$ 近似の場合の $(n+1)$ 個の固有値との間には一般に

$$\varepsilon_j^{(n+1)} \leqq \varepsilon_j^{(n)} \leqq \varepsilon_{j+1}^{(n+1)} \qquad (j = 1, 2, \cdots, n)$$

の関係がある．これを $n = 1$ の場合に確かめよ．

(d) 上の不等式を使って，第 n 近似の下から j 番目の固有値 $\varepsilon_j^{(n)}$ は，正しい固有値のやはり下から j 番目のもの ε_j より大きいか，もしくは等しいかであることを示せ．

【注】 このため，基底状態の正しい固有関数がわかっていなくても，この方法を用いれば第 1 励起状態の固有値の上限がわかる．第 2，第 3，$\cdots$ についても同様である．

[**5.20**] 2 つの変分パラメーター c_0 と c_1 をもつ試行関数

$$\varphi(x) = (c_0 + c_1 x)\exp\left(-\frac{x^2}{2}\right)$$

を使って，変分法でハミルトニアン

$$H = -\frac{1}{2}\frac{d^2}{dx^2} + \frac{1}{2}x^2 + x$$

の基底状態と第 1 励起状態の固有値の近似値を求め，前問 (d) の定理を確かめよ．

[**5.21**] 問題 [5.10] の λ が負で，その絶対値が十分に大きい場合を考える．このときには低エネルギー準位の波動関数を

$$\varphi(x) = \sum_{j=1}^{N} c_j u(x - ja)$$

と近似できる．ここで，$c_1, \cdots, c_N$ は係数，$u(x)$ はつぎのハミルトニアンの

束縛状態の規格化された固有関数（問題 [2.18] (c) 参照）である.

$$H_0 \equiv -\frac{\hbar^2}{2m}\frac{d^2}{dx^2} + \lambda\,\frac{\hbar^2}{2ma}\delta(x)$$

以下では, $u_j(x) \equiv u(x - ja)$ を原子 j の**原子軌道**と呼ぶ.

(a)　上の近似の物理的意味を考えよ.

【注】　この近似を **LCAO** (linear combination of atomic orbitals) **近似**, または tight binding 近似という.

(b)　ブロッホの定理（問題 [4.22]（112 ページ）参照）を満たすように係数 $c_1, \cdots, c_N$ を定めよ.

(c)　クーロン積分 $\alpha \equiv \langle u_j|H|u_j\rangle$, ならびに最近接原子間の共鳴積分 $\beta \equiv \langle u_{j+1}|H|u_j\rangle$ と重なり積分 $S \equiv \langle u_{j+1}|u_j\rangle$ を計算せよ. ここで H は系のハミルトニアンである.

(d)　原子軌道 $u_1, \cdots, u_N$ の代りに (b) で求めた波動関数（ブロッホ軌道という）を使って $\varphi(x)$ をかき直した上で, レイリー–リッツの変分法を適用することにより, 系がとりうるエネルギー準位の近似値を求めよ.

【注】　(c), (d) では $|\lambda|$ が十分に大きいとして近似計算を行え.

[**5.22**]　磁気モーメント μ, スピン 1/2 の粒子に, 強さ B の一様な静磁場が x 方向にかかっている. 時刻 $t = 0$ のとき, スピンが $+z$ 方向を向いていたとする.

(a)　時刻 t にスピンが $-z$ 方向を向いている確率を厳密な計算で求めよ.

(b)　同じ確率を今度は 1 次の摂動計算で求め, 上の結果と比較せよ.

(c)　§5.5 で扱った終状態が連続準位になっている場合との著しい相違点は何か.

[**5.23**]　問題 [5.15] の反射率は, 時間によるシュレーディンガー方程式を解いて求めることもできる. この場合には, 反射を波数が $k\ (> 0)$ の状態から $k'\ (< 0)$ の状態への遷移と解釈する. また, 連続固有値の困難を避けるために, x の変域を最初有限にとり, あとで ∞ にする（問題 [2.2] 参照）.

(a)　始状態の波動関数を使って, 単位時間当りに入射する粒子数を計算

せよ.

(b)※　フェルミの黄金律を用いて, 単位時間当りに反射される粒子数を求めよ.

(c)　以上の結果を使って反射率を計算し, 問題 [5.15] の結果とくらべよ.

[**5.24**]※　原子や分子内の電子が, その広がりよりもはるかに長波長の光を微小立体角 $d\Omega$ 中に自然放出して, 状態 φ_1 から φ_2 へ遷移する単位時間当りの確率は

$$dw = \frac{\omega^3}{8\pi^2\epsilon_0\,\hbar c^3}|\langle\varphi_1|(\boldsymbol{d}\cdot\boldsymbol{e})|\varphi_2\rangle|^2\,d\Omega$$

で与えられる. ここで, $\boldsymbol{d}$ は電子の電気双極子モーメントの演算子, ω と $\boldsymbol{e}$ は放出された光の角振動数と偏極ベクトルである.

(a)　水素原子の 2p-1s 遷移によって放出される光の方位分布を求めよ. 2p 状態の磁気量子数が $1, 0, -1$ の場合について行え.

(b)　右回り, 左回り円偏光の偏極ベクトルは

$$\boldsymbol{e}_\pm \equiv \frac{1}{\sqrt{2}}(\boldsymbol{e}_1 \pm i\boldsymbol{e}_2)$$

で与えられることを示せ. ここで $\boldsymbol{e}_1$ と $\boldsymbol{e}_2$ は光子の進行方向 $\boldsymbol{e}_3$ に直交する単位ベクトルで, $\boldsymbol{e}_1, \boldsymbol{e}_2, \boldsymbol{e}_3$ は右手直交系をつくる.

(c)　(a) の問題で, 光が量子化軸 (z 軸) に平行に放出された場合と, 赤道面 (xy 面) 内に放出された場合の 2 つについて, 光の偏極の模様を調べよ.

(d)　上で扱った光子の自然放出のために, 水素原子の 2p 状態は有限の寿命をもつ. 不確定性関係を利用して, 2p-1s 遷移で放出される光子のエネルギーの広がりを見積れ.

【注】　この広がりを発射スペクトルの**自然幅**という.

[**5.25**]　**磁気共鳴**の実験では, 磁気モーメント $\boldsymbol{\mu}$ をもった粒子に, z 方向の一様な静磁場 $\boldsymbol{B}_0 = (0, 0, B_0)$ と xy 面内を一定の角速度 ω で回転する弱い磁場 $\boldsymbol{B}_1 = (B_1\cos\omega t, B_1\sin\omega t, 0)$ とを同時に作用させて, $\boldsymbol{B}_0$ で分裂した準位間に遷移を起こさせる. スピン 1/2 の粒子の場合, 時刻 $t = 0$ に

スピンが上を向いていたとすると，時刻 t に下を向いている確率は次のようになる.

$$P_\downarrow(t) = \frac{\omega_1{}^2}{(\omega_0 - \omega)^2 + \omega_1{}^2} \sin^2\left\{\frac{1}{2}[(\omega_0 - \omega)^2 + \omega_1{}^2]^{1/2} t\right\}$$

ここで，$\hbar\omega_0 = -2\mu B_0$，$\hbar\omega_1 = -2\mu B_1$ である．上式は共鳴現象に関する一般的な特徴をいくつかそなえている．次の諸点を確かめよ．以下では $B_1 \ll B_0$ とする.

(a)　$P_\downarrow > 1/2$，つまり ↑ から ↓ への遷移が起こりうるのはごく限られた範囲の ω に対してだけである.

(b)　↑ から ↓ への遷移が起こる ω を測定することによって，$\boldsymbol{B}_0$ で分裂した2準位間のエネルギー差を実験的に知ることができる．この測定に要した時間 $\varDelta t$ と，得られたエネルギー差の実験値に内在する誤差 $\varDelta E$ とのあいだには，ハイゼンベルクの不確定性関係 $(\varDelta E \cdot \varDelta t \gtrsim \hbar)$ が成立することを示せ.

(c)　しばしば，$P_\downarrow(t)$ を ω または ω_0 の連続関数とみて，それらについて平均する必要が生ずる．そのとき，$|\omega_0| \gg 2\pi/t \gg |\omega_1|$ を満たす t に対しては

$$P_\downarrow(t) \cong \frac{\pi}{2} t\omega_1{}^2 \delta(\omega_0 - \omega) \propto t$$

と近似できることを示せ．この場合にもフェルミの黄金律が成立する.

【注】　$|\omega_1| \gtrsim 2\pi/t \gtrsim |\omega_1|/2$ では，逆の遷移 ↓ から ↑ が起こる．しかし，長時間にわたる振舞を論ずる場合には，たとえ弱い摂動であっても，一般にはその影響を無視できなくなるから，現実の系を扱う際には細心の注意が必要である.

[**5.26**]　フェルミの黄金律は，具体的計算を容易にするために種々の形にかき直される．簡単のため，ここでは摂動が時間によらない場合を考え，次にその2例をあげておく．それらが在来の表式:

$$w = \frac{2\pi}{\hbar} \sum_f \langle \varPhi_i | V | \varPhi_f \rangle \delta(E_f - E_i) \langle \varPhi_f | V | \varPhi_i \rangle$$

と等価であることを確かめよ.

(a)
$$w = \frac{2}{\hbar} \mathrm{Im} \langle \varPhi_i | V \frac{1}{\mathcal{H} - E_i - i\alpha} V | \varPhi_i \rangle$$

ここで，$\mathcal{H}$ は無摂動系のハミルトニアンである．一方，α は正の小さい数で，すべての計算が終了した後に，0 へもっていく．

(b) $$w = \frac{1}{\hbar^2} \int_0^\infty \langle \Phi_i | V(0)V(t) + V(t)V(0) | \Phi_i \rangle \mathrm{e}^{-\alpha t/\hbar} dt$$

ここで，α は (a) の α と同じものである．また，$V(t)$ は V のハイゼンベルク表示（105 ページの問題 [4.5] を参照），正しくは**相互作用表示**と呼ばれる量である：

$$V(t) \equiv \mathrm{e}^{i\mathcal{H}t/\hbar} V \mathrm{e}^{-i\mathcal{H}t/\hbar}$$

[**5.27**]　基底状態にある水素様原子を考える．時刻 $t = 0$ に，その原子核の電荷が突然 $Ze \rightarrow (Z+1)e$ と変化した．電子の波動関数 $\psi(x, y, z, t)$ がこの変化の直前と直後で同じである，つまり

$$\psi(x, y, z, +0) = \psi(x, y, z, -0)$$

であるとして次の問に答えよ．

【注】　β 崩壊の場合には，この近似がほぼ成立する．

(a)　励起，イオン化の全確率を求めよ．

(b)　このうち，$n = 2$ の準位への励起にあたる分は何％か．

[**5.28**]※　前問で，$Z \rightarrow Z+1$ の変化が無限にゆっくり起こる場合には，励起やイオン化は起こらず，原子は終始各瞬間の基底状態にとどまっている，つまり断熱変化をすると予想される．このようなことを確かめるために，ハミルトニアンが時刻 t とともに

$$H(t) = H_0 + V_0 \mathrm{e}^{\alpha t} \qquad (\alpha\text{ は正の小さい数})$$

に従って，ゆっくり変化する系を考え，$t = -\infty$ の過去に系は H_0 の（縮退のない）基底状態にいたとする．

(a)　時間を含む 1 次摂動法で，その後の時刻 t における波動関数を求めよ．

(b)　時間を含まない 1 次摂動法で，時刻 t におけるハミルトニアン $H(t)$ の最低固有値に対応する固有関数を求め，(a) の結果と比較せよ．

【注】　この断熱変化の特性を利用すると，ハミルトニアンの固有値や固有関数を，時間による摂動の方法で求めることもできる．

解　　答

[**5.1**]　(a)　相互作用がないから，全体のハミルトニアンは各粒子のそれの和で表わされる．

$$\mathcal{H} = \sum_{i=1}^{N}\left(-\frac{\hbar^2}{2m}\frac{\partial^2}{\partial x_i{}^2} + \frac{m\omega^2}{2}x_i{}^2\right)$$

(b)　1粒子のシュレーディンガー方程式

$$\left(-\frac{\hbar^2}{2m}\frac{d^2}{dx^2} + \frac{m\omega^2}{2}x^2\right)\varphi_n(x) = \varepsilon_n\varphi_n(x) \qquad (n = 0, 1, 2, \cdots)$$

の固有値 $\varepsilon_n = \left(n + \dfrac{1}{2}\right)\hbar\omega$ と固有関数 $\varphi_n(x)$ はすでに 60 ページに与えられているとおりである（60 ページの $X_n(x)$ が $\varphi_n(x)$ である）．N 粒子系の固有関数はこれらの積を対称化（ボース粒子）ないし反対称化（フェルミ粒子）したもので与えられ，固有値は和で与えられる．

基底状態は，ボース粒子系ではすべての粒子が $n = 0$ の最低状態に入っているもので与えられる：

$$\Phi_{\text{ボース}} = \varphi_0(x_1)\varphi_0(x_2)\cdots\varphi_0(x_N) \qquad (\text{このままで対称化されている})$$

$$E_{\text{ボース}} = \frac{N}{2}\hbar\omega$$

スピン 1/2 のフェルミ粒子系では，各 n にスピンの異なる 2 個の粒子までしか入りえない．N が偶数なら

$$\Phi_{\text{フェルミ}} =$$

$$\frac{1}{\sqrt{N!}}\begin{vmatrix} \varphi_0(x_1)\alpha_1 & \varphi_0(x_1)\beta_1 & \varphi_1(x_1)\alpha_1 & \varphi_1(x_1)\beta_1 & \cdots & \varphi_{\frac{N}{2}-1}(x_1)\alpha_1 & \varphi_{\frac{N}{2}-1}(x_1)\beta_1 \\ \varphi_0(x_2)\alpha_2 & \varphi_0(x_2)\beta_2 & \varphi_1(x_2)\alpha_2 & \varphi_1(x_2)\beta_2 & \cdots & \varphi_{\frac{N}{2}-1}(x_2)\alpha_2 & \varphi_{\frac{N}{2}-1}(x_2)\beta_2 \\ \multicolumn{7}{c}{\cdots\cdots\cdots\cdots\cdots\cdots\cdots\cdots\cdots\cdots\cdots\cdots\cdots\cdots\cdots} \\ \multicolumn{7}{c}{\cdots\cdots\cdots\cdots\cdots\cdots\cdots\cdots\cdots\cdots\cdots\cdots\cdots\cdots\cdots} \\ \varphi_0(x_N)\alpha_N & \varphi_0(x_N)\beta_N & \varphi_1(x_N)\alpha_N & \varphi_1(x_N)\beta_N & \cdots & \varphi_{\frac{N}{2}-1}(x_N)\alpha_N & \varphi_{\frac{N}{2}-1}(x_N)\beta_N \end{vmatrix}$$

$$\text{ただし} \qquad \alpha_i = \alpha(\sigma_i), \qquad \beta_i = \beta(\sigma_i)$$

$$E_{\text{フェルミ}} = 2\left(0 + 1 + 2 + \cdots + \left(\frac{N}{2} - 1\right)\right)\hbar\omega + \frac{N}{2}\hbar\omega = \frac{N^2}{4}\hbar\omega$$

のように，$n = 0$ から $n = \dfrac{N}{2} - 1$ までに 2 個ずつ入ったのが基底状態である．

N が奇数だと，$n = 0$ から $n = \dfrac{N-3}{2}$ までには各 2 個ずつ入り，$n = \dfrac{N-1}{2}$ には 1 個入ることになる．そのスピンは α と β のどちらでもよいから，2 重の縮退がある．波動関数の形は上と同様なので略す．エネルギーは

$$E_{フェルミ} = \left[\left(\frac{N-1}{2}\right)^2 + \frac{N}{2}\right]\hbar\omega$$

(c)　ボース粒子系では

$$\rho_{ボース}(x) = \sum_{i=1}^{N} \int \varphi_0{}^*(x_i)\delta(x_i - x)\varphi_0(x_i)dx_i = 4\,|\varphi_0(x)|^2$$

具体的な形（60 ページ（6）式，$H_0(x) = 1$)

$$\varphi_0(x) = \left(\frac{2m\omega}{h}\right)^{1/4} \exp\left(-\frac{m\omega}{2\hbar}x^2\right)$$

を入れると

$$\rho_{ボース}(x) = 4\sqrt{\frac{2m\omega}{h}} \exp\left(-\frac{m\omega}{\hbar}x^2\right)$$

　フェルミ粒子系では

$$\rho_{フェルミ}(x) = 2\,|\varphi_0(x)|^2 + 2\,|\varphi_1(x)|^2$$

となり，具体的な形 $(H_1(x) = 2x)$

$$\varphi_1(x) = \left(\frac{1}{2}\sqrt{\frac{2m\omega}{h}}\right)^{1/2} 2\sqrt{\frac{m\omega}{\hbar}}\,x \exp\left(-\frac{m\omega}{2\hbar}x^2\right)$$

を入れると

$$\rho_{フェルミ}(x) = 2\sqrt{\frac{2m\omega}{h}}\left(1 + \frac{2m\omega}{\hbar}x^2\right)\exp\left(-\frac{m\omega}{\hbar}x^2\right)$$

が得られる．

　$\rho(x)$ を図示すると 5-3 図のようになる．フェルミ粒子ではパウリの原理（排他律）が作用するために，ボース粒子のときのように粒子数の増加が $|\varphi_0(x)|^2$ をそのまま比例させて増すことにはならず，分布がひろがることになる．空間的にも排他律が作用しているのである．

(d)　ボース粒子の場合：第 1 励起状態では，N 個のうちの 1 個が $n = 1$ の 1 粒子状態に上がり，残り $(N - 1)$ 個が $n = 0$ の 1 粒子状態に入っている．粒子に個別

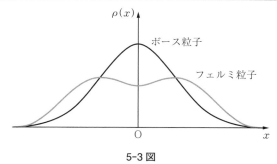

5-3 図

性がないから，このような N 粒子状態に縮退はない．第 2 励起状態は，2 個が $n = 1$ に上がり，$(N - 2)$ 個が $n = 0$ にとどまっている状態と，1 個が $n = 2$ に上がり，$(N - 1)$ 個が $n = 0$ にとどまっている状態の 2 つが縮退している．縮退度は 2 である．

　フェルミ粒子の場合：各 1 粒子準位に入っている粒子によって図示すれば 5-4 図のようになる．1 個ずつの粒子で占められている準位が 2 つある状態では，これらの粒子のスピンが，$\alpha_1 \alpha_2, \beta_1 \beta_2, (\alpha_1 \beta_2 + \beta_1 \alpha_2)/\sqrt{2}, (\alpha_1 \beta_2 - \beta_1 \alpha_2)/\sqrt{2}$ のどれになるかで，4 通りずつの異なる状態が存在するから，太字で示されたような縮退が存在することがわかる．したがって，第 1 励起状態は 4 重，第 2 励起状態は 9 重に縮退している．

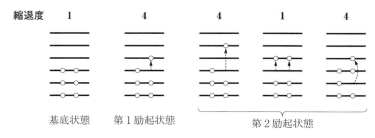

5-4 図

[**5. 2**] 問題 [4.16] によれば x の行列要素のうちで 0 でないものは

$$\langle n + 1 | x | n \rangle = \sqrt{\frac{\hbar}{2m\omega}} \sqrt{n + 1}$$

$$\langle n-1|x|n\rangle = \sqrt{\frac{\hbar}{2m\omega}}\,\sqrt{n}$$

だけである．ところで，1次の摂動エネルギーは摂動項の対角要素で与えられるから，求めるものは

$$\langle n|\lambda x^2|n\rangle, \quad \langle n|\lambda x^4|n\rangle$$

である．これを計算するのには，上記 x の行列要素と，

$$(AB)_{ij} = \sum_k A_{ik}B_{kj}$$

で $i=j$ の場合に相当する

$$\langle n|AB|n\rangle = \sum_{n'}\langle n|A|n'\rangle\langle n'|B|n\rangle$$

を使えばよい．

(a)　　$\langle n|x^2|n\rangle = \langle n|x|n+1\rangle\langle n+1|x|n\rangle + \langle n|x|n-1\rangle\langle n-1|x|n\rangle$

$$= \frac{\hbar}{2m\omega}[(n+1)+n]$$

であるから

$$\langle n|\lambda x^2|n\rangle = \frac{\lambda\hbar}{m\omega}\left(n+\frac{1}{2}\right)$$

が得られる．参考のために付記すると，正しい固有値は

$$\varepsilon_n = \left(n+\frac{1}{2}\right)\hbar\omega\sqrt{1+\frac{2\lambda}{m\omega^2}}$$

であって，これと $\varepsilon_n{}^{(0)} = \left(n+\frac{1}{2}\right)\hbar\omega$ との差の近似値が上記のものである．

(b)　　　　　$\langle n\pm 2|x^2|n\rangle = \langle n\pm 2|x|n\pm 1\rangle\langle n\pm 1|x|n\rangle$

$$= \frac{\hbar}{2m\omega}\times\begin{cases}\sqrt{(n+2)(n+1)}\\ \sqrt{n(n-1)}\end{cases}$$

と前記の $\langle n|x^2|n\rangle$ とを用いると，

$$\langle n|x^4|n\rangle = |\langle n+2|x^2|n\rangle|^2 + |\langle n|x^2|n\rangle|^2 + |\langle n-2|x^2|n\rangle|^2$$

$$= \left(\frac{\hbar}{2m\omega}\right)^2[(n+2)(n+1)+(2n+1)^2+n(n-1)]$$

$$= \left(\frac{\hbar}{2m\omega}\right)^2(6n^2+6n+3)$$

[**5.3**]　ポテンシャルは 5-5 図のようになるから，点電荷とした場合との差は

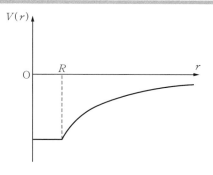

5-5 図

$$\Delta V = -\frac{Ze^2}{4\pi\epsilon_0}\left(\frac{1}{R} - \frac{1}{r}\right)\lambda(r)$$

$$\text{ただし} \quad \lambda(r) \equiv \begin{cases} 1 & 0 \leqq r \leqq R \\ 0 & r > R \end{cases}$$

となる．これも球対称なので，原子の状態を全角運動量の大きさ J とその z 成分 M_J で指定した場合に，摂動によって J や M_J の異なる状態が混じるおそれはない（行列要素が 0）．したがって，摂動がない場合のエネルギーには $2J+1$ 重の縮退はあるけれども，これらが相互に混じることはないから，縮退がない場合の摂動論を適用してよいのである．

(a)　電子密度を使うために，摂動ハミルトニアンを

$$\mathcal{H}' = \sum_{i=1}^{N} \Delta V(r_i) = \sum_{i=1}^{N} \int \Delta V(r)\delta(\boldsymbol{r}_i - \boldsymbol{r})d\boldsymbol{r}$$

と表わしておくと便利である．そうすると 1 次の摂動エネルギーは

$$\Delta E^{(1)} = \langle \Phi | \mathcal{H}' | \Phi \rangle$$

$$= \sum_i \int \Delta V(r)\langle \Phi | \delta(\boldsymbol{r}_i - \boldsymbol{r}) | \Phi \rangle d\boldsymbol{r}$$

$$= \int \Delta V(r)\rho(\boldsymbol{r})d\boldsymbol{r}$$

となるが，$\Delta V(r)$ が 0 と異なるのは $\boldsymbol{r} = \boldsymbol{0}$ のごく近くだけであり，そこでは $\rho(\boldsymbol{r})$ はほぼ一定値 $\rho(\boldsymbol{0})$ に等しいとみてよいから

$$\Delta E^{(1)} \cong \rho(\boldsymbol{0}) \int \Delta V(r)d\boldsymbol{r}$$

$$= 4\pi\rho(0)\int_0^\infty \Delta V(r)r^2\,dr$$

$$= \frac{Ze^2}{4\pi\epsilon_0}\rho(0)\frac{2\pi}{3}R^2$$

(b)　1s 電子 1 個の系であるから

$$\varphi_{1s}(\boldsymbol{r}) = \frac{1}{\sqrt{\pi a^3}}\,e^{-r/a}, \qquad a = \frac{\text{ボーア半径}}{Z}$$

を使うと

$$\rho(0) = |\varphi_{1s}(0)|^2 = \frac{1}{\pi a^3}$$

を得るので,

$$\Delta E^{(1)} = \frac{Ze^2}{4\pi\epsilon_0 a}\frac{2}{3}\left(\frac{R}{a}\right)^2$$

(c)　ボーア半径を a_0 とすると, $a_0 = 5.3\times10^{-9}$ cm なので

$$\Delta E^{(1)} = \frac{Z^4 e^2}{4\pi\epsilon_0 a_0}\frac{2}{3}\left(\frac{R}{a_0}\right)^2 = 65\text{ eV}$$

[**5.4**]　(a)　2 つの陽子間のクーロンポテンシャルは

$$V(\boldsymbol{r}, \boldsymbol{r}') = \frac{e^2}{4\pi\epsilon_0}\frac{1}{|\boldsymbol{r} - \boldsymbol{r}'|}$$

であるから, 摂動ハミルトニアンは

$$\mathcal{H}' = \frac{1}{2}\sum_{\substack{i,j=1 \\ (i\neq j)}}^Z V(\boldsymbol{r}_i, \boldsymbol{r}_j) = \frac{1}{2}\sum\iint V(\boldsymbol{r}, \boldsymbol{r}')\delta(\boldsymbol{r}_i - \boldsymbol{r})\delta(\boldsymbol{r}_j - \boldsymbol{r}')d\boldsymbol{r}d\boldsymbol{r}'$$

とかかれる. したがって

$$\Delta E^{(1)} = \langle\Phi|\mathcal{H}'|\Phi\rangle$$

$$= \frac{1}{2}\sum\iint V(\boldsymbol{r}, \boldsymbol{r}')\langle\Phi|\delta(\boldsymbol{r}_i - \boldsymbol{r})\delta(\boldsymbol{r}_j - \boldsymbol{r}')|\Phi\rangle d\boldsymbol{r}d\boldsymbol{r}'$$

$$= \frac{1}{2}\iint V(\boldsymbol{r}, \boldsymbol{r}')g_{\text{p--p}}(\boldsymbol{r}, \boldsymbol{r}')d\boldsymbol{r}d\boldsymbol{r}'$$

となるから, V に上記の表式を入れれば与式が得られる.

(b)　多粒子系において, 1 個の粒子が位置 $\boldsymbol{r}$ に見出されると同時に別の 1 個が位置 $\boldsymbol{r}'$ に見出される確率を与え, 2 体分布関数と呼ばれる. 粒子間に相互作用がなかったり, 多粒子系に対してハートレー的な近似を適用してしまうと, 粒子が互いに

クーロン力でよけ合うというような位置の相関が取り入れられないので，2体分布関数は $\sum_{n \neq n'} |\varphi_n(\boldsymbol{r})|^2 \times |\varphi_{n'}(\boldsymbol{r}')|^2$ という形のものになる．相関を取り入れた $\varPhi$ で2体分布関数が計算できたとすれば，互いによけ合う効果は，$\boldsymbol{r}$ と $\boldsymbol{r}'$ が近いときに $g_{\mathrm{p-p}}(\boldsymbol{r}, \boldsymbol{r}')$ が小さくなる，という結果になって現われる．そのような計算はいろいろ工夫されているが，容易ではない．

(c)
$$\frac{4\pi}{3} R^3 \rho_{\mathrm{p}} = Z \quad \text{より} \quad \rho_{\mathrm{p}} = \frac{3Z}{4\pi R^3}$$

$$\varDelta E^{(1)} = \frac{e^2}{8\pi\epsilon_0} \iint \frac{\rho_{\mathrm{p}}{}^2}{|\boldsymbol{r} - \boldsymbol{r}'|} \, d\boldsymbol{r} d\boldsymbol{r}'$$

付録6によれば

$$\frac{1}{|\boldsymbol{r} - \boldsymbol{r}'|} = \sum_l \sum_m \frac{r_<{}^l}{r_>{}^{l+1}} \frac{4\pi}{2l+1} Y_l^{m*}(\theta, \phi) Y_l^m(\theta', \phi')$$

であるが，$Y_0^0 = 1/\sqrt{4\pi}$ 以外の Y_l^m は角で積分すると消えるので，

$$\iint \frac{1}{|\boldsymbol{r} - \boldsymbol{r}'|} \, d\boldsymbol{r} d\boldsymbol{r}' = \iint \frac{1}{r_>} \, d\boldsymbol{r} d\boldsymbol{r}'$$

$$= (4\pi)^2 \int_0^R \int_0^R \frac{1}{r_>} r^2 \, dr \, r'^2 \, dr'$$

$$= (4\pi)^2 \left\{ \int_0^R \left[\int_0^r \frac{1}{r} r'^2 \, dr' \right] r^2 \, dr + \int_0^R \left[\int_0^{r'} \frac{1}{r'} r^2 \, dr \right] r'^2 \, dr' \right\}$$

$$= 32\pi^2 \int_0^R \left[\int_0^r r'^2 \, dr' \right] r \, dr$$

$$= \frac{32}{15} \pi^2 R^5$$

が得られる．したがって

$$\varDelta E^{(1)} = \frac{e^2}{8\pi\epsilon_0} \frac{9Z^2}{16\pi^2 R^6} \frac{32}{15} \pi^2 R^5 = \frac{3Z^2 e^2}{(4\pi\epsilon_0) 5R}$$

[5.5]　どちらも x の奇関数なので，1次の摂動エネルギーが0になることは明らかである．

(a)　基底状態 $n = 0$ とのあいだに0でない x の行列要素をもつのは $n = 1$ の状態だけであり

$$\langle 1|x|0 \rangle = \sqrt{\hbar/2m\omega}$$

である．エネルギー分母は $\varepsilon_1^{(0)} - \varepsilon_0^{(0)} = \hbar\omega$ であるから

$$\Delta\varepsilon_0{}^{(2)} = -\frac{|\langle 1|\lambda x|0\rangle|^2}{\hbar\omega} = -\frac{\lambda^2}{2m\omega^2}$$

また波動関数の1次の変化は

$$\Delta\varphi_0{}^{(1)} = -\frac{\langle 1|\lambda x|0\rangle}{\hbar\omega}|1\rangle = -\lambda(2m\hbar\omega^3)^{-1/2}|1\rangle$$

で与えられるが，具体的な関数形

$$|0\rangle = \left(\frac{2m\omega}{h}\right)^{1/4}\exp\left(-\frac{m\omega}{2\hbar}x^2\right)$$

$$|1\rangle = \left(\frac{2m\omega}{h}\right)^{1/4}\sqrt{\frac{2m\omega}{\hbar}}\,x\exp\left(-\frac{m\omega}{2\hbar}x^2\right)$$

を入れると

$$|0\rangle + \Delta\varphi_0{}^{(1)} = \left(1 - \frac{\lambda x}{\hbar\omega}\right)|0\rangle$$

となっていることがわかる．$\lambda = 0$ のときの固有関数 $|0\rangle$ は $x = 0$ に極大をもつガウス関数であるが，これが少しゆがんで x の正の側は少し低く，負の側は少し高くなり，（計算してみればすぐわかるように）極大が $x = -\lambda/m\omega^2$ にずれる．

【注】　摂動があるときのポテンシャルは

$$\frac{m\omega^2}{2}x^2 + \lambda x = \frac{m\omega^2}{2}\left(x + \frac{\lambda}{m\omega^2}\right)^2 - \frac{\lambda^2}{2m\omega^2}$$

であるから，正しい固有関数は $\lambda = 0$ のときのものをそのまま $-x$ 方向に $\lambda/m\omega^2$ だけずらしたものであり，固有値は $\lambda = 0$ のときのものから，$\lambda^2/2m\omega^2$ を引いたものになることが容易にわかる．

(b)　問題 [5.2] と同様な考察をすれば $|0\rangle$ とのあいだで λx^3 の行列要素をもつのは $|1\rangle$ と $|3\rangle$ だけで

$$\langle 1|\lambda x^3|0\rangle = 3\lambda\left(\frac{\hbar}{2m\omega}\right)^{3/2}, \quad \langle 3|\lambda x^3|0\rangle = \sqrt{6}\,\lambda\left(\frac{\hbar}{2m\omega}\right)^{3/2}$$

であることがわかる．したがって

$$\Delta\varepsilon_0{}^{(2)} = -\frac{|\langle 1|\lambda x^3|0\rangle|^2}{\hbar\omega} - \frac{|\langle 3|\lambda x^3|0\rangle|^2}{3\hbar\omega} = -\frac{11\lambda^2\hbar^2}{8m^3\omega^4}$$

また波動関数の1次の変化は

$$\Delta\varphi_0{}^{(1)} = -\frac{\langle 1|\lambda x^3|0\rangle}{\hbar\omega}|1\rangle - \frac{\langle 3|\lambda x^3|0\rangle}{3\hbar\omega}|3\rangle$$

$$= -\lambda\left(\frac{\hbar}{2m\omega}\right)^{3/2}\left(\frac{3}{\hbar\omega}\,|1\rangle + \frac{\sqrt{6}}{3\hbar\omega}\,|3\rangle\right)$$

$$= -\lambda\left(\frac{x}{m\omega^2} + \frac{x^3}{3\hbar\omega}\right)|0\rangle$$

となって（a）のときと同様にゆがむことがわかる.

[**5.6**]　ポテンシャルは 5-6 図のようになり，$\lambda \neq 0$ である限り $|\lambda|$ がどんなに小さくても，$x \to \pm\infty$ で $V \to \pm\infty$ ($\lambda > 0$) あるいは $V \to \mp\infty$ ($\lambda < 0$) となってしまう. このような場合のエネルギー固有値はとびとびではなく連続スペクトルを示すので，摂動がない場合とは情況が質的に変化していることになり，厳密にいえば摂動論は適用できない.

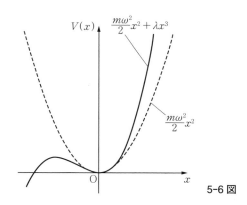

5-6 図

　古典力学で扱うと，$x = 0$ 付近のポテンシャルの谷のなかだけに範囲を限定した往復運動は可能である. しかしそのような運動に対応する波動関数をつくったとすると，トンネル効果によってその波動関数は，古典的には運動の範囲外となるべきところにも裾をのばすことになる. ところで，ポテンシャルの山を越した粒子は反対側の奈落の底（図の場合なら $x \to -\infty$）へと転がり落ちて行くことになる. これを波動力学で扱うと，最初に $x = 0$ の近くに局在する波束として $\psi(x, 0)$ を与え，その後の振舞を時間を含むシュレーディンガー方程式で追跡したとすると，確率が次第にポテンシャルの山を越して左方に流れ出し，$x = 0$ 付近の谷間における $\psi(x, t)$ の値が徐々に減少する，という結果になる. $|\lambda|$ が小さければこの流出は小

さいので，局在する状態は準束縛状態とみなされる．摂動計算で得られるのは，この状態を近似する（ニセの）束縛状態なのである．あるいは，$x = 0$ の近くでだけ λx^3 と一致し，遠方では 0 になるような摂動（たとえば $\lambda x^3 \exp(-\alpha x^2)$）が加わった場合を扱って，あとで $\alpha \to +0$ としたのだと思ってもよいであろう．

[**5.7**]　(a)　$\mathcal{H}\Phi_j = E_j\Phi_j$ と $\mathcal{H}$ のエルミート性による

$$\int \Phi_j{}^* \mathcal{H} \frac{\partial \Phi_j}{\partial \lambda} dq = \left(\int \frac{\partial \Phi_j{}^*}{\partial \lambda} \mathcal{H} \Phi_j dq \right)^*$$

$$= E_j \left(\int \frac{\partial \Phi_j{}^*}{\partial \lambda} \Phi_j dq \right)^* = E_j \int \Phi_j{}^* \frac{\partial \Phi_j}{\partial \lambda} dq$$

とを用いると

$$\frac{dE_j}{d\lambda} = \frac{d}{d\lambda} \int \Phi_j{}^* \mathcal{H} \Phi_j dq$$

$$= \int \frac{\partial \Phi_j{}^*}{\partial \lambda} \mathcal{H} \Phi_j dq + \int \Phi_j{}^* \frac{\partial \mathcal{H}}{\partial \lambda} \Phi_j dq + \int \Phi_j{}^* \mathcal{H} \frac{\partial \Phi_j}{\partial \lambda} dq$$

$$= \int \Phi_j{}^* \frac{\partial \mathcal{H}}{\partial \lambda} \Phi_j dq + E_j \int \left(\frac{\partial \Phi_j{}^*}{\partial \lambda} \Phi_j + \Phi_j{}^* \frac{\partial \Phi_j}{\partial \lambda} \right) dq$$

$$= \int \Phi_j{}^* \frac{\partial \mathcal{H}}{\partial \lambda} \Phi_j dq + E_j \frac{d}{d\lambda} \int \Phi_j{}^* \Phi_j dq$$

となることがわかるが，$\int \Phi_j{}^* \Phi_j dq = 1$ は λ によらないから最後の項は 0 となり，与式が得られる．

(b)　摂動展開

$$E_j = E_j{}^{(0)} + \lambda E_j{}^{(1)} + \lambda^2 E_j{}^{(2)} + \cdots$$

$$\Phi_j = \Phi_j{}^{(0)} + \lambda \Phi_j{}^{(1)} + \lambda^2 \Phi_j{}^{(2)} + \cdots$$

から

$$\frac{dE_j}{d\lambda} = E_j{}^{(1)} + 2\lambda E_j{}^{(2)} + \cdots$$

また

$$\frac{\partial}{\partial \lambda} \mathcal{H} = \frac{\partial}{\partial \lambda} (\mathcal{H}_0 + \lambda \mathcal{H}') = \mathcal{H}'$$

であるから，

$$\int \Phi_j{}^* \frac{\partial \mathcal{H}}{\partial \lambda} \Phi_j dq = \int \Phi_j{}^{(0)*} \mathcal{H}' \Phi_j{}^{(0)} dq + \lambda \int \Phi_j{}^{(1)*} \mathcal{H}' \Phi_j{}^{(0)} dq$$
$$+ \lambda \int \Phi_j{}^{(0)*} \mathcal{H}' \Phi_j{}^{(1)} dq + \cdots$$

を得る. λ^0 の項をくらべると

$$E_j{}^{(1)} = \int \Phi_j{}^{(0)*} \mathcal{H}' \Phi_j{}^{(0)} dq$$

であるから，1 次の摂動エネルギーの表式 (6a) と一致している. λ^1 の項をくらべると

$$E_j{}^{(2)} = \frac{1}{2} \Big[\int \Phi_j{}^{(1)*} \mathcal{H}' \Phi_j{}^{(0)} dq + \int \Phi_j{}^{(0)*} \mathcal{H}' \Phi_j{}^{(1)} dq \Big]$$

を得るが，$\Phi_j{}^{(1)}$ に (6b) 式を適用すれば，これが (7a) 式と一致することは容易にわかる.

(c)　原子や分子を構成する粒子の位置を $\boldsymbol{r}_1, \boldsymbol{r}_2, \cdots$，それらがもつ電荷を $q_1, q_2, \cdots$ とすると，電場 E（z 方向とする）をかけたときのポテンシャルエネルギーは

$$-\sum_{i=1}^{N} q_i E z_i = E\Big(-\sum_{i=1}^{N} q_i z_i\Big)$$

とかかれる（$-\nabla_i$ をとれば粒子 i に働く力 $q_i E$ になっている）. そこで E を今までの λ とみなして

$$\mathcal{H} = \mathcal{H}_0 + E \mathcal{H}'$$

とおけば，$\mathcal{H}' = -\sum q_i z_i$ である. 電気双極子モーメントは

$$P = +\sum_i q_i z_i \qquad （一般には \boldsymbol{P} = \sum q_i \boldsymbol{r}_i）$$

で定義されるから，$\mathcal{H}' = -P$ になっている. (a) の結果を $\lambda = E$ として適用すれば

$$\frac{dE_j}{dE} = \int \Phi_j{}^* \mathcal{H}' \Phi_j dq = -\int \Phi_j{}^* P \Phi_j dq = -\langle P \rangle_j$$

[**5.8**]　(a)　$\mathcal{H}$ の固有ベクトルは必要ないから，固有値だけを求めると，B の高次を省略して

$$\begin{vmatrix} 0-E & \beta B \\ \beta B & \varDelta - E \end{vmatrix} = 0 \quad \text{より} \quad \begin{cases} E_1 = -\dfrac{\beta^2}{\varDelta} B^2 \\[2mm] E_2 = \varDelta + \dfrac{\beta^2}{\varDelta} B^2 \end{cases}$$

が得られる. これから

$$\mu_1 = -\frac{dE_1}{dB} = \frac{2\beta^2}{\varDelta}B, \quad \mu_2 = -\frac{2\beta^2}{\varDelta}B$$

(b)　温度 T の気体内では，分子がエネルギー E_j をもつ状態をとっている確率は $\exp(-E_j/k_BT)$ に比例する．したがって単位体積中の N 個の分子のうちでエネルギー E_1, E_2 の状態にあるものの個数は，

$$N_1 = \frac{N\exp(-E_1/k_BT)}{\exp(-E_1/k_BT) + \exp(-E_2/k_BT)} \fallingdotseq \frac{N}{1 + \exp(-\varDelta/k_BT)}$$

$$N_2 = \frac{N\exp(-E_2/k_BT)}{\exp(-E_1/k_BT) + \exp(-E_2/k_BT)} \fallingdotseq \frac{N\exp(-\varDelta/k_BT)}{1 + \exp(-\varDelta/k_BT)}$$

で与えられる．ゆえにこの気体の単位体積がもつ磁気モーメント（磁化の強さ）は

$$M = N_1\mu_1 + N_2\mu_2 \fallingdotseq N\frac{\mu_1 + \mu_2\exp(-\varDelta/k_BT)}{1 + \exp(-\varDelta/k_BT)}$$

で計算される．

(i)　$k_BT \gg \varDelta$ のとき，$\exp(-\varDelta/k_BT) = 1 - \varDelta/k_BT + \cdots$ であるから，上式の分母ではこれを 1 と近似し，分子では（1 とすると分子は $\mu_1 + \mu_2 = 0$ になってしまうので）第 2 項までとると

$$M = \frac{-N\mu_2\varDelta/k_BT}{2} = \frac{N\beta^2}{k_BT}B$$

帯磁率 χ は $M = \chi B$ で定義されるから

$$\chi = \frac{N\beta^2}{k_BT} \quad （高温におけるキュリー常磁性）$$

(ii)　$k_BT \ll \varDelta$ のときには $\exp(-\varDelta/k_BT)$ は 1 にくらべてずっと小さくなるので，これを無視すれば

$$M = N\mu_1 = \frac{2\beta^2}{\varDelta}NB$$

となり，これから

$$\chi = \frac{2\beta^2}{\varDelta}N \quad （低温におけるヴァン・ブレック常磁性）$$

[**5.9**]　(a)　2 つの核 $(0,0,0), (0,0,R)$ 間および 2 つの電子 $(x_1, y_1, z_1), (x_2, y_2, R + z_2)$ 間の反発力，異なる原子に属する電子と核間の引力を合わせたものとして

$$V = \left(\frac{e^2}{4\pi\epsilon_0}\right)\left[\frac{1}{R} + \frac{1}{\sqrt{(x_2 - x_1)^2 + (y_2 - y_1)^2 + (R + z_2 - z_1)^2}}\right.$$
$$\left. - \frac{1}{\sqrt{x_1{}^2 + y_1{}^2 + (R - z_1)^2}} - \frac{1}{\sqrt{x_2{}^2 + y_2{}^2 + (R + z_2)^2}}\right]$$

が正しい形であるが, R が大きいので

$$(R^2 + \alpha R + \beta)^{-1/2} = \frac{1}{R}\left(1 + \frac{\alpha}{R} + \frac{\beta}{R^2}\right)^{-1/2}$$
$$= \frac{1}{R}\left[1 - \frac{1}{2}\left(\frac{\alpha}{R} + \frac{\beta}{R^2}\right) + \frac{3}{8}\left(\frac{\alpha}{R} + \frac{\beta}{R^2}\right)^2 - \cdots\right]$$
$$= \frac{1}{R}\left[1 - \frac{\alpha}{2R} - \frac{\beta}{2R^2} + \frac{3\alpha^2}{8R^2} + \cdots\right]$$

と展開した R^{-3} までをとり, 残りを捨てればよい.

(b)　ハミルトニアンを

$$\mathcal{H} = \mathcal{H}_0 + V$$

ただし

$$\mathcal{H}_0 = -\frac{\hbar^2}{2m}(\Delta_1 + \Delta_2) + \frac{m\omega^2}{2}(r_1{}^2 + r_2{}^2)$$

とおく. $\mathcal{H}_0$ の基底状態は

$$\Phi_0 = \varphi_1(\boldsymbol{r}_1)\varphi_2(\boldsymbol{r}_2)$$

とかけるが, $\varphi_1(\boldsymbol{r}), \varphi_2(\boldsymbol{r})$ はそれぞれ原点および $(0, 0, R)$ に中心をもつ 3 次元調和振動子の基底状態の固有関数 ($n_x = n_y = n_z = 0$, 3 つのガウス関数の積 $\propto \exp(-m\omega r^2/2\hbar)$) である. この系の状態は 2 つの 3 次元調和振動子 (= 6 個の 1 次元調和振動子) で表わされるから, 量子数として $n_{1x} n_{1y} n_{1z} n_{2x} n_{2y} n_{2z}$ を並べてかき表わすことにする. $\Phi_0 = |0, 0, 0 ; 0, 0, 0\rangle$ である. V のうちの $x_1 x_2$ の項を考えると, 問題 [5.5] (a) と同じ考え方により

$$x_1 x_2 |0, 0, 0 ; 0, 0, 0\rangle = \frac{\hbar}{2m\omega} |1, 0, 0 ; 1, 0, 0\rangle$$

であることがわかる. $|0, 0, 0 ; 0, 0, 0\rangle$ と $|1, 0, 0 ; 1, 0, 0\rangle$ の無摂動エネルギーの差は $2\hbar\omega$ である. $y_1 y_2, z_1 z_2$ についても同様であるから,

$$\Delta E_0{}^{(2)} = -\sum_j \frac{|\langle \Phi_j | V | \Phi_0 \rangle|^2}{E_j{}^{(0)} - E_0{}^{(0)}}$$

$$= -\left(\frac{e^2}{4\pi\epsilon_0}\right)^2 \frac{1}{2\hbar\omega R^6}\left(\frac{\hbar}{2m\omega}\right)^2(1^2 + 1^2 + (-2)^2)$$

$$= -3\hbar\omega\frac{1}{4}\left(\frac{e^2}{4\pi\epsilon_0 m\omega^2}\right)^2\frac{1}{R^6}$$

となる．つまり原子間距離の6乗に逆比例する「ポテンシャル」で表わされる引力
（負だから）である．

(c)　ハミルトニアンは

$$\mathcal{H} = -\frac{\hbar^2}{2m}(\Delta_1 + \Delta_2) + \frac{m\omega^2}{2}(x_1{}^2 + y_1{}^2 + z_1{}^2 + x_2{}^2 + y_2{}^2 + z_2{}^2)$$
$$+ \left(\frac{e^2}{4\pi\epsilon_0 R^3}\right)(x_1 x_2 + y_1 y_2 - 2z_1 z_2)$$

$$= -\frac{\hbar^2}{2m}\left(\frac{\partial^2}{\partial\xi_+{}^2} + \frac{\partial^2}{\partial\eta_+{}^2} + \frac{\partial^2}{\partial\zeta_+{}^2} + \frac{\partial^2}{\partial\xi_-{}^2} + \frac{\partial^2}{\partial\eta_-{}^2} + \frac{\partial^2}{\partial\zeta_-{}^2}\right)$$
$$+ \frac{m\omega^2}{2}[(1 + k)(\xi_+{}^2 + \eta_+{}^2) + (1 - k)(\xi_-{}^2 + \eta_-{}^2)$$
$$+ (1 - 2k)\zeta_+{}^2 + (1 + 2k)\zeta_-{}^2]$$

ただし

$$\xi_\pm = \frac{1}{\sqrt{2}}(x_1 \pm x_2), \quad \eta_\pm = \frac{1}{\sqrt{2}}(y_1 \pm y_2), \quad \zeta_\pm = \frac{1}{\sqrt{2}}(z_1 \pm z_2),$$

$$k = \frac{e^2}{4\pi\epsilon_0 R^3 m\omega^2}$$

と変形できるから，これは6つの独立な1次元調和振動子の集まりと同等である．
座標 $\xi_+, \eta_+, \xi_-, \eta_-, \zeta_+, \zeta_-$ に対応する古典的角振動数はそれぞれ

$$\omega_1 = \omega_2 = \sqrt{1 + k}\,\omega, \quad \omega_3 = \omega_4 = \sqrt{1 - k}\,\omega, \quad \omega_5 = \sqrt{1 - 2k}\,\omega,$$
$$\omega_6 = \sqrt{1 + 2k}\,\omega$$

である．基底状態はこれら6つの振動子がすべて $n_i = 0$ になっている状態である．
そのつぎの低い励起状態はこれらのどれか一つが $n_i = 1$ になった場合であるが，

$$\omega_5 < \omega_3 = \omega_4 < \omega_1 = \omega_2 < \omega_6 \quad (k = 0 \text{ ならばこれらはすべて } \omega \text{ に等しい})$$

なので，無摂動系では6重に縮退していた第1励起準位は，5-7図のように分裂する．

　この励起状態のエネルギーは，$\alpha_1 = \alpha_2 = 1, \alpha_3 = \alpha_4 = -1, \alpha_5 = -2, \alpha_6 = 2$ と

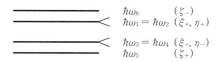

$$\hbar\omega_6 \qquad (\zeta_-)$$
$$\hbar\omega_1 = \hbar\omega_2 \quad (\xi_+, \eta_+)$$
$$\hbar\omega_3 = \hbar\omega_4 \quad (\xi_-, \eta_-)$$
$$\hbar\omega_5 \qquad (\zeta_+)$$

基底状態　　　　　　　　　**5-7 図**

して

$$E_{1i} = \sum_{j=1}^{6} \frac{1}{2} \hbar\omega_j + \hbar\omega_i$$

$$\cong 4\hbar\omega + \frac{1}{2}\alpha_i\hbar\omega k$$

$$= 4\hbar\omega + \alpha_i \frac{\hbar\omega}{2} \frac{e^2}{4\pi\epsilon_0 m\omega^2} \frac{1}{R^3}$$

で与えられる. ゆえに, $i = 1, 2, 6$ のときには斥力, $i = 3, 4, 5$ のときには引力が働く.

　基底状態のときとちがって, 原子間力のポテンシャルが R^{-3} に比例していることに注意せよ.

　[**5.10**]　自由電子の波動関数は, x の周期が Na なので

$$|k\rangle = \frac{1}{\sqrt{Na}} e^{ikx} \qquad \left(k = \frac{2\pi}{Na}\kappa, \ \kappa = 0, \pm 1, \pm 2, \cdots\right)$$

で与えられる.

（a）　行列要素は

$$\langle k'|V|k\rangle = \frac{1}{Na} \int_0^{Na} e^{-i(k'-k)x} V(x)\, dx$$

$$= \frac{\lambda\hbar^2}{2ma^2} \frac{1}{N} \sum_{n=1}^{N} e^{-i(k'-k)na} \qquad (\text{等比級数})$$

で与えられるが, $(k'-k)a = 2\pi \dfrac{\kappa'-\kappa}{N}$ であるから,

$$\kappa' - \kappa = Nl \qquad (l = 0, \pm 1, \pm 2, \cdots)$$

すなわち

$$k' - k = \frac{2\pi}{a}l \equiv K_l$$

ならば上記級数の各項はすべて 1 となるから和は N に等しい。$\kappa' - \kappa$ が 0 または N の整数倍でないと

$$\sum_{n=1}^{N} \mathrm{e}^{-i(k'-k)na} = \frac{\mathrm{e}^{-i(k'-k)a}(1 - \mathrm{e}^{-i(k'-k)Na})}{1 - \mathrm{e}^{-i(k'-k)a}} = 0$$

$$\therefore \quad (k' - k)Na = 2\pi(\kappa' - \kappa)$$

となる。したがって

$$\langle k' | V | k \rangle = \begin{cases} \dfrac{\lambda \hbar^2}{2ma^2} & (k' - k = K_l \text{ のとき}) \\ 0 & (\text{それ以外のとき}) \end{cases}$$

(b)　縮退がないときの摂動法では

$$\Delta E^{(2)} = \sum_l{}' \frac{|\langle k + K_l | V | k \rangle|^2}{\varepsilon^{(0)}(k) - \varepsilon^{(0)}(k + K_l)}$$

によって 2 次のエネルギー変化を計算することになるが、k が $\pi\nu/a$ の付近の値をとると、$l = -\nu$ の K_l に対して

$$k + K_l \cong \frac{\pi\nu}{a} - \frac{2\pi}{a}\nu = -\frac{\pi\nu}{a}$$

となり、$|k|$ と $|k + K_{-\nu}|$ がほぼ等しくなってしまう。このため

$$\varepsilon^0(k) = \frac{\hbar^2}{2m}k^2 \cong \varepsilon^{(0)}(k + K_l)$$

となって、分母が 0 またはそれに近くなってしまい、上記の公式が適用できなくなる。

(c)　e^{iGx} が $x = na$ で反射されたものは $\mathrm{e}^{iG(2na-x)}$ で表わされる。ところが $G = \pi\nu/a$ であるから $2aG = 2\pi\nu$ であり、$\mathrm{e}^{i2naG} = 1$ となる。したがってどの n に対しても

$$\mathrm{e}^{iG(2na-x)} = \mathrm{e}^{-iGx}$$

となることがわかる。同じ波は当然干渉で強め合う。

(d)　規格化 $\langle \psi | \psi \rangle = 1 = |C_+|^2 + |C_-|^2$ という条件のもとで、$\langle \psi | H | \psi \rangle$ を最小にするような C_+, C_- を探せばよい。それには

$$\langle G + q | H | G + q \rangle = \varepsilon_+{}^{(0)}, \quad \langle -G + q | H | -G + q \rangle = \varepsilon_-{}^{(0)}$$

$$\langle G + q | H | -G + q \rangle = \langle -G + q | H | G + q \rangle = \beta$$

とおいて,

$$\begin{cases} (\varepsilon_+{}^{(0)} - \varepsilon)C_+ + \beta C_- = 0 \\ \beta C_+ + (\varepsilon_-{}^{(0)} - \varepsilon)C_- = 0 \end{cases} \tag{A}$$

を解けばよい.*

　これは次のように考えてもよい. ψ に対応する H の正しい固有関数 ψ_c をあらゆる k に対する $|k\rangle$ の1次結合で表わしたとすると, $|G + q\rangle$ と $|-G + q\rangle$ 以外のものも入ってくるであろうが, それらは小さいであろう. また $\{|k\rangle\}$ は正規直交系であるから, $\psi_c = \psi + \chi$ としたとき $\chi(x)$ は $|G + q\rangle$, $|-G + q\rangle$ のどちらとも直交する. C_+ と C_- を最善に選んだときには, $|G + q\rangle$ と $|-G + q\rangle$ に関しては正しい ψ_c と一致しているはずだからである. そうすると, $H\psi_c = \varepsilon \psi_c$ から得られる $(H - \varepsilon)\psi = (\varepsilon - H)\chi$ において, $H\chi$ に含まれるわずかの部分を無視すれば, 右辺は $|G + q\rangle$ と $|-G + q\rangle$ のどちらとも直交 (内積が0) するとみてよい. そこでこの $(H - \varepsilon)|\psi\rangle = 0$ と $\langle G + q|$, $\langle -G + q|$ を掛け合わせれば (内積をとれば) 上記 (A) の2つの式が得られる.

　エネルギー固有値 (近似値) ε を求めるには, 上の2式に対する永年方程式

$$\begin{vmatrix} \varepsilon_+{}^{(0)} - \varepsilon & \beta \\ \beta & \varepsilon_-{}^{(0)} - \varepsilon \end{vmatrix} = 0$$

を解いて

$$\varepsilon = \frac{1}{2}[(\varepsilon_+{}^{(0)} + \varepsilon_-{}^{(0)}) \pm \sqrt{(\varepsilon_+{}^{(0)} - \varepsilon_-{}^{(0)})^2 + 4\beta^2}]$$

$$\cong \frac{1}{2}(\varepsilon_+{}^{(0)} + \varepsilon_-{}^{(0)}) \pm \beta \tag{B}$$

また (A) の第2式と (B) から

$$\frac{C_-}{C_+} = \frac{\beta}{\varepsilon - \varepsilon_-{}^{(0)}} \cong \frac{\beta}{\frac{1}{2}(\varepsilon_+{}^{(0)} - \varepsilon_-{}^{(0)}) \pm \beta}$$

---

*　本選書5A「量子力学 (I) (改訂版)」211 ～ 215 ページのやり方を, 係数が2つのときに適用すればよい.

$$\cong \pm 1 - \frac{(\varepsilon_+{}^{(0)} - \varepsilon_-{}^{(0)})}{2\beta}$$

を得る．いまは $|G+q\rangle$ から出発してこれに $|-G+q\rangle$ が混ざった状態を考えているので $|C_-/C_+| < 1$ のほうをとるべきである．そこで，複号のどちらをとるかがきまり，

$$\frac{\varepsilon_+{}^{(0)} - \varepsilon_-{}^{(0)}}{\beta} > 0 \quad \text{ならば} \quad \frac{C_-}{C_+} = 1 - \frac{(\varepsilon_+{}^{(0)} - \varepsilon_-{}^{(0)})}{2\beta}$$

$$\frac{\varepsilon_+{}^{(0)} - \varepsilon_-{}^{(0)}}{\beta} < 0 \quad \text{ならば} \quad \frac{C_-}{C_+} = -1 - \frac{(\varepsilon_+{}^{(0)} - \varepsilon_-{}^{(0)})}{2\beta}$$

(e) $$G = \frac{\pi}{a}\nu, \quad q = \frac{2\pi}{Na}\mu \quad (\nu, \mu = 0, \pm1, \pm2, \cdots)$$

であるから，適当な l をとることにより，$|\mu'| < N$ の μ' で

$$G + q = \frac{\pi}{Na}(N\nu + 2\mu) = \frac{\pi}{Na}(2Nl + \mu')$$

とすることができる．つまり

$$K_l = \frac{2\pi}{a}l, \quad k = \frac{\pi}{Na}\mu' \quad \left(|k| < \frac{\pi}{a}\right)$$

として

$$G + q = K_l + k \quad \therefore \quad -G + q = K_l + k - 2G$$

と表わせる．これを代入すると

$$\psi(x) = \frac{1}{\sqrt{Na}}e^{ikx}[C_+ \exp(iK_l x) + C_- \exp\{i(K_l - 2G)x\}]$$

$$= \frac{1}{\sqrt{Na}}e^{ikx}[C_+ \exp(2\pi ilx/a) + C_- \exp\{2\pi i(l - \nu)x/a\}]$$

となるが，[　]内の指数関数（$\sin$ と $\cos$ でかける）は明らかに周期 a をもつ．

　[**5.11**]　電場の方向に x 軸，磁場の方向に z 軸をとる．電磁場の影響を表わす摂動のハミルトニアンは

$$H' = \frac{e}{2m}(l_z + 2s_z)B + eEx \quad (e > 0)$$

で与えられる．外場がないときの水素原子の $n = 2$ の状態は，軌道部分

$$\varphi_s = R_{2s}Y_0{}^0, \quad \varphi_+ = R_{2p}Y_1{}^1, \quad \varphi_0 = R_{2p}Y_1{}^0, \quad \varphi_- = R_{2p}Y_1{}^{-1}$$

とスピン関数 α, β の積で表わされる 8 個が縮退している．H' には s_z しか含まれて

いないから，スピン状態の α と β はそのまま固有状態になっており，H' で混じり合うことはない．したがって α が掛かった状態と β が掛かった状態を別々に扱うことができる．まず上記のすべてに α を掛けたものだけを考える．そうすると，磁場による部分は，ボーア磁子を $\mu_B = e\hbar/2m$ として

$$\frac{eB}{2m}(l_z + 2s_z)\varphi_s\alpha = \mu_B B\varphi_s\alpha, \qquad \frac{eB}{2m}(l_z + 2s_z)\varphi_0\alpha = \mu_B B\varphi_0\alpha,$$

$$\frac{eB}{2m}(l_z + 2s_z)\varphi_+\alpha = 2\mu_B B\varphi_+\alpha, \qquad \frac{eB}{2m}(l_z + 2s_z)\varphi_-\alpha = 0$$

となることがすぐわかる．

電場の部分を計算するには，$x = r\sin\theta\cos\phi$ を用い，$Y_l{}^m$ の具体的な形を使うと

$$xY_0{}^0 = \frac{r}{\sqrt{6}}(-Y_1{}^1 + Y_1{}^{-1}), \quad xY_1{}^0 = \frac{r}{\sqrt{10}}(-Y_2{}^1 + Y_2{}^{-1})$$

$$xY_1{}^{\pm 1} = \mp\frac{r}{\sqrt{5}}Y_2{}^{\pm 2} \pm \frac{r}{\sqrt{30}}Y_2{}^0 \mp \frac{r}{\sqrt{6}}Y_0{}^0$$

が得られるから，$Y_l{}^m$ の直交関係（62 ページ（19）式）によって行列要素が求められる．両方合わせた結果は

$$
\begin{array}{c}
\begin{array}{cccc}
\varphi_s\alpha & \varphi_+\alpha & \varphi_0\alpha & \varphi_-\alpha
\end{array} \\
\begin{array}{c}
\varphi_s\alpha \\
\varphi_+\alpha \\
\varphi_0\alpha \\
\varphi_-\alpha
\end{array}
\left(
\begin{array}{cccc}
\mu_B B & -PE & 0 & PE \\
-PE & 2\mu_B B & 0 & 0 \\
0 & 0 & \mu_B B & 0 \\
PE & 0 & 0 & 0
\end{array}
\right)
\end{array}
\qquad \text{(A)}
$$

ただし

$$P \equiv \frac{e}{\sqrt{6}}\int_0^\infty R_{2s}R_{2p}r^3\,dr \qquad (R_{nl}(r) \text{ は実数})$$

となる．したがって，第零近似では $\varphi_0\alpha$ はそのままで固有状態になっており，エネルギー固有値は $\varepsilon_1 = \mu_B B$ である．残りの部分を対角化するために，

$$\varphi_x = \frac{1}{\sqrt{2}}(\varphi_+ - \varphi_-), \quad \varphi_y = \frac{1}{\sqrt{2}}(\varphi_+ + \varphi_-)$$

とおいて行列をつくり直してみると，

$$
\begin{array}{c}
\begin{array}{ccc}
\varphi_s\boldsymbol{\alpha} & \varphi_x\boldsymbol{\alpha} & \varphi_y\boldsymbol{\alpha}
\end{array} \\
\begin{array}{c}
\varphi_s\boldsymbol{\alpha} \\
\varphi_x\boldsymbol{\alpha} \\
\varphi_y\boldsymbol{\alpha}
\end{array}
\left(
\begin{array}{ccc}
\mu_{\mathrm{B}}B & -\sqrt{2}\,PE & 0 \\
-\sqrt{2}\,PE & \mu_{\mathrm{B}}B & \mu_{\mathrm{B}}B \\
0 & \mu_{\mathrm{B}}B & \mu_{\mathrm{B}}B
\end{array}
\right)
\end{array}
$$

となるから，永年方程式は

$$
\begin{vmatrix}
\mu_{\mathrm{B}}B-\varepsilon & -\sqrt{2}\,PE & 0 \\
-\sqrt{2}\,PE & \mu_{\mathrm{B}}B-\varepsilon & \mu_{\mathrm{B}}B \\
0 & \mu_{\mathrm{B}}B & \mu_{\mathrm{B}}B-\varepsilon
\end{vmatrix}=0
$$

であり，これはすぐ解けて 3 根として

$$
\varepsilon_2=\mu_{\mathrm{B}}B, \quad \varepsilon_3=\mu_{\mathrm{B}}B+\sqrt{\mu_{\mathrm{B}}{}^2B^2+2P^2E^2}, \quad \varepsilon_4=\mu_{\mathrm{B}}B-\sqrt{\mu_{\mathrm{B}}{}^2B^2+2P^2E^2}
$$

が得られる．$\varepsilon_1=\varepsilon_2$ であるから，準位は等間隔に 3 つに分裂し，中央の準位には 2 重の縮退が残ることになる．

　β スピンの状態に対しては，$\varphi_s\beta, \varphi_-\beta, \varphi_0\beta, \varphi_+\beta$ の順に基底をとって H' の行列をつくると，(A) の符号を全部逆にしたものが得られる．したがって，エネルギー変化は

$$
\varepsilon_1{}'=\varepsilon_2{}'=-\mu_{\mathrm{B}}B, \quad \varepsilon_{3,4}{}'=-\mu_{\mathrm{B}}B\mp\sqrt{\mu_{\mathrm{B}}{}^2B^2+2P^2E^2}
$$

のように，α スピンのものと逆符号になる．

　[**5.12**]　(a)　$r^4=(x^2+y^2+z^2)^2$ であるから

$$
\frac{\partial^2 V}{\partial x^2}=D\left\{12x^2-\frac{3}{5}\times(12x^2+4y^2+4z^2)\right\}, \quad etc.
$$

となり，$\Delta V=0$ が容易に示される．

(b)　$(\pm1,0,0),(0,\pm1,0),(0,0,\pm1)$ を頂点とする正八面体と同じ立方対称性をもつ．

(c)　付録 3 を使うと

$$
V=Dr^4\left[\sqrt{\frac{8\pi}{315}}\{Y_4{}^{4*}(\theta,\phi)+Y_4{}^{-4*}(\theta,\phi)\}+\frac{4\sqrt{\pi}}{15}Y_4{}^{0*}(\theta,\phi)\right]
$$

であることがわかる．行列要素

$$
\iiint R_{3l}(r)Y_l{}^{m*}(\theta,\phi)VR_{3l'}(r)Y_{l'}{}^{m'}(\theta,\phi)r^2\,dr\sin\theta\,d\theta d\phi
$$

を求めるには，$Y_l{}^{m*}Y_{l'}{}^{m'}$ を $Y_{l''}{}^{m'-m}$ の 1 次結合で表わし，V のなかの $Y_4{}^{\pm4*}, Y_4{}^{0*}$ との積に関して 62 ページ (19) の正規直交性を使えばよい．$Y_4{}^{m*}$ は $\cos\theta,\sin\theta$ の 4

次式になっているが，$Y_l^{m*}Y_{l'}^{m'}$ は $(l+l')$ 次式であるから，$l=l'=2$ のときに限って $Y_4^{m'-m}$ が現われる．したがって 3s, 3p に関しては V の行列要素はすべて 0 になるので，3d だけを考えればよい．$Y_4^{\pm 4}$ と Y_4^0 が現われるものだけを探すと，

$$Y_2^{\mp 2*}Y_2^{\pm 2} = \frac{15}{32\pi}\sin^4\theta\, e^{\pm 4i\phi} = \sqrt{\frac{5}{14\pi}}\,Y_4^{\pm 4}$$

$$Y_2^{\pm 2*}Y_2^{\pm 2} = \frac{15}{32\pi}\sin^4\theta = \frac{1}{14\sqrt{\pi}}Y_4^0 - \frac{\sqrt{5}}{7\sqrt{\pi}}Y_2^0 + \frac{1}{2\sqrt{\pi}}Y_0^0$$

$$Y_2^{\pm 1*}Y_2^{\pm 1} = \frac{15}{8\pi}\sin^2\theta\cos^2\theta = -\frac{2}{7\sqrt{\pi}}Y_4^0 + \frac{\sqrt{5}}{14\sqrt{\pi}}Y_2^0 + \frac{1}{2\sqrt{\pi}}Y_0^0$$

$$Y_2^{0*}Y_2^0 \quad = \frac{5}{16\pi}(4\cos^4\theta - 4\cos^2\theta\sin^2\theta + \sin^4\theta)$$

$$= \frac{3}{7\sqrt{\pi}}Y_4^0 + \frac{\sqrt{5}}{7\sqrt{\pi}}Y_2^0 + \frac{1}{2\sqrt{\pi}}Y_0^0$$

これらを導くには，$\cos^2\theta + \sin^2\theta = 1$ を使って Y_2^0 と Y_0^0 を $\cos\theta$ と $\sin\theta$ に関する 4 次の斉次式に直し（Y_1^0 や Y_3^0 では不可能），これらと Y_4^0 の 1 次結合で求める形の式になるように係数をきめるのである．

　以上を用いて行列をつくると，つぎのようになる．

$$
\begin{array}{c}
\begin{array}{ccccc}
\varphi_2 & \varphi_1 & \varphi_0 & \varphi_{-1} & \varphi_{-2}
\end{array} \\
\begin{array}{c}\varphi_2\\\varphi_1\\\varphi_0\\\varphi_{-1}\\\varphi_{-2}\end{array}
\begin{pmatrix}
1 & 0 & 0 & 0 & 5\\
0 & -4 & 0 & 0 & 0\\
0 & 0 & 6 & 0 & 0\\
0 & 0 & 0 & -4 & 0\\
5 & 0 & 0 & 0 & 1
\end{pmatrix}
\end{array}
\times \frac{2}{105}D\langle r^4\rangle
$$

ただし φ_m は $R_{3d}(r)Y_2^m(\theta,\phi)$ であり，

$$\langle r^4\rangle = \int_0^\infty r^4 R_{3d}{}^2(r)r^2\,dr$$

$\varphi_1, \varphi_0, \varphi_{-1}$ はこのままで（0 次の）固有関数になっているが，φ_2 と φ_{-2} はそうでない．そこで

$$\varphi_+ = \frac{1}{\sqrt{2}}(\varphi_2 + \varphi_{-2}), \qquad \varphi_- = \frac{1}{\sqrt{2}}(\varphi_2 - \varphi_{-2})$$

を基底にとって行列をつくり直してみると

$$\begin{array}{cc} & \varphi_+ \quad \varphi_- \\ \begin{array}{c} \varphi_+ \\ \varphi_- \end{array} & \begin{pmatrix} 6 & 0 \\ 0 & -4 \end{pmatrix} \end{array}$$

のように対角化される．したがって $q = 2\langle r^4 \rangle / 105$ とおけば

$$\varphi_0, \quad \frac{1}{\sqrt{2}}(\varphi_2 + \varphi_{-2}) \qquad \text{はエネルギーが} \quad 6Dq$$

$$\varphi_1, \quad \varphi_{-1}, \quad \frac{1}{\sqrt{2}}(\varphi_2 - \varphi_{-2}) \text{はエネルギーが} \ -4Dq$$

の（0次）固有状態になっていることがわかる．つまり，3d 状態は，もし $D > 0$ ならば，エネルギーがもとよりも $4Dq$ だけ低い3重に縮退した準位と，$6Dq$ だけ高い2重に縮退した準位に分裂する．

[**5.13**]　(a)　1次元調和振動子の $n = 0, 1$ の波動関数を $\varphi_0(x), \varphi_1(x)$ として，まとめると

最 低 準 位	エネルギー	$E_0 = \hbar\omega$
	波動関数	$\Phi_0 = \varphi_0(x_1)\varphi_0(x_2)$
第1励起準位	エネルギー	$E_1 = 2\hbar\omega$
（2重に縮退）	波動関数	$\Phi_1' = \varphi_0(x_1)\varphi_1(x_2), \quad \Phi_1'' = \varphi_1(x_1)\varphi_0(x_2)$

(b)　基底状態の1次の摂動エネルギーは

$$\langle \Phi_0 | V' | \Phi_0 \rangle = V_0 \sqrt{\frac{\hbar}{m\omega}} \iint |\varphi_0(x_1)|^2 |\varphi_0(x_2)|^2 \delta(x_1 - x_2) dx_1 dx_2$$

$$= V_0 \sqrt{\frac{\hbar}{m\omega}} \int |\varphi_0(x_1)|^2 |\varphi_0(x_1)|^2 \, dx_1$$

$$= \frac{V_0}{\sqrt{2\pi}}$$

で与えられる．第1励起準位は2重に縮退しているので，V' の 2×2 行列をつくって対角化する必要がある．上と同様の計算で

$$\langle \Phi_1' | V' | \Phi_1' \rangle = \langle \Phi_1'' | V' | \Phi_1'' \rangle = \langle \Phi_1' | V' | \Phi_1'' \rangle$$

$$= \langle \Phi_1'' | V' | \Phi_1' \rangle = \frac{V_0}{\sqrt{8\pi}}$$

がわかる．

$$\Phi_+ = \frac{1}{\sqrt{2}}(\Phi_1{}' + \Phi_1{}'')$$

$$\Phi_- = \frac{1}{\sqrt{2}}(\Phi_1{}' - \Phi_1{}'')$$

を基底にとると, V' の行列は

となる. つまり, Φ_- のエネルギーは変わらないが, Φ_+ は $V_0/\sqrt{2\pi}$ だけ変わる.

5-8 図

　なお $\langle\Phi_0|V'|\Phi_1{}'\rangle = \langle\Phi_0|V'|\Phi_1{}''\rangle = 0$ は容易にわかるので, この3状態の範囲で考える限り, 2次のエネルギー変化はない.

(c)　Φ_0 はそのままでよいが, 第1励起準位のうち Φ_- は粒子の交換に対して反対称的なので除かれる. したがって, 第1励起準位も縮退はないことになる. V' によって, どちらの準位も $V_0/\sqrt{2\pi}$ だけ上がることになる.

(d)　上の Φ_0, Φ_+, Φ_- のおのおのと, 問題 [4.31] の (a) で求めたスピン関数

$$\alpha_1\alpha_2, \quad \frac{1}{\sqrt{2}}(\alpha_1\beta_2 + \beta_1\alpha_2), \quad \beta_1\beta_2$$

$$\frac{1}{\sqrt{2}}(\alpha_1\beta_2 - \beta_1\alpha_2)$$

のおのおのとの積をつくり, 粒子の交換で反対称になるものだけを拾えばよい.

$$基 底 状 態: \quad \Phi_0{}^{(1)} = \frac{1}{\sqrt{2}}(\alpha_1\beta_2 - \beta_1\alpha_2)\Phi_0$$

第1励起準位: $\quad \Phi_-$ に対しては

$$\Phi_1{}^{(3)}(S_z = 1) \quad = \alpha_1\alpha_2\Phi_-$$

$$\Phi_1{}^{(3)}(S_z = 0) \quad = \frac{1}{\sqrt{2}}(\alpha_1\beta_2 + \beta_1\alpha_2)\Phi_-$$

$$\Phi_1{}^{(3)}(S_z = -1) = \beta_1\beta_2\Phi_-$$

$\quad\quad\quad\quad\quad \Phi_+$ に対しては

$$\Phi_1{}^{(1)} = \Phi_+ \times (\alpha_1\beta_2 - \beta_1\alpha_2)/\sqrt{2}$$

V' の行列をつくるときにはスピンの部分は関係しないから，5-8 図の準位がその
まま使える．ただし $\Phi_0{}^{(1)}$ と $\Phi_1{}^{(1)}$ は２つの粒子のスピンが反平行 ($S = 0$) で１重項，
$\Phi_1{}^{(3)}$ はスピンが平行 ($S = 1$) で３重のスピン縮退をもつ３重項である．

この例が示すように，相互作用 V' そのものはスピンと無関係であっても，スピ
ンの配列（$S = 0$ か１か）によって異なるエネルギーの状態が生じる．これはスピ
ンの配列によってスピン関数の交換対称性が異なるので，軌道部分にそれが反映し
て Φ_+ か Φ_- のどちらかにきめられてしまうために，間接的に相互作用に相違を生
じるからである．Φ_- で $x_1 = x_2$ とおくと $\Phi_- = 0$ となることが示すように，この状
態ではもともと粒子は同じ位置にくることがないようになっているので，$x_1 = x_2$
のみで作用する V' が働かないのである．物質の磁性はこのようなことが原因にな
って生じる．

[**5. 14**] (a) $\quad \varphi_0\alpha = \phi_0, \quad \varphi_0\beta = \overline{\phi}_0, \quad \varphi_1\alpha = \phi_1, \quad \varphi_1\beta = \overline{\phi}_1$
とかくと，基底状態に対するスレイター行列式は

$$|\phi_0 \quad \overline{\phi}_0| \equiv \frac{1}{\sqrt{2}} \begin{vmatrix} \phi_0(1) & \overline{\phi}_0(1) \\ \phi_0(2) & \overline{\phi}_0(2) \end{vmatrix}$$

$$= \frac{1}{\sqrt{2}}(\alpha_1\beta_2 - \beta_1\alpha_2)\varphi_0(x_1)\varphi_0(x_2)$$

となり，前問 (d) の $\Phi_0{}^{(1)}$ と一致する．また第１励起準位に対しては，$|\phi_0 \quad \phi_1|$,
$|\phi_0 \quad \overline{\phi}_1|, |\overline{\phi}_0 \quad \phi_1|, |\overline{\phi}_0 \quad \overline{\phi}_1|$ と４個のスレイター行列式ができるが，これらの適当な
１次結合をつくれば，前問 (d) の第１励起準位に対する４個の波動関数が得られる．
したがって，あとは前問と同じである．

(b) $\quad V'$ は x_1 と x_2 の交換に対して不変で，定積分は変数を何とかいても同じにな

るから

$$\langle \Phi_i | V' | \Phi_j \rangle = \frac{1}{2} \iint \varphi_0{}^*(x_1) \varphi_1{}^*(x_2) V' \varphi_0(x_1) \varphi_1(x_2) dx_1 dx_2$$

$$\times \sum_{\sigma_1} \sum_{\sigma_2} \chi_i{}^*(\sigma_1, \sigma_2) \chi_j(\sigma_1, \sigma_2)$$

$$+ \frac{1}{2} \iint \varphi_0{}^*(x_2) \varphi_1{}^*(x_1) V' \varphi_0(x_2) \varphi_1(x_1) dx_1 dx_2$$

$$\times \sum_{\sigma_1} \sum_{\sigma_2} \chi_i{}^*(\sigma_2, \sigma_1) \chi_j(\sigma_2, \sigma_1)$$

$$- \frac{1}{2} \iint \varphi_0{}^*(x_1) \varphi_1{}^*(x_2) V' \varphi_0(x_2) \varphi_1(x_1) dx_1 dx_2$$

$$\times \sum_{\sigma_1} \sum_{\sigma_2} \chi_i{}^*(\sigma_1, \sigma_2) \chi_j(\sigma_2, \sigma_1)$$

$$- \frac{1}{2} \iint \varphi_0{}^*(x_2) \varphi_1{}^*(x_1) V' \varphi_0(x_1) \varphi_1(x_2) dx_1 dx_2$$

$$\times \sum_{\sigma_1} \sum_{\sigma_2} \chi_i{}^*(\sigma_2, \sigma_1) \chi_j(\sigma_1, \sigma_2)$$

$$= K \langle \chi_i | \chi_j \rangle - J \langle \chi_i | P | \chi_j \rangle$$

ただし

$$P | \chi_j \rangle = P \chi_j(\sigma_1, \sigma_2) = \chi_j(\sigma_2, \sigma_1)$$

となることがわかる.

(c) $$P = \frac{2}{\hbar^2} (\boldsymbol{s}_1 \cdot \boldsymbol{s}_2) + \frac{1}{2}$$

であるから

$$\mathscr{H}_{\mathrm{eff}} = K - JP = K - \frac{1}{2} J - \frac{2}{\hbar^2} J (\boldsymbol{s}_1 \cdot \boldsymbol{s}_2)$$

となる. $\Phi_1, \Phi_2, \Phi_3, \Phi_4$ の 4 つの状態をスピン関数だけで代表させ, V' の代りに上の $\mathscr{H}_{\mathrm{eff}}$ を用いても, 行列は全く同じになるので, $\mathscr{H}_{\mathrm{eff}}$ を有効スピンハミルトニアンと呼ぶのである.

[**5.15**] (a) 注により

$$\frac{d}{dx} \mathrm{e}^{ik|x|} = ik \frac{d|x|}{dx} \mathrm{e}^{ik|x|}$$

$$\frac{d^2}{dx^2} \mathrm{e}^{ik|x|} = ik \left\{ \frac{d^2|x|}{dx^2} + ik \left(\frac{d|x|}{dx} \right)^2 \right\} \mathrm{e}^{ik|x|}$$

$$= ik\{2\delta(x) + ik\}\mathrm{e}^{ik|x|}$$
$$= \{2ik\delta(x) - k^2\}\mathrm{e}^{ik|x|}$$

であるから，これを代入すればよい．

(b)　シュレーディンガー方程式は

$$\left\{-\frac{\hbar^2}{2m}\frac{d^2}{dx^2} + V(x)\right\}\phi(x) = \frac{\hbar^2}{2m}k^2\phi(x)$$

である．ところで

$$-\frac{\hbar^2}{2m}\left(\frac{d^2}{dx^2} + k^2\right)\mathrm{e}^{ikx} = 0$$

および，(a) により

$$-\frac{\hbar^2}{2m}\left(\frac{d^2}{dx^2} + k^2\right)\frac{m}{ik\hbar^2}\mathrm{e}^{ik|x-y|} = -\delta(x - y)$$

であるから，与式の両辺に $-(\hbar^2/2m)(d^2/dx^2 + k^2)$ を作用させると

$$-\frac{\hbar^2}{2m}\left(\frac{d^2}{dx^2} + k^2\right)\phi(x) = 0 - \int_{-a}^{a}\delta(x - y)V(y)\phi(y)dy$$
$$= -V(x)\phi(x)$$

したがってこの $\phi(x)$ は上記のシュレーディンガー方程式を満足していることがわかる．

　正しい散乱解になっているかどうかを調べるためには，境界条件が満たされているかどうかをみる必要がある．

　$x > a$ では $x > y$ $(\because |y| < a)$ であるから，積分内の指数関数は

$$\mathrm{e}^{ik|x-y|} = \mathrm{e}^{ikx}\mathrm{e}^{-iky}$$

としてよい．したがって

$$\phi(x) = \mathrm{e}^{ikx}\left(1 + \frac{m}{ik\hbar^2}\int_{-a}^{a}\mathrm{e}^{-iky}V(y)\phi(y)dy\right)$$

は (定数) $\times\,\mathrm{e}^{ikx}$ という形になり，$+x$ 方向へ進む波になっている．

　$x < a$ では $x - y < 0$ であるから $\mathrm{e}^{ik|x-y|} = \mathrm{e}^{-ikx}\mathrm{e}^{iky}$ となり，

$$\phi(x) = \mathrm{e}^{ikx} + \left[\frac{m}{ik\hbar^2}\int_{-a}^{a}\mathrm{e}^{iky}V(y)\phi(y)dy\right]\mathrm{e}^{-ikx}$$

という形になることがわかる．右辺の ［　］ 内は定数（B とする）である．これは，$+x$ 方向に進む入射波（第1項）と，$-x$ 方向に進む反射波（第2項）の和になっている．

(c)　上記反射波の振幅 B から

$$反射率 = |B|^2 = \frac{m^2}{\hbar^4 k^2}\left|\int_{-a}^{a} e^{iky} V(y)\psi(y)dy\right|^2$$

$$\fallingdotseq \frac{m^2}{\hbar^4 k^2}\left|\int_{-a}^{a} e^{2iky} V(y)dy\right|^2$$

[**5.16**]　(a)　$\dfrac{d^2}{dx^2}\exp(-\alpha x^2) = 2\alpha(2\alpha x^2 - 1)\exp(-\alpha x^2)$

であるから,

$$H\exp(-\alpha x^2) = \left\{\left(-2\alpha^2 + \frac{1}{2}\right)x^2 + \alpha\right\}\exp(-\alpha x^2)$$

$$\therefore \int_{-\infty}^{\infty}\varphi^*(x)H\varphi(x)dx = \left(-2\alpha^2 + \frac{1}{2}\right)\int_{-\infty}^{\infty}x^2\exp(-2\alpha x^2)dx$$

$$+ \alpha\int_{-\infty}^{\infty}\exp(-2\alpha x^2)dx$$

$$= \sqrt{\frac{\pi}{2\alpha}}\left(\frac{1}{8\alpha} + \frac{\alpha}{2}\right)$$

また

$$\int_{-\infty}^{\infty}|\varphi(x)|^2\,dx = \int_{-\infty}^{\infty}\exp(-2\alpha x^2)dx = \sqrt{\frac{\pi}{2\alpha}}$$

ゆえに

$$\frac{\langle\varphi|H|\varphi\rangle}{\langle\varphi|\varphi\rangle} = \frac{1}{8\alpha} + \frac{\alpha}{2}$$

α で微分して 0 とおいて, $\alpha = \dfrac{1}{2}$ を得る. このときのエネルギー期待値は

$$\varepsilon = \left(\frac{\langle\varphi|H|\varphi\rangle}{\langle\varphi|\varphi\rangle}\right)_{\alpha=\frac{1}{2}} = \frac{1}{2}$$

となる. これは正しい固有関数と固有値になっている.

(b)　$$\langle\varPhi|\mathscr{H}|\varPhi\rangle = \frac{\pi}{2\alpha}\left(\frac{1}{4\alpha} + \alpha\right) + \frac{\pi}{2\sqrt{\alpha}}$$

$$\langle\varPhi|\varPhi\rangle = \frac{\pi}{2\alpha}$$

は容易に得られるから

$$E(\alpha) \equiv \frac{\langle \varPhi | \mathcal{H} | \varPhi \rangle}{\langle \varPhi | \varPhi \rangle} = \frac{1}{4\alpha} + \alpha + \sqrt{\alpha}$$

ゆえにこれを最小にする α は

$$\frac{d}{d\alpha} E(\alpha) = 0 = 1 - \frac{1}{4\alpha^2} + \frac{1}{2\sqrt{\alpha}}$$

から定まる．$\xi = 1/\sqrt{\alpha}$ とおけば，この式は

$$\xi^4 = 2\xi + 4$$

となる．この方程式は数値的に解く以外に方法はない．実根は 2 個あって

$$\xi = 1.643, \quad -1.144$$

であるが，負のほうは不適当であるから捨てると，結局，求める α は

$$\alpha = \frac{1}{\xi^2} = 0.370$$

で，対応する E はつぎのようになる．

$$E(0.3704) = 1.654, \qquad 1 \text{ 次摂動では } 1.707$$

[**5.17**]　(a)　エネルギー期待値

$$E = \frac{\langle \varPhi | \mathcal{H} | \varPhi \rangle}{\langle \varPhi | \varPhi \rangle}$$

を最小にする φ_1, φ_2 が得られたものとすると，それらを微小に変化させ

$$\varphi_1 \to \varphi_1 + \delta\varphi_1, \qquad \varphi_2 \to \varphi_2 + \delta\varphi_2$$

としたときの E の変化 δE が，$\delta\varphi_1$ と $\delta\varphi_2$ のとり方如何によらず 0 になっているはずである．*　このとき $\varPhi$ は

$$\varPhi \to \varPhi + \delta\varPhi, \qquad \delta\varPhi = \delta\varphi_1 \cdot \varphi_2 + \varphi_1 \cdot \delta\varphi_2$$

のように変わる．上記 E の式は

$$\langle \varPhi | \mathcal{H} - E | \varPhi \rangle = 0$$

と変形されるが，$\varPhi$ に微小変化を与えたとすると

$$0 = \langle \varPhi + \delta\varPhi | \mathcal{H} - (E + \delta E) | \varPhi + \delta\varPhi \rangle$$

$$= \langle \delta\varPhi | \mathcal{H} - E | \varPhi \rangle + \langle \varPhi | -\delta E | \varPhi \rangle + \langle \varPhi | \mathcal{H} - E | \delta\varPhi \rangle$$

であるが，$\delta E = 0$ であり，$\mathcal{H}$ はエルミートなので

$$\langle \varPhi | \mathcal{H} - E | \delta\varPhi \rangle = \langle \delta\varPhi | \mathcal{H} - E | \varPhi \rangle^*$$

---

*　関数 $y = f(x)$ の極大や極小のところでは，x の微小変化 dx に対する y の変化 $dy = f'(x)dx$ が 0 になるのと同じように考えればよい．

であるから，Φ も $\delta\Phi$ も実数とすれば

$$\langle\delta\Phi|\mathcal{H}-E|\Phi\rangle=0 \tag{A}$$

が成り立つ（かってな $\delta\Phi$ でこれが成立することから，$(\mathcal{H}-E)|\Phi\rangle=0$ が得られるわけである）．

（A）式に $\delta\Phi=\delta\varphi_1\cdot\varphi_2+\varphi_1\cdot\delta\varphi_2$ を入れれば

$$\iint\delta\varphi_1\cdot\varphi_2(\mathcal{H}-E)\varphi_1\varphi_2dx_1dx_2+\iint\varphi_1\cdot\delta\varphi_2(\mathcal{H}-E)\varphi_1\varphi_2dx_1dx_2=0$$

を得るが，$\delta\varphi_1$ と $\delta\varphi_2$ は独立にとってよいから，左辺の各項が 0 でなくてはならない．そして $\delta\varphi_1,\delta\varphi_2$ は（微小ということ以外）かってにとれるのであるから，第 1 項においては x_1 のすべての値に対して

$$\int\varphi_2(\mathcal{H}-E)\varphi_1\varphi_2dx_2=0 \tag{B}$$

でなくてはいけない．同様にして第 2 項から

$$\int\varphi_1(\mathcal{H}-E)\varphi_1\varphi_2dx_1=0 \tag{C}$$

が得られる．いま

$$\mathcal{H}=H_1+H_2+V'$$

とおくと，（B）式は

$$\langle\varphi_2|\varphi_2\rangle H_1\varphi_1+\langle\varphi_2|H_2|\varphi_2\rangle\varphi_1+\langle\varphi_2|V'|\varphi_2\rangle\varphi_1-E\langle\varphi_2|\varphi_2\rangle\varphi_1=0$$

となり，$\langle\varphi_2|\varphi_2\rangle$ で割ると

$$\left[H_1+\frac{1}{\langle\varphi_2|\varphi_2\rangle}\int\varphi_2(x_2)V'(x_1,x_2)\varphi_2(x_2)dx_2\right]\varphi_1(x_1)=\left[E-\frac{\langle\varphi_2|H_2|\varphi_2\rangle}{\langle\varphi_2|\varphi_2\rangle}\right]\varphi_1(x_1)$$

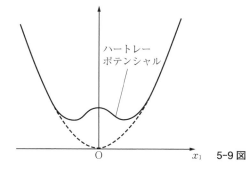

ハートレー
ポテンシャル

O　　　x_1　　5-9 図

となる．右辺の［　］内は定数である．左辺の［　］内の第2項は x_1 だけの関数であるが，これは粒子1が粒子2から受ける力の平均場を表わしていると解釈される．H_1 と V' に具体的な形を入れれば，

$$\left[-\frac{1}{2}\frac{d^2}{dx_1{}^2} + \frac{1}{2}x_1{}^2 + \frac{\sqrt{\pi}\,\varphi_2{}^2(x_1)}{\langle\varphi_2|\varphi_2\rangle} \right]\varphi_1(x_1) = \varepsilon_1\varphi_1(x_1)$$

となる．φ_2 に対しても番号1と2を入れかえただけの全く同様な式が得られる．また全体のエネルギー E が

$$E = \varepsilon_1 + \varepsilon_2 - \frac{\langle\varphi_1\varphi_2|V'|\varphi_1\varphi_2\rangle}{\langle\varphi_1|\varphi_1\rangle\langle\varphi_2|\varphi_2\rangle}$$

で与えられることも容易にわかる．右辺第3項は，ε_1 と ε_2 の両方に含まれる相互作用エネルギーの数え過ぎ分の補正である．

【注】　このような平均場近似は，相互作用がこの例の $\delta(x_1 - x_2)$ のような短距離力の場合には，あまり良くないとされている．

(b)　電子間の力はクーロン反発力である．簡単のため，各電子の1粒子波動関数（軌道）は規格化されているとする．その場合のハートレー方程式は

$$\left[-\frac{\hbar^2}{2m}\Delta + V(\boldsymbol{r}) + \frac{e^2}{4\pi\epsilon_0}\sum_{j(\neq i)}\int |\varphi_j(\boldsymbol{r}_j)|^2 \frac{1}{|\boldsymbol{r}-\boldsymbol{r}_j|}d\boldsymbol{r}_j \right]\varphi_i(\boldsymbol{r}) = \varepsilon_i\varphi_i(\boldsymbol{r})$$

で与えられる．$V(\boldsymbol{r})$ は電子が原子核（分子では複数個存在する）から受ける力のポテンシャルである．

[**5.18**]　(a)　$(\varepsilon_0 - \varepsilon_n)$ を $1/\lambda$ で置きかえディラックのブラケット記号を用いると

$$\sum_n \varphi_n \frac{\langle n|V'|0\rangle}{\varepsilon_0 - \varepsilon_n} = \lambda\sum_n |n\rangle\langle n|V'|0\rangle$$

となるが，右辺の和には $n = 0$ の項（実は 0）も含まれているとみなせば問題 [4.1]（104 ページ）(a) の結果により $\sum_n |n\rangle\langle n| = 1$ であるから

$$上式 = \lambda V'|0\rangle$$

となる．

(b)
$$\varepsilon = \frac{\langle\varphi|H_0 + V'|\varphi\rangle}{\langle\varphi|\varphi\rangle}$$

$$= \frac{\varepsilon_0 + (\lambda + \lambda^*)\langle 0|V'^2|0\rangle + |\lambda|^2\langle 0|V'H_0V'|0\rangle}{1 + |\lambda|^2\langle 0|V'^2|0\rangle}$$

$$\cong \varepsilon_0 + (\lambda + \lambda^*)\langle 0|V'^2|0\rangle + |\lambda|^2\langle 0|V'(H_0 - \varepsilon_0)V'|0\rangle$$

$\lambda = ae^{i\phi}$ とおいて，まず ϕ に関して ε を極小化する条件を調べると，ϕ は上式の $\lambda + \lambda^* = 2a\cos\phi$ だけに入っているから

$$\frac{\partial \varepsilon}{\partial \phi} = -2a\sin\phi\,\langle 0|V'^2|0\rangle = 0$$

より $\phi = 0$ とすればよいことがわかる．つまり λ は実数である．つぎに

$$\frac{\partial \varepsilon}{\partial a} = 2\langle 0|V'^2|0\rangle + 2a\langle 0|V'(H_0 - \varepsilon_0)V'|0\rangle = 0$$

より

$$\lambda = a = -\frac{\langle 0|V'^2|0\rangle}{\langle 0|V'(H_0 - \varepsilon_0)V'|0\rangle}$$

$$\therefore \quad \varepsilon_0' = \varepsilon_0 - \frac{\langle 0|V'^2|0\rangle^2}{\langle 0|V'(H_0 - \varepsilon_0)V'|0\rangle}$$

(c)　$V' = eEz$ である．φ_0 が球対称（1s）なので

$$\langle 0|z^2|0\rangle = \frac{1}{3}\langle 0|r^2|0\rangle$$

$$= \frac{1}{3}\frac{\displaystyle\int_0^\infty \exp\left(-\frac{2r}{a_0}\right)r^4\,dr}{\displaystyle\int_0^\infty \exp\left(-\frac{2r}{a_0}\right)r^2\,dr} \qquad (a_0 = \text{ボーア半径})$$

$$= a_0^2 \qquad\qquad\qquad (\text{付録 7 参照})$$

また

$$\langle 0|z(H_0 - \varepsilon_0)z|0\rangle = \frac{\hbar^2}{2m}$$

であるから

$$\varepsilon_0' = \varepsilon_0 - \frac{e^2 a_0^4 E^2}{\hbar^2/2m}$$

したがって問題 [5.7] により，電気双極子モーメントは

$$\langle P\rangle = -\frac{d\varepsilon_0'}{dE} = \frac{4me^2a_0^4}{\hbar^2}E = 16\pi\epsilon_0 a_0^3 E \qquad \left(\because\quad a_0 = \frac{4\pi\epsilon_0\hbar^2}{me^2}\right)$$

分極率は

$$\alpha = 16\pi\epsilon_0 a_0^3$$

[**5. 19**]　(a)　　　$\varepsilon = \dfrac{\langle \varphi^{(n)} | H | \varphi^{(n)} \rangle}{\langle \varphi^{(n)} | \varphi^{(n)} \rangle} = \dfrac{\sum_i \sum_j c_i^{(n)} c_j^{(n)} \langle i | H | j \rangle}{\sum_i c_i^{(n)2}}$

であるから，$\partial \varepsilon / \partial c_k^{(n)} = 0$ を求め，$\langle j | H | k \rangle = \langle k | H | j \rangle$ を使うと

$$\sum_{j=1}^{n} \langle k | H | j \rangle c_j^{(n)} - \varepsilon c_k^{(n)} = 0 \qquad (k = 1, 2, \cdots, n)$$

(b)　$\langle k | H | j \rangle \equiv H_{kj}$ として，永年方程式

$$\begin{vmatrix} H_{11} - \varepsilon & H_{12} & H_{13} & \cdots & H_{1n} \\ H_{21} & H_{22} - \varepsilon & H_{23} & \cdots & H_{2n} \\ H_{31} & H_{32} & H_{33} - \varepsilon & \cdots & H_{3n} \\ \multicolumn{5}{c}{\cdots\cdots\cdots\cdots\cdots\cdots} \\ H_{n1} & H_{n2} & H_{n3} & \cdots & H_{nn} - \varepsilon \end{vmatrix} = 0$$

を解けばよい．

(c)　$\varepsilon_1^{(1)} = H_{11}$ は明らかである．$n = 2$ の場合の永年方程式の根は，$H_{22} \geqq H_{11}$ のとき

$$\varepsilon_1^{(2)} = \frac{1}{2} \{ (H_{11} + H_{22}) - \sqrt{(H_{22} - H_{11})^2 + 4H_{12}{}^2} \} \leqq H_{11} = \varepsilon_1^{(1)}$$

$$\varepsilon_2^{(2)} = \frac{1}{2} \{ (H_{11} + H_{22}) + \sqrt{(H_{22} - H_{11})^2 + 4H_{12}{}^2} \} \geqq H_{22}$$

（等号は $H_{12} = 0$ のとき）

であるから

5-10 図

$$\varepsilon_1{}^{(2)} \leqq \varepsilon_1{}^{(1)} \leqq \varepsilon_2{}^{(2)}$$

がわかる．$H_{11} \geqq H_{22}$ なら，$\varepsilon_1{}^{(2)} \leqq H_{22}$，$\varepsilon_2{}^{(2)} \geqq H_{11} = \varepsilon_1{}^{(1)}$ となって，やはり

$$\varepsilon_1{}^{(2)} \leqq \varepsilon_1{}^{(1)} \leqq \varepsilon_2{}^{(2)}$$

(d)　不等式を図で示すと 5-10 図のようになり，$n \to \infty$ ときが正しい固有値であるから，$\varepsilon_j = \varepsilon_j{}^{(\infty)} \leqq \varepsilon_j{}^{(n)}$ は明らかである．

[**5.20**]　計算してみれば容易にわかるように

$$\langle \varphi | H | \varphi \rangle = \sqrt{\pi} \left(\frac{1}{2} c_0{}^2 + \frac{3}{4} c_1{}^2 + c_0 c_1 \right)$$

$$\langle \varphi | \varphi \rangle = \sqrt{\pi} \left(c_0{}^2 + \frac{1}{2} c_1{}^2 \right)$$

となるから，前問の (a), (b) に従って永年方程式を立てると

$$\begin{vmatrix} 1 - 2\varepsilon & 1 \\ 1 & \dfrac{3}{2} - \varepsilon \end{vmatrix} = 0$$

が得られる．これを解けば 2 根として

$$\varepsilon_1{}^{(2)} = 1 - \frac{\sqrt{3}}{2} = 0.134$$

$$\varepsilon_2{}^{(2)} = 1 + \frac{\sqrt{3}}{2} = 1.866$$

が求められる．

正しい固有値は

$$H = -\frac{1}{2} \frac{d^2}{dx^2} + \frac{1}{2} x^2 + x$$

$$= -\frac{1}{2} \frac{d^2}{dx^2} + \frac{1}{2} (x + 1)^2 - \frac{1}{2}$$

として $\xi = x + 1$ とおき

$$H = -\frac{1}{2} \frac{d^2}{d\xi^2} + \frac{1}{2} \xi^2 - \frac{1}{2}$$

のようにハミルトニアンをかき直せば

$$\varepsilon_1 = 0, \quad \varepsilon_2 = 1, \quad \varepsilon_3 = 2, \quad \cdots, \quad \varepsilon_j = j + 1, \quad \cdots$$

であることがわかる．前問の (d) は確かに成り立っている．

[**5.21**]　(a)　一つの"原子"に束縛された状態から他の"原子"に束縛された

状態へとつぎつぎに移っていくような運動を表わしている. $|\lambda|$ が大きくて束縛が強いときには, 良い近似になっていると考えられる.

(b) ブロッホの定理 (112 ページ) を満たす関数は $\varphi(x + a) = e^{ika}\varphi(x)$ を満足する. 与えられた $\varphi(x)$ については

$$\varphi(x + a) = \sum_{j=1}^{N} c_j u(x + a - ja) = \sum_{j=1}^{N} c_j u(x - (j-1)a)$$
$$= \sum_{l=0}^{N-1} c_{l+1} u(x - la) \qquad (c_{N+1} = c_1)$$

であるから, これが $\varphi(x) = \sum c_l u(x - la)$ の e^{ika} 倍に等しいためには

$$c_{l+1} = e^{ika} c_l$$

であればよい. したがって

$$c_l \propto e^{ikla}$$

であればよい. ただし, $c_{N+l} = c_l$ が必要であるから, k としては $kNa = 2\pi \times \nu$ を満足するように

$$k = \frac{2\pi\nu}{Na} \begin{cases} \nu = 0, \pm 1, \pm 2, \cdots, \pm \left(\dfrac{N}{2} - 1\right), \dfrac{N}{2} & N \text{ 偶数} \\[2ex] \nu = 0, \pm 1, \pm 2, \cdots, \pm \dfrac{N-3}{2}, \pm \dfrac{N-1}{2} & N \text{ 奇数} \end{cases}$$

という N 個の値をとらせることにする. ν にこれ以外の整数をとらせても, e^{ika} の周期性によって, 上記のうちのどれか一つをとったものと同じ e^{ika} を与えることになるからである (読者自ら検証のこと). したがってわれわれは次の N 個のブロッホ軌道を得る.

$$\varphi_k(x) = \sum_j e^{ikja} u(x - ja) \qquad \text{(規格化されていない)}$$

(c) 問題 [2.18] (c) の結果 (52 ページ) によれば,

$$u(x) = \sqrt{\frac{-\lambda}{2a}} \exp\left(\frac{\lambda}{2a}|x|\right) \qquad (\lambda < 0)$$

$$\varepsilon_0 \equiv \langle u|H_0|u\rangle = -\frac{\hbar^2\lambda^2}{8ma^2}$$

である.

もっとも簡単な重なり積分から考える. $-\lambda/2a = \mu$ とおいて (5-11 図)

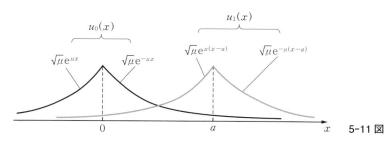

5-11 図

$$S = \langle u_1 | u_0 \rangle \qquad (u_0 \equiv u_N)$$

$$\fallingdotseq \mu \left[\int_{-\infty}^{0} e^{\mu(x-a)} e^{\mu x} dx + \int_{0}^{a} e^{\mu(x-a)} e^{-\mu x} dx + \int_{a}^{\infty} e^{-\mu(x-a)} e^{-\mu x} dx \right]$$

$$= (\mu a + 1) e^{-\mu a} \qquad \left(\mu a = \frac{|\lambda|}{2} \right)$$

近似は積分範囲の両端を $\pm\infty$ にしたことである.

つぎにクーロン積分を考える.

$$H = -\frac{\hbar^2}{2m} \frac{d^2}{dx^2} + \frac{\lambda \hbar^2}{2ma} \delta(x) + \frac{\lambda \hbar^2}{2ma} \sum_{j=\pm1, \pm2, \cdots} \delta(x - ja)$$

を $u_0(x)$ で両側からはさむのであるが,$u_0(x)$ は右辺の最初の2項の和の固有関数であるから

$$\alpha \equiv \langle u_0 | H | u_0 \rangle = \varepsilon_0 + \frac{\lambda \hbar^2}{2ma} \sum_{j=\pm1, \pm2, \cdots} |u_0(ja)|^2$$

となる.最後の和を無限級数で近似すれば

$$\alpha = \varepsilon_0 - \frac{\hbar^2 \lambda^2}{4ma^2} \frac{2e^{-2\mu a}}{1 - e^{-2\mu a}} = -\frac{\hbar^2 \lambda^2}{8ma^2} \left(1 + \frac{4e^{-2\mu a}}{1 - e^{-2\mu a}} \right)$$

となるし,$j = \pm1$ だけにとどめれば

$$\alpha = \varepsilon_0 - \frac{\hbar^2 \lambda^2}{4ma^2} 2e^{-2\mu a} = -\frac{\hbar^2 \lambda^2}{8ma^2} (1 + 4e^{-2\mu a})$$

となるが,どちらでもよい.

共鳴積分は

$$\beta = \langle u_1 | H | u_0 \rangle$$

$$= \varepsilon_0 \langle u_1 | u_0 \rangle + \frac{\lambda \hbar^2}{2ma} \sum_{j=\pm1, \pm2, \cdots} u_1(ja) u_0(ja)$$

$$= S\varepsilon_0 - \frac{\hbar^2\lambda^2}{4ma^2}(\mathrm{e}^{-\mu a} + 2\mathrm{e}^{-3\mu a} + 2\mathrm{e}^{-5\mu a} + \cdots)$$

$$= -\frac{\hbar^2\lambda^2}{8ma^2}\mathrm{e}^{-\mu a}\{1 + \mu a + 2 + 4(\mathrm{e}^{-2\mu a} + \mathrm{e}^{-4\mu a} + \cdots)\}$$

$$\fallingdotseq -\frac{\hbar^2\lambda^2}{8ma^2}\mathrm{e}^{-\mu a}(3 + \mu a) \qquad \left(\mu a = \frac{|\lambda|}{2}\right)$$

以上をまとめると，

$$\begin{cases} \alpha = -\dfrac{\hbar^2\lambda^2}{8ma^2}(1 + 4\mathrm{e}^{-|\lambda|}) \\[2mm] \beta = -\dfrac{\hbar^2\lambda^2}{8ma^2}\left(3 + \dfrac{|\lambda|}{2}\right)\mathrm{e}^{-|\lambda|/2} \\[2mm] S = \left(1 + \dfrac{|\lambda|}{2}\right)\mathrm{e}^{-|\lambda|/2} \end{cases}$$

(d)　$\varphi_k(x) = \sum_j \mathrm{e}^{ikja}u_j(x)$ を基底に使えば，永年方程式は対角形になるから（証明は自ら試みよ），エネルギー固有値は

$$\varepsilon(k) = \frac{\langle\varphi_k|H|\varphi_k\rangle}{\langle\varphi_k|\varphi_k\rangle} = \frac{\sum_i\sum_j c_i^* c_j \langle i|H|j\rangle}{\sum_i\sum_j c_i^* c_j \langle i|j\rangle}$$

で与えられる．

　$\langle i|H|j\rangle$ や $\langle i|j\rangle$ で $i=j$ と $i=j\pm1$ のものだけを残す近似で

$$\varepsilon(k) \cong \frac{\alpha\sum_j|c_j|^2 + \beta\sum_j c_{j+1}^* c_j + \beta^*\sum_j c_j^* c_{j+1}}{\sum_j|c_j|^2 + S\sum_j c_{j+1}^* c_j + S^*\sum_j c_j^* c_{j+1}}$$

$$= \frac{N(\alpha + \beta\mathrm{e}^{-ika} + \beta\mathrm{e}^{ika})}{N(1 + S\mathrm{e}^{-ika} + S\mathrm{e}^{ika})} \qquad (S, \beta \text{ は実数})$$

$$= \frac{\alpha + 2\beta\cos ka}{1 + 2S\cos ka}$$

$$\cong \alpha + 2(\beta - \alpha S)\cos ka \qquad (S \ll 1)$$

ただし

$$\beta - \alpha S \fallingdotseq -\frac{\hbar^2\lambda^2}{8ma^2}\mathrm{e}^{-|\lambda|/2}(2 - 4\mathrm{e}^{-|\lambda|} - 2|\lambda|\mathrm{e}^{-|\lambda|}) < 0$$

なお前記の k に対しては $0 \le |ka| < \pi$ であるから，N 個のエネルギー準位は $\alpha + 2(\beta - \alpha S)$ から $\alpha - 2(\beta - \alpha S)$ の範囲にわたる幅 $4(\beta - \alpha S)$ の "バンド" をつくる．

[**5.22**] （a）　スピンを s，磁気モーメントを γs とする．s の大きさは $\hbar/2$ であるから $\gamma = 2\mu/\hbar$ である．スピン状態を表わす波動関数（状態ベクトル）を

$$\psi = c_+\alpha + c_-\beta$$

とする．行列で表わせば

$$\psi = \begin{pmatrix} c_+ \\ c_- \end{pmatrix} \qquad (c_\pm \text{ は時間の関数})$$

である．エネルギーは $-\boldsymbol{B}\cdot\gamma s$ で表わされるから

$$H = -\frac{2\mu}{\hbar}Bs_x = \begin{pmatrix} 0 & -\mu B \\ -\mu B & 0 \end{pmatrix}$$

であり，ψ の変化は

$$i\hbar\frac{\partial\psi}{\partial t} = H\psi$$

すなわち

$$i\hbar\frac{\partial}{\partial t}\begin{pmatrix} c_+ \\ c_- \end{pmatrix} = -\mu B\begin{pmatrix} 0 & 1 \\ 1 & 0 \end{pmatrix}\begin{pmatrix} c_+ \\ c_- \end{pmatrix}$$

できまる．この式は

$$i\hbar\frac{d}{dt}c_+ = -\mu Bc_-, \quad i\hbar\frac{d}{dt}c_- = -\mu Bc_+$$

と同じであるが，これらの2式を辺々加えたもの，引いたものをつくると

$$i\hbar\frac{d}{dt}(c_+ \pm c_-) = \mp\mu B(c_+ \pm c_-)$$

であるから，積分して

$$c_+(t) + c_-(t) = \{c_+(0) + c_-(0)\}e^{i\omega t}$$
$$c_+(t) - c_-(t) = \{c_+(0) - c_-(0)\}e^{-i\omega t}$$

を得る．ただし

$$\omega = \frac{\mu B}{\hbar}$$

$t = 0$ でスピンは z 方向を向いていたのであるから，

$$c_+(0) = 1, \quad c_-(0) = 0$$

ゆえに

$$c_+(t) \pm c_-(t) = e^{\pm i\omega t}$$

したがって

$$c_+(t) = \cos \omega t, \qquad c_-(t) = i \sin \omega t$$

あるいは

$$\psi = \begin{pmatrix} \cos \omega t \\ i \sin \omega t \end{pmatrix}$$

求める確率は $|c_-(t)|^2 = \sin^2 \omega t$ に等しい.

(b)　§5.5 で (23) 式を導いたやり方に従う. いまの場合

$$i\hbar \frac{d}{dt} c_-(t) = -\mu B c_+(t)$$

において, 右辺の $c_+(t)$ を $c_+(0) = 1$ で置きかえる. そうすると

$$i\hbar \frac{d}{dt} c_-(t) \fallingdotseq -\mu B \quad \text{より} \quad c_-(t) \fallingdotseq i \frac{\mu B}{\hbar} t$$

が得られるから

$$|c_-(t)|^2 \fallingdotseq \frac{\mu^2 B^2}{\hbar^2} t^2 = \omega^2 t^2$$

(c)　連続準位の場合には, 始状態から出発して移る先がたくさんあるので, もと
にもどる可能性がなく非可逆的である. このため $|c_i(t)|^2 = \mathrm{e}^{-t/\tau}$ のように減少し,
遷移確率は t に比例する.

　いまの場合には状態は α と β の 2 つしかないから, 一度 α から β に移っても, ハ
ミルトニアンに非対角要素がある限り, 再び β から α に移るので, 変化は周期的に
なる (5-12 図).

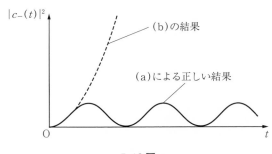

5-12 図

[**5.23**]　(a)　始状態の波動関数を $e^{ikx}/\sqrt{L}$ とする．問題 [2.16] に与えられている j を計算すると，

$$j = \frac{\hbar k}{m}\frac{1}{L}$$

(b)　波数 k の状態から波数 $k'(< 0)$ の状態へ遷移する単位時間当りの確率は，(26) 式により

$$p_{k \to k'} = \frac{2\pi}{\hbar}|\langle k'|V|k\rangle|^2\delta(\varepsilon' - \varepsilon)$$

である．k' の状態は $L \to \infty$ では連続分布になるが，L が有限のときには，周期性境界条件を課すことによって k や k' が $2\pi/L$ の整数倍に限定されるので，一応とびとびになる．上の $p_{k \to k'}$ を k' について加えたものが，求める結果であるが，$L \to \infty$ にすることを考えて

$$\sum_{k'}\cdots \longrightarrow \frac{L}{2\pi}\int_{-\infty}^{0}\cdots dk'$$

としておく (25 ページ，問題 [2.2] (f) を参照)．そうすると，波数 k の入射粒子が散乱（反射）される単位時間当りの確率は

$$p = \sum_{k'<0} p_{k \to k'} = \frac{L}{2\pi}\int_{-\infty}^{0}\frac{2\pi}{\hbar}|\langle k'|V|k\rangle|^2\delta(\varepsilon' - \varepsilon)dk'$$
$$= \frac{L}{\hbar}|\langle -k|V|k\rangle|^2\int_{-\infty}^{0}\delta(\varepsilon' - \varepsilon)dk'$$

ここで ε は k' によらない定数 $(= \hbar^2 k^2/2m)$ であるが，ε' は

$$\varepsilon' = \frac{\hbar^2}{2m}k'^2$$

であるから，積分変数を k' から ε' に変えると，

$$d\varepsilon' = \frac{\hbar^2}{m}k'\,dk'$$

より

$$dk' = \frac{m}{\hbar^2}\frac{1}{k'}\,d\varepsilon' = -\sqrt{\frac{m}{2\hbar^2}}\frac{d\varepsilon'}{\sqrt{\varepsilon'}}\qquad (\because\ k' < 0)$$

が得られるから

$$\int_{-\infty}^{0}\delta(\varepsilon' - \varepsilon)dk' = \sqrt{\frac{m}{2\hbar^2}}\int_{0}^{\infty}\frac{1}{\sqrt{\varepsilon'}}\delta(\varepsilon' - \varepsilon)d\varepsilon'$$

$$= \sqrt{\frac{m}{2\hbar^2}} \frac{1}{\sqrt{\varepsilon}} = \frac{m}{\hbar^2 k}$$

ゆえに求める答は

$$p = \frac{mL}{\hbar^3 k} |\langle -k|V|k\rangle|^2$$

$$= \frac{mL}{\hbar^3 k} \left| \frac{1}{L} \int_{-L}^{L} (e^{-ikx})^* V(x) e^{ikx} dx \right|^2$$

$$= \frac{m}{\hbar^3 kL} \left| \int_{-L}^{L} V(y) e^{2iky} dy \right|^2$$

(c)　上の p を (a) の j で割れば反射率になる．$L \to \infty$ として

$$反射率 = \frac{m^2}{\hbar^4 k^2} \left| \int_{-\infty}^{\infty} V(y) e^{2iky} dy \right|^2$$

問題 [5.15] の結果とは一致する．

[**5.24**]　(a)　このとき放出される光の波長は約 10^{-7} m なので，水素原子の広がり 10^{-10} m よりずっと長いから，与式が使える．電子の電荷を q とし，核の位置を原点にとると，$\boldsymbol{d} = q\boldsymbol{r}$ である．

$$x = r \sin\theta \cos\phi = \sqrt{\frac{2\pi}{3}} \, r\{-Y_1^1(\theta,\phi) + Y_1^{-1}(\theta,\phi)\}$$

$$y = r \sin\theta \sin\phi = i\sqrt{\frac{2\pi}{3}} \, r\{Y_1^1(\theta,\phi) + Y_1^{-1}(\theta,\phi)\}$$

$$z = r \cos\theta = \sqrt{\frac{4\pi}{3}} \, r Y_1^0(\theta,\phi)$$

$$\varphi_{1s}(\boldsymbol{r}) = R_{1s}(r) Y_0^0(\theta,\phi) = \frac{1}{\sqrt{4\pi}} R_{1s}(r)$$

を用いると，

$$x|\varphi_{1s}\rangle = \frac{1}{\sqrt{6}} \, rR_{1s}(r)(-Y_1^1 + Y_1^{-1})$$

$$y|\varphi_{1s}\rangle = \frac{i}{\sqrt{6}} \, rR_{1s}(r)(Y_1^1 + Y_1^{-1})$$

$$z|\varphi_{1s}\rangle = \frac{1}{\sqrt{3}} \, rR_{1s}(r) Y_1^0$$

となる．したがって

$$D \equiv \frac{q}{\sqrt{3}} \int_0^\infty R_{2\mathrm{p}}(r) r R_{1\mathrm{s}}(r) r^2 dr$$

とおけば

$$\langle \varphi_{2\mathrm{p}}{}^{\pm 1} | d_x | \varphi_{1\mathrm{s}} \rangle = \mp \frac{D}{\sqrt{2}}, \qquad \langle \varphi_{2\mathrm{p}}{}^0 | d_x | \varphi_{1\mathrm{s}} \rangle = 0$$

$$\langle \varphi_{2\mathrm{p}}{}^{\pm 1} | d_y | \varphi_{1\mathrm{s}} \rangle = i \frac{D}{\sqrt{2}}, \qquad \langle \varphi_{2\mathrm{p}}{}^0 | d_y | \varphi_{1\mathrm{s}} \rangle = 0$$

$$\langle \varphi_{2\mathrm{p}}{}^{\pm 1} | d_z | \varphi_{1\mathrm{s}} \rangle = 0, \qquad \langle \varphi_{2\mathrm{p}}{}^0 | d_z | \varphi_{1\mathrm{s}} \rangle = D$$

となることがわかる. $\boldsymbol{e}$ の成分を e_x, e_y, e_z とすると

$$\langle \varphi_{2\mathrm{p}}{}^{\pm 1} | (\boldsymbol{d} \cdot \boldsymbol{e}) | \varphi_{1\mathrm{s}} \rangle = \frac{D}{\sqrt{2}} (\mp e_x + i e_y), \qquad \langle \varphi_{2\mathrm{p}}{}^0 | (\boldsymbol{d} \cdot \boldsymbol{e}) | \varphi_{1\mathrm{s}} \rangle = D e_z$$

したがって

$$m = \pm 1 \text{ からの遷移では} : dw^{\pm 1} \propto \frac{D^2}{2} (e_x{}^2 + e_y{}^2) d\Omega$$

$$m = 0 \quad \text{からの遷移では} : dw^0 \propto D^2 e_z{}^2 d\Omega$$

放出される光の方向を $\boldsymbol{e}_3$ とすると，これに垂直な単位ベクトル $\boldsymbol{e}_1, \boldsymbol{e}_2$ が可能で独立な偏極ベクトルである（5-13 図）．これらの成分については直交性から

$$\begin{cases} e_{jx} e_{kx} + e_{jy} e_{ky} + e_{jz} e_{kz} = \delta_{jk} & (j, k = 1, 2, 3) \\ e_{1\xi} e_{1\eta} + e_{2\xi} e_{2\eta} + e_{3\xi} e_{3\eta} = \delta_{\xi\eta} & (\xi, \eta = x, y, z) \end{cases}$$

が成り立つ．このことを利用して，光の放出される方向が極角 (θ_k, ϕ_k) で表わされる場合，すなわち

$$e_{3x} = \sin\theta_k \cos\phi_k, \qquad e_{3y} = \sin\theta_k \sin\phi_k, \qquad e_{3z} = \cos\theta_k$$

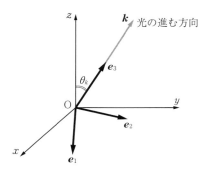

5-13 図

のときについて，偏極ベクトル $\boldsymbol{e}_1$ をもつ光と，$\boldsymbol{e}_2$ をもつ光についての dw の和をとると

$$m = \pm 1 \text{ の場合}: dw^{\pm 1} \propto \frac{D^2}{2}(e_{1x}{}^2 + e_{1y}{}^2 + e_{2x}{}^2 + e_{2y}{}^2)d\Omega$$

$$= \frac{D^2}{2}(2 - e_{1z}{}^2 - e_{2z}{}^2)d\Omega$$

$$= \frac{D^2}{2}\{2 - (1 - e_{3z}{}^2)\}d\Omega$$

$$= \frac{D^2}{2}(1 + \cos^2\theta_k)d\Omega$$

$$= D^2\left(1 - \frac{1}{2}\sin^2\theta_k\right)d\Omega \tag{A}$$

$$m = 0 \text{ の場合}: \qquad dw^0 \propto D^2(e_{1z}{}^2 + e_{2z}{}^2)d\Omega$$

$$= D^2(1 - e_{3z}{}^2)d\Omega$$

$$= D^2(1 - \cos^2\theta_k)d\Omega$$

$$= D^2\sin^2\theta_k d\Omega \tag{B}$$

（A）と（B）が光の方位分布である．

（b）　電場ベクトルが

$$\boldsymbol{E}_\pm = \boldsymbol{e}_\pm e^{i(\boldsymbol{k}\cdot\boldsymbol{r} - \omega t)} + \text{複素共役}$$

で表わされる光を考える．上と $\boldsymbol{e}_1$ および $\boldsymbol{e}_2$ とのスカラー積をとると，この光の $\boldsymbol{e}_1$ および $\boldsymbol{e}_2$ 方向の成分が

$$\boldsymbol{e}_1\cdot\boldsymbol{E}_\pm = \sqrt{2}\cos(\boldsymbol{k}\cdot\boldsymbol{r} - \omega t), \qquad \boldsymbol{e}_2\cdot\boldsymbol{E}_\pm = \mp\sqrt{2}\sin(\boldsymbol{k}\cdot\boldsymbol{r} - \omega t)$$

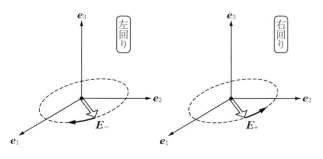

5-14 図

で与えられることがわかる．したがって $\boldsymbol{E}_+$ と $\boldsymbol{E}_-$ はそれぞれ右回り，左回りの円偏光になっていることがわかる（5-14 図）．

（c）　光が z 軸方向に放出されたときには $\theta_k = 0$ で，$\boldsymbol{e}_3$ は z 軸である．このとき $dw^0 = 0$ であるから $m = 0 \rightarrow 1s$ の光は含まれない．$m = \pm 1 \rightarrow 1s$ の場合については，$\boldsymbol{e}_1$ を x 方向，$\boldsymbol{e}_2$ を y 方向にとれば

$$e_{1x} = 1, \quad e_{1y} = e_{1z} = 0, \quad e_{2y} = 1, \quad e_{2x} = e_{2z} = 0$$

であるから

$$\langle \varphi_{2p}{}^{\pm 1} | (\boldsymbol{d} \cdot \boldsymbol{e}_+) | \varphi_{1s} \rangle = \frac{D}{2} \{ \mp (e_{1x} + ie_{2x}) + i(e_{1y} + ie_{2y}) \}$$

$$= \frac{D}{2} (\mp 1 - 1)$$

$$= \begin{cases} -D \\ 0 \end{cases}$$

同様にして

$$\langle \varphi_{2p}{}^{\pm 1} | (\boldsymbol{d} \cdot \boldsymbol{e}_-) | \varphi_{1s} \rangle = \begin{cases} 0 \\ D \end{cases}$$

つまり $m = 1 \rightarrow 1s$ は $\boldsymbol{e}_+$，$m = -1 \rightarrow 1s$ は $\boldsymbol{e}_-$ だけを含むことがわかる．したがって前者は右回り，後者は左回りの円偏光である．

　光が xy 面内に放出されるときには，$\boldsymbol{e}_3 /\!/ y$，$\boldsymbol{e}_1 /\!/ z$，$\boldsymbol{e}_2 /\!/ x$ ととって上と同様な計算をすればよい．

$$\langle \varphi_{2p}{}^{\pm 1} | (\boldsymbol{d} \cdot \boldsymbol{e}_1) | \varphi_{1s} \rangle = 0, \quad \langle \varphi_{2p}{}^{\pm 1} | (\boldsymbol{d} \cdot \boldsymbol{e}_2) | \varphi_{1s} \rangle = \mp \frac{D}{\sqrt{2}}$$

$$\langle \varphi_{2p}{}^{0} | (\boldsymbol{d} \cdot \boldsymbol{e}_1) | \varphi_{1s} \rangle = D, \quad \langle \varphi_{2p}{}^{0} | (\boldsymbol{d} \cdot \boldsymbol{e}_2) | \varphi_{1s} \rangle = 0$$

であるから

$$m = \pm 1 \rightarrow 1s \text{ の遷移は } x \text{ 方向に振動する直線偏光}$$

$$m = \quad 0 \rightarrow 1s \text{ の遷移は } z \text{ 方向に振動する直線偏光}$$

（d）　具体的に計算すれば

$$D = \frac{256\, qa_0}{243\sqrt{2}} \quad (a_0 : \text{ボーア半径})$$

であるから，2p $(m = 0) \rightarrow 1s$ の場合に

$$dw^0 = \frac{\omega^3}{8\pi^2\epsilon_0\,\hbar c^3}\,D^2\sin^2\theta_k\,d\Omega_k \qquad (d\Omega_k = \sin\theta_k\,d\theta_k\,d\phi_k)$$

を k のすべての方向で積分すれば,単位時間当りの確率は

$$w^0 = \frac{\omega^3}{8\pi^2\epsilon_0\,\hbar c^3}\,D^2 \times \frac{8\pi}{3} = 6.3 \times 10^8\,\mathrm{s}^{-1}$$

$$\left(\text{ただし}\quad \hbar\omega = \frac{3}{4}\,\frac{mq^4}{(4\pi\epsilon_0)^2\,2\hbar^2}\right)$$

で与えられる.このことは 2p ($m=0$) 状態にある水素原子の数 $N(t)$ が

$$dN = -Nw^0\,dt$$

$$\therefore\quad N(t) = N_0 \exp(-w^0 t)$$

のように減ることを意味する.したがって,寿命が

$$\tau = \frac{1}{w^0} \cong 1.6 \times 10^{-9}\,\mathrm{s}$$

であるといってもよい.これを時間の不確定さと考えると

$$\Delta E \sim \frac{h}{\tau} \sim 4 \times 10^{-25}\,\mathrm{J} = 2.4 \times 10^{-6}\,\mathrm{eV}$$

[**5.25**] (a) $B_1 \ll B_0$ なので $|\omega_1| \ll |\omega_0|$ である.$P_\downarrow(t)$ の式で $\sin^2\{\cdots\}$ は $0 \sim 1$ であるから,$P_\downarrow(t) > \dfrac{1}{2}$ であるためには

$$\frac{\omega_1{}^2}{(\omega_0 - \omega)^2 + \omega_1{}^2} > \frac{1}{2}$$

つまり

$$|\omega - \omega_0| < |\omega_1|$$

であることが必要になる.

(b) 2 準位間のエネルギー差は $\hbar\omega$ で,それに上記の幅があるのだから $\Delta E = \hbar|\omega_1|$ と考えてよい.また $P_\downarrow(0) = 0$ から出発して $\sin^2\{\cdots\}$ が 1 になる最初の時刻までの時間は

$$\Delta t \sim \frac{\pi}{\sqrt{(\omega_0 - \omega)^2 + \omega_1{}^2}} > \frac{\pi}{\sqrt{2}\,\omega_1}$$

であるから,これを測定に要する最短時間とみることができよう.

$$\therefore\quad \Delta E \cdot \Delta t \gtrsim \frac{\pi\hbar}{\sqrt{2}} = \frac{h}{2\sqrt{2}}$$

（c）　どちらでも同じだから，ω_0 が定数で ω がいろいろな値を連続的にとりうるとし，$\omega - \omega_0$ を横軸にとって $P_\downarrow(t)$ のグラフをかくと，5-1 図と同様な曲線が得られる．$\xi = \omega - \omega_0$ とすると

$$P_\downarrow(t) = \frac{\omega_1{}^2}{\xi^2 + \omega_1{}^2} \sin^2\left(\frac{t}{2}\sqrt{\xi^2 + \omega_1{}^2}\right)$$

であるが，$|\xi| \gg \omega_1$ に対しては $\xi^2 + \omega_1{}^2 \fallingdotseq \xi^2$ としてよいから

$$P_\downarrow(t) \fallingdotseq \omega_1{}^2\left(\frac{\sin\frac{\xi t}{2}}{\xi}\right)^2$$

これを積分すると（163 ページ参照）

$$\int_{-\infty}^{\infty} P_\downarrow(t)d\xi \fallingdotseq \frac{\pi}{2}\omega_1{}^2 t$$

となるから，同じ積分値を与え $\xi = 0$ に鋭い極大をもつ関数として

$$P_\downarrow(t) \fallingdotseq \frac{\pi}{2}\omega_1{}^2 t\, \delta(\omega_0 - \omega)$$

と近似できる．

[**5.26**]　（a）　問題 [4.1]（a）の結果を用いると

$$\langle \Phi_i | V \frac{1}{\mathcal{H} - E_i - i\alpha} V | \Phi_i\rangle$$
$$= \sum_g \sum_f \langle \Phi_i | V | \Phi_g\rangle\langle \Phi_g | \frac{1}{\mathcal{H} - E_i - i\alpha} | \Phi_f\rangle\langle \Phi_f | V | \Phi_i\rangle$$

となるが，$\mathcal{H}\Phi_f = E_f\Phi_f$ なので，かってな $\mathcal{H}$ の関数 $F(\mathcal{H})$ に対しても $F(\mathcal{H})\Phi_f = F(E_f)\Phi_f$ としてよい（問題 [4.2] の注参照）．したがって

$$\frac{1}{\mathcal{H} - E_i - i\alpha} | \Phi_f\rangle = \frac{1}{E_f - E_i - i\alpha} | \Phi_f\rangle$$

となる．これと $\langle \Phi_g |$ の内積は直交性により δ_{gf} であるから，g についての和は $g = f$ だけしか残らない．結局，上の式は

$$\sum_f \langle \Phi_i | V | \Phi_f\rangle \frac{1}{E_f - E_i - i\alpha}\langle \Phi_f | V | \Phi_i\rangle$$

となる．ところで，問題 [2.3]（a）に示されているように

$$\lim_{\alpha \to 0}\left(\mathrm{Im}\frac{1}{x - i\alpha}\right) = \pi\delta(x)$$

であるから，与式は在来の表式と一致する.

(b) 上と同様にして

$$\langle \Phi_i | V(0) V(t) | \Phi_i \rangle = \sum_f \langle \Phi_i | V(0) | \Phi_f \rangle \langle \Phi_f | V(t) | \Phi_i \rangle$$

$$= \sum_f \langle \Phi_i | V(0) | \Phi_f \rangle \langle \Phi_f | \exp\left(i\frac{\mathcal{H}}{\hbar}t\right) V \exp\left(-i\frac{\mathcal{H}}{\hbar}t\right) | \Phi_i \rangle$$

となるが

$$\langle \Phi_f | \exp\left(i\frac{\mathcal{H}}{\hbar}t\right) = \langle \Phi_f | \exp\left(i\frac{E_f}{\hbar}t\right)$$

$$\exp\left(-i\frac{\mathcal{H}}{\hbar}t\right) | \Phi_i \rangle = \exp\left(-i\frac{E_i}{\hbar}t\right) | \Phi_i \rangle$$

なので

$$w = \frac{1}{\hbar^2} \sum_f |\langle \Phi_f | V | \Phi_i \rangle|^2 \int_0^\infty \left\{ \exp\left(i\frac{E_f - E_i}{\hbar}t\right) + \exp\left(-i\frac{E_f - E_i}{\hbar}t\right) \right\} e^{-\alpha t/\hbar} dt$$

が得られる. 積分は問題 [2.3] (a)（26 ページ）により $2\pi\hbar\delta(E_f - E_i)$ を与えるから，この w も在来の表式と一致する.

[**5.27**] (a) 励起やイオン化を起こさない確率を W とする. $(Z+1)e$ という核に対する固有状態でこの $\psi(\boldsymbol{r}, 0)$ を展開したとき，新しい 1s 関数の係数 c_{1s} の絶対値の 2 乗 $|c_{1s}|^2$ が W である.

$$c_{1s} = \langle \varphi_{1s}^{(Z+1)} | \psi \rangle = \langle \varphi_{1s}^{(Z+1)} | \varphi_{1s}^{(Z)} \rangle$$

$$= \int_0^\infty R_{1s}^{(Z+1)}(r) R_{1s}^{(Z)}(r) r^2 dr$$

$$= \left[\frac{(Z+1)Z}{a_0{}^2}\right]^{3/2} 4 \int_0^\infty \exp\left\{-\frac{(2Z+1)r}{a_0}\right\} r^2 dr$$

$$= \left[\frac{(Z+1)Z}{\left(Z+\frac{1}{2}\right)^2}\right]^{3/2}$$

ゆえに

$$\text{求める全確率} = 1 - W = 1 - \left[\frac{(Z+1)Z}{\left(Z+\frac{1}{2}\right)^2}\right]^3$$

$Z = 1$ で約 0.30 である. Z が増すと減少する.

(b) 上と同様にして $|c_{2s}|^2$ を求めればよい. c_{2pm} は対称性によりすべて 0 である.

$$c_{2s} = \langle \varphi_{2s}{}^{(Z+1)} | \varphi_{1s}{}^{(Z)} \rangle$$

$$= \int_0^\infty R_{2s}{}^{(Z+1)}(r) R_{1s}{}^{(Z)}(r) r^2\, dr$$

$$= \left[\frac{(Z+1)Z)}{a_0{}^2} \right]^{3/2} \sqrt{2} \int_0^\infty \left(1 - \frac{(Z+1)r}{2a_0} \right)$$

$$\times \exp\left\{ -\left(Z + \frac{Z+1}{2} \right) \frac{r}{a_0} \right\} r^2\, dr$$

$$= -32\sqrt{2}\, \frac{\{(Z+1)Z\}^{3/2}}{(3Z+1)^4}$$

$$\therefore \quad n=2 \text{ への励起確率} = 0.312 \times \frac{\{(Z+1)Z\}^3}{\left(Z + \frac{1}{3} \right)^8}$$

$Z=1$ でこれは 0.250 に等しく，(a) の $1-W$ の 84% を占める．

[**5.28**]　(a)　波動関数を

$$\psi(t) = \sum_n c_n(t) \exp\left(-i \frac{\varepsilon_n}{\hbar} t \right) \varphi_n$$

とおき，$t \to -\infty$ で $c_0(-\infty) = 1$，その他の $c_n(-\infty)$ は 0 であったとして $c_n(t)$ を求める．1 次摂動の範囲では

$$c_n{}^{(1)}(t) = \frac{1}{i\hbar} \int_{-\infty}^t \langle n | V_0 e^{\alpha\tau} | 0 \rangle \exp\left(i \frac{\varepsilon_n - \varepsilon_0}{\hbar} \tau \right) d\tau$$

$$= \frac{1}{i\hbar} \frac{\langle n | V_0 | 0 \rangle}{i\omega_{n0} + \alpha} \exp(i\omega_{n0} t + \alpha t) \qquad \left(\omega_{n0} = \frac{\varepsilon_n - \varepsilon_0}{\hbar} \right)$$

であるから，ここで $\alpha \to 0$ とすると

$$c_n{}^{(1)}(t) \xrightarrow[\alpha \to 0]{} \begin{cases} \dfrac{\langle n | V_0 | 0 \rangle}{-\hbar\omega_{n0}} \exp(i\omega_{n0} t) & n \neq 0 \\[2mm] \dfrac{\langle 0 | V_0 | 0 \rangle}{i\hbar} \left(\dfrac{1}{\alpha} + t \right) & n = 0 \end{cases}$$

となることがわかる．

　時間によらない摂動論の結果と比較するのに便利なように $\psi(t)$ の代りに

$$\frac{\psi(t)}{\langle \varphi_0 | \psi(t) \rangle} = \frac{\psi(t)}{c_0(t) \exp\left(-i \frac{\varepsilon_0}{\hbar} t \right)} = \varphi_0 + \sum_{n=1}^\infty \frac{c_n(t)}{c_0(t)} \exp(-i\omega_{n0} t) \varphi_n$$

を考えることにしよう．1 次までとると

$$c_0(t) = 1 + c_0{}^{(1)}(t), \qquad c_n(t) = c_n{}^{(1)}(t) \qquad (n \neq 0)$$

であるから, $n \neq 0$ に対して

$$\frac{c_n(t)}{c_0(t)} = c_n{}^{(1)}(t) + (2 \text{ 次以上の項})$$

$$= \frac{\langle n | V_0 | 0 \rangle}{\varepsilon_0 - \varepsilon_n} \exp(i\omega_{n0} t) + (2 \text{ 次以上の項})$$

がわかる. したがって

$$\frac{\phi(t)}{\langle \varphi_0 | \phi(t) \rangle} = \varphi_0 + \sum_{n=1}^{\infty} \frac{\langle n | V_0 | 0 \rangle}{\varepsilon_0 - \varepsilon_n} \varphi_n$$

が得られる. この式の右辺は, 一定の摂動 V_0 が存在する場合を時間によらない摂動法で扱ったときに得られる波動関数を, 1 次までとったものにほかならない.

　V_0 の代りに $V_0 e^{\alpha t}$ を使った影響は左辺の分母であるが, 上に求めた $c_0(t)$ を用い,

$$\langle 0 | V_0 | 0 \rangle = \varepsilon_0{}^{(1)} \qquad (1 \text{ 次の摂動エネルギー})$$

とかき, $\gamma \equiv \varepsilon_0{}^{(1)} / \hbar \alpha$ とおくと, 1 次まで一致する近似で

$$c_0(t) \exp\left(-i \frac{\varepsilon_0}{\hbar} t\right) \cong \left(1 - i\gamma - i \frac{\varepsilon_0{}^{(1)}}{\hbar} t\right) \exp\left(-i \frac{\varepsilon_0}{\hbar} t\right)$$

$$\cong \exp\left(-i\gamma - i \frac{\varepsilon_0{}^{(1)}}{\hbar} t\right) \exp\left(-i \frac{\varepsilon_0}{\hbar} t\right)$$

となるから

$$\phi(t) \cong e^{-i\gamma} \exp\left\{-i \frac{(\varepsilon_0 + \varepsilon_0{}^{(1)})}{\hbar} t\right\} \left\{\varphi_0 + \sum_{n=1}^{\infty} \frac{\langle n | V_0 | 0 \rangle}{\varepsilon_0 - \varepsilon_n} \varphi_n\right\}$$

とかけることがわかる. $e^{-i\gamma}$ は絶対値が 1 の定数因子に過ぎないから, $\phi(t)$ の本質には何も変更を与えていない.

(b)　第 2 の因子は, エネルギーが定常状態として $\varepsilon_0 + \varepsilon_0{}^{(1)}$ になっていることを示す. 第 3 の因子は, 1 次までとった摂動で得られる波動関数（時間を含まない）にほかならない. したがって, この $\phi(t)$ は $H = H_0 + V_0$ に対する定常状態を表わしている.

付　　録

1.　エルミート多項式

定　義 *

$$H_n(x) = (-1)^n (\exp x^2) \frac{d^n}{dx^n} \exp(-x^2)$$

$$= \sum_{j=1}^{[n/2]} (-1)^j (2j-1)!! \, {}_nC_{2j} \, 2^{n-j} x^{n-2j}$$

母関数による定義

$$\exp\{x^2 - (t-x)^2\} = \sum_{n=0}^{\infty} \frac{t^n}{n!} H_n(x)$$

微分方程式

$$\left(\frac{d^2}{dx^2} - 2x \frac{d}{dx} + 2n \right) H_n(x) = 0$$

具体的な形

$$H_0(x) = 1, \qquad H_1(x) = 2x, \qquad H_2(x) = 4x^2 - 2$$

$$H_3(x) = 8x^3 - 12x, \qquad H_4(x) = 16x^4 - 48x^2 + 12$$

2.　ルジャンドルの多項式，陪関数

定　義

$$P_l(\zeta) = P_l^0(\zeta) = \frac{1}{2^l l!} \left(\frac{d}{d\zeta} \right)^l (\zeta^2 - 1)^l \qquad l = 0, 1, 2, \cdots$$

$$P_l{}^m(\zeta) = (1 - \zeta^2)^{m/2} \left(\frac{d}{d\zeta} \right)^m P_l(\zeta) \qquad\qquad 0 \leq m \leq l$$

微分方程式

$$\left[(1 - \zeta^2) \frac{d^2}{d\zeta^2} - 2\zeta \frac{d}{d\zeta} + l(l+1) - \frac{m^2}{1 - \zeta^2} \right] P_l{}^m(\zeta) = 0$$

---

*　$[n/2]$ は，$n/2$ を超えない最大の整数．$(2j-1)!! \equiv (2j-1)(2j-3)\cdots 3 \cdot 1$.

直交関係

$$\int_{-1}^{1} P_l{}^m(\zeta) P_{l'}{}^m(\zeta) d\zeta = \frac{2}{2l+1} \frac{(l+m)!}{(l-m)!} \delta_{ll'}$$

具体的な形

$$P_0(\zeta) = 1, \qquad P_1(\zeta) = \zeta, \qquad P_1{}^1(\zeta) = \sqrt{1-\zeta^2}$$

$$P_2(\zeta) = \frac{1}{2}(3\zeta^2 - 1), \qquad P_2{}^1(\zeta) = 3\zeta\sqrt{1-\zeta^2}, \qquad P_2{}^2(\zeta) = 3(1-\zeta^2)$$

$$P_3(\zeta) = \frac{1}{2}(5\zeta^3 - 3\zeta), \qquad P_3{}^1(\zeta) = \frac{3}{2}\sqrt{1-\zeta^2}\,(5\zeta^2 - 1)$$

$$P_3{}^2(\zeta) = 15(1-\zeta^2)\zeta, \qquad P_3{}^3(\zeta) = 15(1-\zeta^2)^{3/2}$$

$$P_4(\zeta) = \frac{1}{8}(35\zeta^4 - 30\zeta^2 + 3), \qquad P_4{}^1(\zeta) = \frac{5}{2}\sqrt{1-\zeta^2}\,(7\zeta^3 - 3\zeta)$$

$$P_4{}^2(\zeta) = \frac{15}{2}(1-\zeta^2)(7\zeta^2 - 1), \qquad P_4{}^3(\zeta) = 105(1-\zeta^2)^{3/2}\zeta$$

$$P_4{}^4(\zeta) = 105(1-\zeta^2)^2$$

3.　球面調和関数

$$Y_0{}^0 = \frac{1}{\sqrt{4\pi}}, \qquad Y_1{}^0 = \sqrt{\frac{3}{4\pi}}\cos\theta, \qquad Y_1{}^{\pm 1} = \mp\sqrt{\frac{3}{8\pi}}\sin\theta\,e^{\pm i\phi}$$

$$Y_2{}^0 = \sqrt{\frac{5}{16\pi}}\,(2\cos^2\theta - \sin^2\theta), \qquad Y_2{}^{\pm 1} = \mp\sqrt{\frac{15}{8\pi}}\sin\theta\cos\theta\,e^{\pm i\phi}$$

$$Y_2{}^{\pm 2} = \sqrt{\frac{15}{32\pi}}\sin^2\theta\,e^{\pm 2i\phi}$$

$$Y_3{}^0 = \sqrt{\frac{7}{16\pi}}\,(2\cos^3\theta - 3\cos\theta\sin^2\theta)$$

$$Y_3{}^{\pm 1} = \mp\sqrt{\frac{21}{64\pi}}\,(4\cos^2\theta\sin\theta - \sin^3\theta)e^{\pm i\phi}$$

$$Y_3{}^{\pm 2} = \sqrt{\frac{105}{32\pi}}\cos\theta\sin^2\theta\,e^{\pm 2i\phi}, \qquad Y_3{}^{\pm 3} = \mp\sqrt{\frac{35}{64\pi}}\sin^3\theta\,e^{\pm 3i\phi}$$

$$Y_4{}^0 = \sqrt{\frac{9}{256\pi}}\,(8\cos^4\theta - 24\cos^2\theta\sin^2\theta + 3\sin^4\theta)$$

$$Y_4{}^{\pm 1} = \mp\sqrt{\frac{45}{64\pi}}\,(4\cos^3\theta\sin\theta - 3\cos\theta\sin^3\theta)e^{\pm i\phi}$$

$$Y_4{}^{\pm 2} = \sqrt{\frac{45}{128\pi}}\,(6\cos^2\theta\sin^2\theta - \sin^4\theta)\mathrm{e}^{\pm 2i\phi}$$

$$Y_4{}^{\pm 3} = \mp\sqrt{\frac{315}{64\pi}}\cos\theta\sin^3\theta\,\mathrm{e}^{\pm 3i\phi}, \qquad Y_4{}^{\pm 4} = \sqrt{\frac{315}{512\pi}}\sin^4\theta\,\mathrm{e}^{\pm 4i\phi}$$

4.　ラゲールの多項式

定　義

$$L_n(\zeta) = \mathrm{e}^{\zeta}\frac{d^n}{d\zeta^n}(\zeta^n\mathrm{e}^{-\zeta}) \qquad (n = 0, 1, 2, \cdots)$$

$$L_n{}^m(\zeta) = \frac{d^m}{d\zeta^m}L_n(\zeta) \qquad (n \geqq m > 0)$$

具体的な形

$$L_0(\zeta) = 1, \qquad L_1(\zeta) = 1 - \zeta, \qquad L_2(\zeta) = \zeta^2 - 4\zeta + 2$$
$$L_3(\zeta) = -\zeta^3 + 9\zeta^2 - 18\zeta + 6$$

5.　第 1 種球ベッセル関数

$$j_0(z) = \frac{\sin z}{z}, \qquad j_1(z) = \frac{\sin z - z\cos z}{z^2}$$

$$j_2(z) = \frac{(3 - z^2)\sin z - 3z\cos z}{z^3}$$

$$j_3(z) = \frac{(15 - 6z^2)\sin z - z(15 - z^2)\cos z}{z^4}$$

$$j_4(z) = \frac{(105 - 45z^2 + z^4)\sin z - z(105 - 10z^2)\cos z}{z^5}$$

6.　$\dfrac{1}{r_{ij}}$ の展開

$r_{ij} = |\boldsymbol{r}_i - \boldsymbol{r}_j|$ とし，$\boldsymbol{r}_i$ と $\boldsymbol{r}_j$ のつくる角を θ とすると，

$$\frac{1}{r_{ij}} = \sum_{l=0}^{\infty}\frac{r_<{}^l}{r_>{}^{l+1}}P_l(\cos\theta)$$

$$= \sum_{l=0}^{\infty}\sum_{m=-l}^{l}\frac{r_<{}^l}{r_>{}^{l+1}}\frac{4\pi}{2l+1}Y_l{}^{m*}(\theta_i, \phi_i)\,Y_l{}^m(\theta_j, \phi_j)$$

ただし r_i と r_j のうちの小さいほうを $r_<$，大きいほうを $r_>$ とする．

7.　よく使う定積分

$$\int_0^\infty \exp(-\alpha x) x^n \, dx = \frac{n!}{\alpha^{n+1}} \qquad (\alpha > 0)$$

$$\int_{-\infty}^\infty \exp(-\alpha x^2) \, dx = \sqrt{\frac{\pi}{\alpha}}$$

$$\int_{-\infty}^\infty \exp(-\alpha x^2) x^{2n} \, dx = \frac{(2n-1)!!}{2^n} \sqrt{\frac{\pi}{\alpha^{2n+1}}}$$

$$\int_0^\infty \exp(-\alpha x^2) x^{2n+1} \, dx = \frac{n!}{2\alpha^{n+1}} \qquad \left(\int_{-\infty}^\infty = 0 \right)$$

8.　水素様原子の動径波動関数

$$R_{1s}(r) = \left(\frac{Z}{a_0} \right)^{3/2} 2 \exp\left(-\frac{Zr}{a_0} \right)$$

$$R_{2s}(r) = \left(\frac{Z}{a_0} \right)^{3/2} \frac{1}{\sqrt{2}} \left(1 - \frac{1}{2} \frac{Zr}{a_0} \right) \exp\left(-\frac{Zr}{2a_0} \right)$$

$$R_{2p}(r) = \left(\frac{Z}{a_0} \right)^{3/2} \frac{1}{2\sqrt{6}} \frac{Zr}{a_0} \exp\left(-\frac{Zr}{2a_0} \right)$$

$$R_{3s}(r) = \left(\frac{Z}{a_0} \right)^{3/2} \frac{2}{3\sqrt{3}} \left\{ 1 - \frac{2}{3} \frac{Zr}{a_0} + \frac{2}{27} \left(\frac{Zr}{a_0} \right)^2 \right\} \exp\left(-\frac{Zr}{3a_0} \right)$$

$$R_{3p}(r) = \left(\frac{Z}{a_0} \right)^{3/2} \frac{8}{27\sqrt{6}} \frac{Zr}{a_0} \left(1 - \frac{1}{6} \frac{Zr}{a_0} \right) \exp\left(-\frac{Zr}{3a_0} \right)$$

$$R_{3d}(r) = \left(\frac{Z}{a_0} \right)^{3/2} \frac{4}{81\sqrt{30}} \left(\frac{Zr}{a_0} \right)^2 \exp\left(-\frac{Zr}{3a_0} \right)$$

$$R_{4s}(r) = \left(\frac{Z}{a_0} \right)^{3/2} \frac{1}{4} \left\{ 1 - \frac{3}{4} \frac{Zr}{a_0} + \frac{1}{8} \left(\frac{Zr}{a_0} \right)^2 - \frac{1}{192} \left(\frac{Zr}{a_0} \right)^3 \right\} \exp\left(-\frac{Zr}{4a_0} \right)$$

$$R_{4p}(r) = \left(\frac{Z}{a_0} \right)^{3/2} \frac{\sqrt{5}}{16\sqrt{3}} \frac{Zr}{a_0} \left\{ 1 - \frac{1}{4} \frac{Zr}{a_0} + \frac{1}{80} \left(\frac{Zr}{a_0} \right)^2 \right\} \exp\left(-\frac{Zr}{4a_0} \right)$$

$$R_{4d}(r) = \left(\frac{Z}{a_0} \right)^{3/2} \frac{1}{64\sqrt{5}} \left(\frac{Zr}{a_0} \right)^2 \left(1 - \frac{1}{12} \frac{Zr}{a_0} \right) \exp\left(-\frac{Zr}{4a_0} \right)$$

$$R_{4f}(r) = \left(\frac{Z}{a_0} \right)^{3/2} \frac{1}{768\sqrt{35}} \left(\frac{Zr}{a_0} \right)^3 \exp\left(-\frac{Zr}{4a_0} \right)$$

ただし a_0 はボーア半径, Z は核の電荷数.

9. エネルギー諸単位換算表

	[K]	[cm^{-1}]	[eV]	[Hz]	[erg]	[J mol^{-1}]	[kcal mol^{-1}]
1 K =		6.9503×10^{-1}	8.6173×10^{-5}	2.0836×10^{10}	1.3807×10^{-16}	8.3145	1.9872×10^{-3}
	1.4388	1 cm^{-1} =	1.2399×10^{-4}	2.9979×10^{10}	1.9865×10^{-16}	1.1963×10^{1}	2.8592×10^{-3}
	1.1604×10^{4}	8.0655×10^{3}	1 eV =	2.4180×10^{14}	1.6022×10^{-12}	9.6485×10^{4}	2.3061×10^{1}
	4.7993×10^{-11}	3.3356×10^{-11}	4.1357×10^{-15}	1 Hz =	6.6262×10^{-27}	3.9903×10^{-10}	9.5372×10^{-14}
	7.2429×10^{15}	5.0340×10^{15}	6.2415×10^{11}	1.5092×10^{26}	1 erg =	6.0221×10^{16}	1.4393×10^{13}
	1.2027×10^{-1}	8.3592×10^{-2}	1.0364×10^{-5}	2.5060×10^{9}	1.6606×10^{-17}	1 J mol^{-1} =	2.3901×10^{-4}
	5.0322×10^{2}	3.4975×10^{2}	4.3364×10^{-2}	1.0485×10^{13}	6.9478×10^{-14}	4.1840×10^{3}	1 kcal mol^{-1} =

1 K は $T = 1$ K に対する $k_B T$ の値.
1 cm^{-1} は波長 1 cm（すなわち 1 cm 中の波の数が 1）の光子の $h\nu$ の値.

索　引

著者略歴

小出　昭一郎（こいで　しょういちろう）

1927 年生まれ．旧制静岡高等学校より東京大学理学部卒業．東京大学助手，助教授，教授，山梨大学学長を歴任．東京大学・山梨大学名誉教授．理学博士．専攻は分子物理学，固体物理学．

水野　幸夫（みずの　ゆきお）

1929 年生まれ．旧制第八高等学校より東京大学理学部卒業．東京大学助手，助教授，教授を歴任．東京大学名誉教授．理学博士．専攻は物性理論．

基礎物理学選書 17　**量子力学演習**（新装版）

1978 年 3 月 30 日	第　1　版　発　行
2009 年 3 月 10 日	第 28 版　発　行
2015 年 7 月 30 日	第 28 版 4 刷発行
2020 年 8 月 20 日	新装第 1 版 1 刷発行

検印省略

定価はカバーに表示してあります．

著作者	小 出 昭 一 郎 水 野 幸 夫
発行者	吉 野 和 浩
発行所	東京都千代田区四番町 8-1 電　話 03-3262-9166（代） 郵便番号　102-0081 株式会社　裳 華 房
印刷所	株式会社　精 興 社
製本所	牧製本印刷株式会社

ISBN 978-4-7853-2140-6

レクチャー 量子力学 （Ⅰ）－４つの基本原理から学ぶ－
（Ⅱ）－４つの基本原理から導く－

石川健三 著　（Ⅰ）Ａ５判／288頁／定価（本体3100円＋税）
（Ⅱ）Ａ５判／276頁／定価（本体3400円＋税）

　量子力学が，重ね合わせの原理・正準交換関係・シュレディンガー方程式・確率原理の４つの基本原理を柱とすることを明らかにし，読者が量子力学の全体像を理解・把握して，自らの考えや方法で再構成・応用できるようになることを目標にした.
【主要目次】（Ⅰ）量子力学への道／量子力学の原理／１次元運動／調和振動子／３次元運動／水素原子／電磁場中の荷電粒子の運動／摂動論（Ⅱ）量子力学の４つの柱／準古典近似（WKB法）／ヘリウム原子と変分近似／同種粒子の多体問題／定常状態による散乱理論／準定常状態（波束）／遷移確率：フェルミの黄金律を越えて／量子情報

演習で学ぶ 量子力学 【裳華房フィジックスライブラリー】

小野寺嘉孝 著　Ａ５判／198頁／定価（本体2300円＋税）

　取り上げる内容を基礎的な部分に絞り，その範囲内で丁寧なわかりやすい説明を心がけて執筆した. また，演習に力点を置く構成とし，学んだことをすぐにその場で「演習」により確認するというスタイルを取り入れた.
【主要目次】1. 光と物質の波動性と粒子性　2. 解析力学の復習　3. 不確定性関係　4. シュレーディンガー方程式　5. 波束と群速度　6. １次元ポテンシャル散乱，トンネル効果　7. １次元ポテンシャルの束縛状態　8. 調和振動子　9. 量子力学の一般論

物理学講義 量子力学入門 －その誕生と発展に沿って－

松下 貢 著　Ａ５判／292頁／定価（本体2900円＋税）

　初学者にはわかりにくい量子力学の世界を，おおむね科学の歴史を辿りながら解きほぐし，量子力学の誕生から現代科学への応用までの発展に沿って丁寧に紹介した. 量子力学がどうして必要とされるようになったのかをスモールステップで解説することで，量子力学と古典物理学との違いをはっきりと浮き上がらせ，初学者が量子力学を学習する上での"早道"となることを目標にした.
【主要目次】1. 原子・分子の実在　2. 電子の発見　3. 原子の構造　4. 原子の世界の不思議な現象　5. 量子という考え方の誕生　6. ボーアの古典量子論　7. 粒子・波動の2重性　8. 量子力学の誕生　9. 量子力学の基本原理と法則　10. 量子力学の応用

量子力学 現代的アプローチ 【裳華房フィジックスライブラリー】

牟田泰三・山本一博 共著　Ａ５判／316頁／定価（本体3300円＋税）

　解説にあたっては，できるだけ単一の原理原則から出発して量子力学の定式化を行い，常に論理構成を重視して，量子論的な物理現象の明確な説明に努めた. また，応用に十分配慮しながら，できるだけ実験事実との関わりを示すようにした.「量子基礎論概説」の章では，量子測定などの現代物理学における重要なテーマについても記し，さらに「場の量子論」への導入の章を設けて次のステップに繋がるように配慮するなど，"現代的なアプローチ"で量子力学の本質に迫った.
【主要目次】1. 前期量子論　2. 量子力学の考え方　3. 量子力学の定式化　4. 量子力学の基本概念　5. 束縛状態　6. 角運動量と回転群　7. 散乱状態　8. 近似法　9. 多体系の量子力学　10. 量子基礎論概説　11. 場の量子論への道